香港华艺设计顾问（深圳）有限公司
成立35周年（1986—2021）司庆学术丛书

创造力：华艺设计　耕作集

香港华艺设计顾问（深圳）有限公司　编

天津大学出版社
TIANJIN UNIVERSITY PRESS

图书在版编目（CIP）数据

创造力：华艺设计耕作集 / 香港华艺设计顾问（深圳）有限公司编 . -- 天津 : 天津大学出版社 , 2021.11

（香港华艺设计顾问（深圳）有限公司成立 35 周年（1986—2021）司庆学术丛书）

ISBN 978-7-5618-7082-2

Ⅰ . ①创… Ⅱ . ①香… Ⅲ . ①建筑设计－文集 Ⅳ . ① TU2-53

中国版本图书馆 CIP 数据核字（2021）第 237120 号

策划编辑：金　磊　韩振平　苗　淼
责任编辑：王　夺
装帧设计：朱有恒

CHUANGZAOLI: HUAYI SHEJI GENGZUO JI

出版发行　天津大学出版社
地　　址　天津市卫津路92号天津大学内（邮编：300072）
电　　话　发行部：022-27403647
网　　址　www.tjupress.com.cn
印　　刷　北京雅昌艺术印刷有限公司
经　　销　全国各地新华书店
开　　本　210mm×265mm
印　　张　21
字　　数　484千
版　　次　2021年11月第1版
印　　次　2021年11月第1次
定　　价　210.00元

HUAYI
DESIGN
華藝設計

香港华艺设计顾问（深圳）有限公司成立35周年（1986—2021）司庆学术丛书，宛如“成长的记录册”，厚植着华艺的设计成果，承载着华艺的创新力量。三十五载作品博雅、水准高超，令业界观之有道，思亦无涯，唯用“创造”一词较贴切。因此，华艺完整的35年“大历史”，一是作品精案的《创造力：华艺设计　耕作集》，二是以人才为本的《创造者：华艺设计　思语集》，“两书”合一绘就了华艺发展的最美“风景”，体现了设计创造力与建筑师思想的融合。如果“创造力”说明了华艺在地性设计成就，那么“创造者”就是用看得见的“集体记忆”写就了华艺企业事、成长史、浓浓友情与悠悠岁月。真诚希望华艺三十五载平视自身历程的“两书”，折射出大时代的激荡，展示华艺人再出发的改革开放崭新视野与格局。

谨以此书，致敬为华艺设计35周年发展做出贡献的奠基人与笃行者。

《创造力：华艺设计　耕作集》《创造者：华艺设计　思语集》编委会

序 · 华艺缘

Preface · HUAYI, My Fate and My Destination

罗亮

岁月如梭，与华艺结缘转眼间 26 年了。1995 年，我从华中理工大学建筑系辞教调入深圳工作，作为大型政府工程建设方负责人开始接触华艺设计。那段时间，甲乙双方经常一起马不停蹄考察项目、挑灯夜战讨论方案、挥汗如雨踏勘现场，天天忙得不亦乐乎。记得有一次去中山刑侦技术大楼调研，与徐显棠先生、孔力行先生和刚刚从天大毕业的蔡明鱼贯钻进面包车，驶离中航苑，曲折拐上国道，一路颠簸来到虎门珠江口，一行人于蒙蒙细雨中缩着脖子下了车，冒着寒风等待对岸驶来的大型汽车渡船。等船时间不短，于是，大家索性捡起一节树枝在潮湿的滩涂比画着讨论起方案来……那时，深中之间的联系还只有渡船，珠江口边稀落的农舍大都是低矮的棚屋，我们身躯疲惫夜返深圳，看海上渔灯星星点点，听田野葱葱雨打芭蕉，别有一番岭南风貌。如今一桥贯通东西，公路四通八达，高楼鳞次栉比，夜色灯火辉煌。2018 年初，我成为华艺管理团队的一员，当年回荡在珠江口上嘹亮的汽笛声仿佛再次萦绕在耳际，沧海桑田，每每感慨湾区的巨变，油然而生的是对一辈辈建设者只争朝夕、不懈奋斗精神的深深敬意！

今年是华艺设计成立 35 周年。1986 年初，经城乡建设环境保护部和对外经济贸易部批准，华艺设计在香港注册成立。同年 6 月成立的香港华艺设计顾问（深圳）有限公司，是我国改革开放初期最早“走出去”的设计企业。初创时期的华艺前辈，怀揣创业的梦想，告别繁华的都市，来到尘土飞扬的深圳，落脚在海丰苑住宅楼的裙房中，搭起一间简陋的办公室，铺开图纸开始了加班作业。同年 9 月，华艺获得了中日友好交流项目——日本奈良中国文化村的设计合同，并迅速从北京、南京聘请了包括傅熹年、潘谷西、杨鸿勋、王世仁等在内的多位古建筑专家，组建了高水平团队开展设计工作，前后历经八年时间，其过程曲曲折折，却又因种种原因未能落地建设。1988 年，华艺迎来了首个海外建成项目的设计——加拿大枫华苑酒店，在蒙特利尔市中心阐释了中国传统建筑文化。同期，华艺在香港与当地建筑师设计事务所开展合作。早期的一系列业务活动，使华艺率先掌握了当时尚未被内地建筑设计行业熟悉的国际设计市场的基本规则，获得了相关管理经验，经过兼收并蓄，又把这些经验迅速带到了刚刚开始大规模建设不久的深圳。华艺最早建立了完全市场化的薪酬体系、人力资源体系及以建筑师为核心的业务管理体系，极其重视以创新方案参加设计竞赛获取业务的能力，大胆引进了国际先进的设计手法和技术。当时，我国建筑设计手法单调、技术落后，行业管理普遍维持计划经济条件下的传统事业单位体制，而华艺作为建筑设计业改革开放的先行者，一开始就具备了活跃的市场化基因，创新、服务、高效，在沉睡初醒的行业中显得生机勃勃、活力四射，屡屡在方案投标竞赛中取胜，从深圳开始走向全国，获取了越来越多的大规模设计合同。一时间，华艺这头初生于港深两地的行业牛犊声名鹊起，吸引了来自全国各大设计院的顶尖设计人才。陈世民、徐显棠、潘玉琨、孔力行、钱伯霖、吴国林等优秀的设计师和一批又一批优秀的青年学子加盟，创作了深圳天安国际大厦（1988）、深圳罗湖火车站（1989）、深圳金田大厦（1991）、深圳发展银行大厦（1992）、深圳福田区政府办公楼（1994）、深圳麒麟山庄（1994）、深圳赛格广场（1995）、深圳创维数字研究中心（2000）、北京大学深圳研究生院（2001）等大量具有时代影响力的优秀设计作品。1995 年，为迎接在中国召开的第 20 届世界建筑师大会，华艺又中标设计了北京中国建筑文化中心……与此同时，华艺也收获了国家科技进步二等奖、全国优秀工程设计银质奖、中国建筑优秀勘察设计一等奖、入选中国“20 世纪建筑遗产项目”名录等一个又一个荣誉。波澜壮阔的事业也孕育造就了一大批具有行业影响力的专家，陈世民成为深圳首位获得“国家勘察设计大师”称号的建筑师，林毅成为享受“国务院政府特殊津贴”专家并获得“广东省勘察设计大师”称号……浓厚的市场化和创新创业氛围还熏陶孵化了一批敢闯敢试的同人，他们告别华艺，白手起家，先后创办了多家如今已蜚声湾区的设计企业。还有同事在紧张工作和集体放飞中相识相知相爱，因华艺而喜结良缘。

35 年的发展历史造就了华艺海纳百川、创新奋斗的企业文化，在陈世民、盛烨、李琦等历任负责人的领导下，来自全国各地的全体员工在激烈的市场竞争中始终团结奋进，有时携手踏过泥泞，有时举杯畅饮庆贺，一起享受丰收的喜悦，一起体会拼搏的艰辛，无论顺风顺水还是雷雨交加，都始终不忘创业初心、怀揣成就一流的梦想、迈着坚定的步伐一路前行。今天，作为中国海外发展有限公司旗下创新业务板块中的国家高新技术企业，华艺迎来了新的发展时期。

在百年未有之大变局中，华艺与同行一样面临新挑战。

我国建筑业仍处于工业化转型升级进程中，实施“双碳”战略须尽快构建低碳、健康、智能的产业链，全面深入开展系统化、标准化技术研究与开发，努力发挥建筑设计的前端引领作用，争当“链长”，才能重塑设计企业的技术竞争力。华艺作为“深圳市勘察设计行业协会”会长单位，与相关科研机构和院校的合作初见成效，采用外融冰开式系统创新设计的深圳前海区域集中供冷站、深圳留仙洞区域集中供冷站大幅节能减碳，近期设计的我国首个近零碳高层写字楼深圳中海油大厦通过了专家委员会评审。

BIM 及人工智能的快速发展将极大改变设计的生产过程和思维方式，甚至使设计变得更加便宜，目前设计软件开发处于高度垄断状态，预计施工图设计自动生成将为期不远。华艺作为“国家装配式建筑产业基地”和“深圳市土木建筑学会 BIM 专委会”主任单位，必须加快各专业设计一体化、模块化建设，力争在方案、施工、运维全过程 BIM 实践中构建便捷的全生命周期技术服务能力，才能够迭代服务竞争力。

坚持改革开放是我国的基本国策，建筑设计是我国服务业对外开放的一部分，是引进吸收先进理念、特别创意和综合技术的必要途径，也是丰富城市风貌和建筑文化的重要手段，设计企业只有敢于、善于在与享誉全球的国际知名设计机构面对面的激烈竞争中取胜，才会具备品牌竞争力。华艺广泛开展对外合作，与 KPF、HOK、Foster+Partners、藤本壮介等国际机构建立多样化合作关系，深度交流，博采众长，合纵连横，共赢互利。

我国城市建设将从 30 多年来的超速发展状态进入常速发展状态，作为甲方的各类建设单位集聚了大批专业人才，依靠长期的运营大数据积累形成了对经济价值和文化价值作出高度细分判断、并据此进行产品研发的能力。设计市场将在建筑类型、专业甚至部品等诸多方面日益细分，对产品的要求越来越高，只有集中资源持续打磨拳头品种，才能保持产品竞争力。华艺梳理了资源条件，调整了业务结构，缩短了管理链条，聚焦湾区市场，精研六大产品，紧紧围绕其开展科研和服务创新，力图在自身打造的产品线上成为最值得客户信赖的全过程解决方案供应商。

从社会整体水平来看，建筑设计企业的人均营收、员均利润均处于较低水平，只有引入科技开发生产类企业的管理思维，改革设计运营的过程管理，提高整体运营效率，并以此为基础改善激励机制从而吸引优秀人才，才能形成以价值创造为核心的管理竞争力。华艺从头建立起建筑设计运营管理体系，精细颗粒化分析设计行为，依据大数据划定过程刻度，实施项目制及全景计划体系，对所有项目全面推行适时的信息化管理，大幅提高人均效能和边际效益。

新的时期，华艺制定了成为“规模适中、特色明显、科技引领、效能最优”的大湾区领衔设计企业的“十四五”发展战略目标。

翻阅 35 年来的一个个历史项目，从中挑选编辑作品集，每一个都饱含回忆，不舍落下放弃，似乎听到来自远方凝聚着华艺人心血、矗立在祖国各地的一幢幢建成作品的轻声问候。与老前辈、老同事的一次次倾谈，或牵手，或拥抱，或欢笑，或感叹，每个人都有一本说不完的深圳故事，都与华艺结下了一段不解的缘分。今天的华艺，注册资金过亿，技术储备雄厚，运营效率一流，人才济济，朝气蓬勃，正以新的姿态迈向二次创业的新征程。愿华艺作品遍地开花，盼前辈同事常回家看看，祝华艺生日快乐！

香港华艺设计顾问（深圳）有限公司

董事长

2021 年 9 月于深圳

致辞 · 张锦秋

Speech by Zhang Jinqiu

记得 1986 年我到香港出差时，陈世民先生约我到他新成立的华艺设计公司去参观。他语重心长地说：“你回去后要说你亲眼看到了我们在香港是真的成立了设计公司，不是陈世民吹牛。”一转眼 35 年过去了。华艺这个名字在我心目中就是改革开放之初，我们建筑界建筑创作与业务开拓的创新标兵。我每次到深圳这个经济特区参观，都会看到在这里生根开花的华艺作品。华艺一步一个脚印地为深圳城市发展做出了重大贡献。华艺的“阵地”已逐渐扩展到全国许多城市。记得为迎接在北京召开的第 20 届世界建筑师大会，有关方面举办了“中国建筑文化中心”设计竞赛，华艺一举夺魁。华艺的设计充分体现了其在表现中国文化和时代精神的融合上不断创新的精神和能力。

张锦秋

现在华艺已经发展为拥有近千名专业设计人才的设计机构，构建了“规划—建筑双甲”平台，具备应用 BIM 技术进行全过程设计能力的综合性设计院。在华艺成立 35 周年华诞之际，我相信华艺人一定能坚持不断创新，继续发挥他们的创作活力，培养出更多后起之秀，为中华民族的复兴大业做出更多的贡献。

张锦秋

2021 年初秋于西安

（张锦秋，中国工程院院士，全国工程勘察设计大师，现任中国建筑西北设计研究院有限公司顾问总建筑师。）

致辞 · 马国馨

Speech by Ma Guoxin

“1979 年，那是一个春天，有一位老人在中国的南海边画了一个圈……”歌词中提到那年的 1 月，中央决定建立蛇口工业区，同年 7 月，全国人大批准深圳设立经济特区，中国“迈开了气壮山河的新步伐，走进万象更新的春天”。这其中包括建筑设计行业也迎来了春天。

习近平同志指出：“深圳是改革开放后党和人民一手缔造的崭新城市，是中国特色社会主义在一张白纸上的精彩演绎。”广大规划和建筑设计工作者正是在春天的季节里，在深圳大地上画出了最新最美的图画。在很长一段时期，深圳是建筑师考察最常去的地方，各种类型的设计机构纷纷在这里施展才能。这里不仅有包括北京市建筑设计院在内的众多国企设计单位纷纷设立的设计机构，也有以个人名义设立的私人事务所，后来各种外方设计机构也陆续介入。一时间，深圳的设计市场红红火火。华艺设计作为向新而生的外向型央企设计机构，正是在这样激烈的竞争中，通过一个个精心创作的建筑作品，逐渐形成了自己的品牌。华艺在设计市场开拓前行 35 年后，迎来了公司成立 35 周年庆典，作为业界同行，我们对此表示热烈的祝贺。

我和华艺公司在过去一段时间内联系十分密切，与公司的老设计师，包括陈世民大师、潘玉琨总、徐显棠总、孔力行总等都有多次交流，结下了深厚的友谊。华艺的许多作品对于我们也有很好的启发和示范作用。现在新的才俊正在继续华艺的事业，继续创造新的辉煌。

最后，衷心希望华艺公司以庆祝成立 35 周年为契机，再攀高峰！再创佳绩！

马国馨

马国馨
2021.8.22

（马国馨，中国工程院院士，全国工程勘察设计大师，现任北京市建筑设计研究院有限公司顾问总建筑师。）

致辞 · 何镜堂

Speech by He Jingtang

自 1986 年陈世民大师创建华艺设计公司，35 年来，华艺在改革开放的前沿，一步一个脚印，用一个个建筑设计作品深度参与了深圳特区和其他地区的城市建设，如今已发展成为一家颇有特色的华南知名设计企业，也是岭南建筑创作力量的重要一员。

华艺公司伴随特区成长的历程让我联想起 20 世纪 80 年代中期，我主笔设计的第一个深圳项目——深圳科学馆，至今也恰巧满 35 年了。那时的深圳是一片建设的热土，到处都是热火朝天建设特区的场面。

谈及创立之初的华艺，我对陈世民大师仍记忆犹新。他是早期深圳建筑设计的中坚力量的代表。1995 年，他带着华艺团队设计了即将在亚洲首次举办的第 20 届世界建筑师大会暨第 21 届国际建协代表大会的会址建筑——“北京中国建筑文化中心”。在中国本土建筑师原创设计的这栋建筑内迎接来自世界各地的建筑师，是一件让业界自豪的事。从深圳南海酒店、深圳麒麟山庄、深圳赛格广场、深圳发展银行大厦等早期标杆项目，到深圳中海油大厦、深圳大鹏半岛国家地质公园博物馆、深圳粤港澳青年创业区等近年新作，陈世民大师的建筑作品和他所创办的华艺一直保持着自己的鲜明特点，即立足本土、彰显时代。同时，这些作品也展现了华艺作为一家根基深厚的设计大院的实力和风采。

最后，祝愿华艺设计一如既往，坚持走有中国特色的现代建筑创作道路，扎根湾区，培养人才，立足创新，拼搏进取，继续创造新佳绩和新辉煌！

何镜堂

2021 年 9 月

（何镜堂，中国工程院院士，全国工程勘察设计大师，现任华南理工大学建筑学院名誉院长，建筑设计研究院董事长，首席总建筑师。）

致辞 · 程泰宁

Speech by Cheng Taining

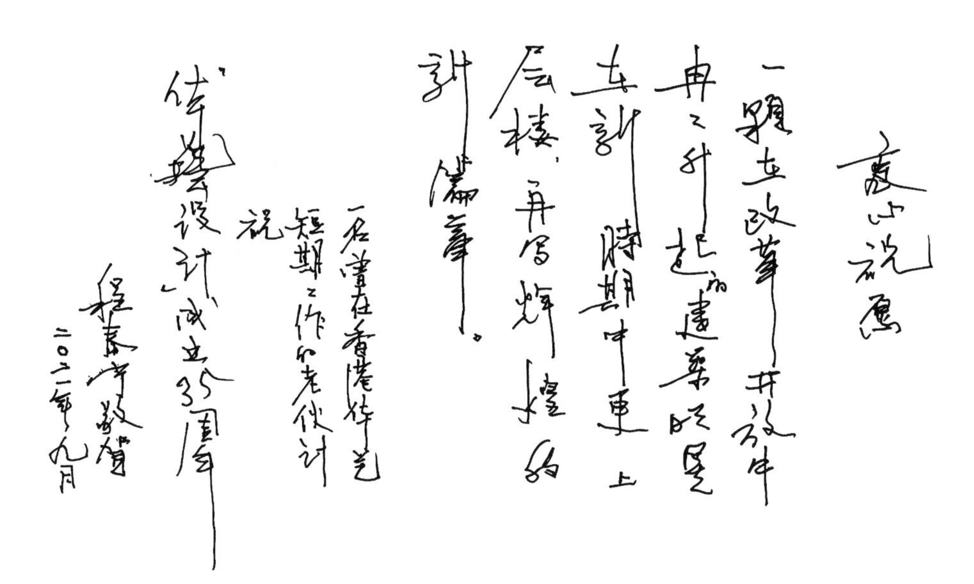

衷心祝愿

一颗在改革开放中冉冉升起的建筑明星，在新时期中更上层楼，再写辉煌的新篇章。

一名曾在香港华艺短期工作的老设计
祝
华艺设计成立35周年

程泰宁敬贺
二〇二一年九月

程泰宁

（程泰宁，中国工程院院士，全国工程勘察设计大师，现任东南大学建筑设计与理论研究中心主任、筑境设计主持人。）

致辞 · 崔愷

Speech by Cui Kai

華夏艺秀

先华森后华艺
陳大師特区創業
立港深面全國
众精英碩果「壘壘」

賀华艺35年
崔愷 辛丑秋

崔愷

（崔愷，中国工程院院士，全国工程勘察设计大师，现任中国建筑设计研究院有限公司名誉院长、总建筑师，本土设计研究中心创始人及主持建筑师。）

致辞 · 孟建民

Speech by Meng Jianmin

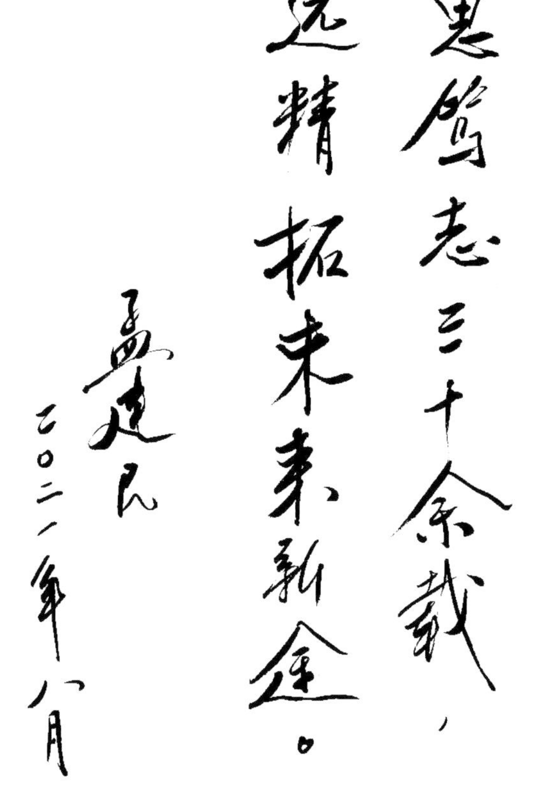

孟建民

（孟建民，中国工程院院士，全国工程勘察设计大师，现任深圳市建筑设计研究总院有限公司总建筑师、深圳大学本原设计研究中心主任。）

致辞·倪阳

Speech by Ni Yang

倪阳

我认识华艺是从身边的几位优秀建筑师朋友开始的，如之前的陈世民大师，现在的林毅总、陈日飙总等。从华艺的丛书中我看到，华艺作为央企，立足深圳经济特区，深度参与并见证了深圳改革开放四十年来城市建设的高速发展，并在此过程中体现出优秀的产业联动和资源整合能力。同时，华艺也具备小型事务所对品质和创作的追求，数年来创作了许多有影响力的作品。

今天，华艺成立 35 周年纪念丛书即将付梓，可喜可贺！对充满朝气的企业，我们报以希冀。愿华艺历经三十五载之后，在成立50周年之时，看到一个更好的你！

2021 年 9 月

（倪阳，全国工程勘察设计大师，现任华南理工大学建筑设计研究院院长。）

致辞 · 傅学怡

Speech by Fu Xueyi

华艺设计成立于 20 世纪 80 年代。我 1989 年来到深圳大学，30 余年来我见证了深圳的飞跃，也见证了华艺的快速发展。从陈世民大师创立华艺至今，华艺立足湾区，用精心的创作向大家展示了诸多经典作品。

从深圳发展银行大厦、深圳赛格广场，到现在的深圳城建大厦、深圳湾科技生态园四区等，华艺在超高层建筑领域崭露了头角。我作为专家组组长对华艺设计的深圳留仙洞光峰科技总部大厦进行了抗震设防专项审查，该大厦顺利通过审查，项目即将成为留仙洞总部片区的又一个标杆作品，可喜可贺！

最后，在华艺成立 35 周年之际，祝愿华艺设计秉持人才优势、积极进取，为成为“湾区领衔的设计企业”，不断努力，取得成功。

傅学怡

傅学怡

2021 年 9 月

（傅学怡，全国工程勘察设计大师，现任深圳大学建筑设计研究院顾问总工程师。）

致辞・陈宜言

Speech by Chen Yiyan

陈宜言

1982 年，大学毕业来到深圳，我投身深圳经济特区的建设大潮中，参与并见证了深圳特区的建设与发展，深刻体会到深圳作为改革开放的试验田，鼓励创新的一系列政策和对人才的重视与包容。这也吸引来自五湖四海的奋斗者们，在鹏城这块热土上展示自己的才华，成就这座充满活力的城市。我想这就是深圳为什么能在短短 40 年变成国际化大都市的原因。

华艺设计 1986 年成立于香港，立足于深圳，伴随经济特区成长三十五载，设计了许多优秀的建筑作品，有不少已成为城市的名片和地标。今年是华艺设计成立 35 周年，在一代代华艺人的努力下，华艺公司不断进取，取得了长足的发展和骄人的成绩。

我祝愿华艺在今后的日子里以奋进的精神创造更多的建筑精品，为中国城市绘就更美好的未来！

陈宜言

2021 年 9 月于深圳

（陈宜言，全国工程勘察设计大师，现任福州大学特聘教授、深圳市工勘岩土集团有限公司特聘大师、首席科学家。）

致辞 · 陈雄

Speech by Chen Xiong

伴随着深圳特区的高速发展，在陈世民大师、林毅大师等几代华艺人的努力下，历经 35 年阔步前行，作为向新而生的外向型央企，当今的华艺已是深圳的龙头设计企业。

陈雄

华艺创新基因强，对标国际先进水平，近距离学习香港经验，深耕深圳设计市场，有幸成为深圳特区改革开放四十年城市建设和高速发展的参与者与见证者，这不仅是华艺人的骄傲，同时也获得了全国同行的赞许。

华艺创新意识高，在企业发展模式上不断探索，上线信息化全景运营系统，实施营销体系和全景控制体系，以六大核心产品技术和六大主力专项服务，提供高品质的创新技术服务，在行业发展前沿孜孜以求，其丰富的经验值得全国同行学习。

华艺创新成果好，35 年来完成了一批标志性建筑，如深圳发展银行大厦、深圳规划大厦、深圳大鹏半岛国家地质公园博物馆等富有影响力的项目，获得全国同行的尊重。

值此华艺成立 35 周年华诞之际，作为省内同行、大湾区伙伴，我们衷心祝愿华艺先行先试，继往开来，再创辉煌！

2021 年 9 月

（陈雄，全国工程勘察设计大师，现任广东省建筑设计研究院有限公司副院长、总建筑师。）

致辞 · 杨瑛

Speech by Yang Ying

华堂承梦入云中

艺圃功成势亦宏

创业，传神露灌溉

作梁栋，宇代鸿龙

2021年8月21日

杨瑛

杨瑛

（杨瑛，全国工程勘察设计大师，现任中国建筑集团首席专家、中国建筑第五工程局总建筑师、中建五局设计研究院院长。）

致辞 · 赵元超

Speech by Zhao Yuanchao

赵元超

深圳是世界城市建设史上的奇迹。华艺与特区的建设和发展同步，是奇迹的创造者之一。

早在 20 世纪 80 年代求学时，我就知道华艺这家在香港成立的设计公司。我的两位师兄汤桦和林毅在这里参与了“日本奈良中国文化村”设计。华艺是最早走出国门、走向海外的设计机构。伴随着深圳城市的发展，华艺参与了一系列城市标志性建筑的设计， 致力于探索能够代表中国的现代建筑和城市建设。每当我有机会去深圳时，就迫不及待地去参观学习这些建筑。在我心目中，华艺设计是代表中国建筑现代化的窗口，也是我学习的榜样。

我系统学习华艺设计作品是从陈世民大师的作品集开始的。记得 20 世纪 90 年代国外 Images Publishing 出版的国际大师系列作品集中，就有华艺陈世民的专辑，这是国外出版社出版的第一本国内设计公司的作品集，足见华艺的影响力。

从 20 世纪末开始，我院和华艺成为中建设计的兄弟单位，一起参加评优。华艺精美而统一的方案册，充满活力和理性求实的设计作品总给我留下深刻的印象。无论是文化建筑、科技园区，还是校园建筑、居住社区，均让我耳目一新。华艺立足深圳，努力践行创新、开放、务实、稳健的设计理念。值此华艺成立 35 周年之际，我由衷地祝贺在创意之都诞生的设计机构，为深圳、为全国输出更多的理念、更美的设计，继续引领，永远创新，为城市现代化杀出一条“血路”，谱写新的深圳设计篇章。

2021 年 9 月

（赵元超，全国工程勘察设计大师，现任中国建筑集团首席专家、中国建筑西北设计研究院有限公司总建筑师。）

致辞 · 何昉

Speech by He Fang

我与华艺设计相识 30 余年，与华艺多位主创设计师都有过交流。早在 20 世纪 80 年代华艺设计成立初期，我受时任华艺设计总经理兼总建筑师陈世民大师的邀请，通过王世仁、孟兆祯先生的推荐，作为青年设计师参与了为永久纪念丝绸之路出发地古长安和海上丝绸之路的终点而建设的“日本奈良中国文化村”建设项目，并进行了文化村园林设计。后来在时任总经理盛烨的大力支持下，我们与华艺设计陆续成功开展了众多合作项目，包括深圳麒麟山庄、深圳大鹏半岛国家地质公园博物馆等。如今，我们将继续与华艺设计保持深度合作，参与粤港澳大湾区乃至全国的城市建设。我非常荣幸地见证了华艺设计与深圳改革开放的同步发展，并成为一家以创意与科技为引领、多元化发展的综合型建筑设计企业。

何昉

值此华艺成立 35 周年之际，衷心祝愿华艺在陈日飙总经理的领导下，不忘初心，继续弘扬优秀建筑设计文化，为提升城市建筑品质继续贡献智慧与力量。

2021 年 9 月于深圳

（何昉，全国工程勘察设计大师，现任住建部科学技术委员会委员和园林绿化专委会主任委员、深圳媚道风景园林与城市规划设计院创始人兼主持规划设计师。）

致辞 · 丘建金

Speech by Qiu Jianjin

陈世民大师在 1986 年创建华艺设计时，吸取了香港及欧美等地区的经验。适逢深圳特区高速发展，华艺创作了许多标志性建筑，如深圳南海酒店、深圳发展银行大厦、深圳麒麟山庄、深圳赛格广场、深圳规划大厦、深圳大鹏半岛国家地质公园博物馆等，彰显了陈大师及华艺团队深厚的设计功底和敢闯敢干的战斗精神。恭喜现在的华艺已经成为深圳建筑设计的领军企业和全国建筑设计的知名企业。

我有幸在大鹏半岛国家地质公园博物馆等项目建设中，与华艺的许多设计师有过交流合作。华艺设计师的严谨作风和创新能力给我留下了深刻的印象。值此华艺成立 35 周年之际，作为深圳业内同行，我衷心祝愿华艺设计不断进取，再创辉煌！

丘建金

2021.9.12.

（丘建金，全国工程勘察设计大师，深圳市市政设计研究院有限公司副总经理。）

致辞 · 钱方

Speech by Qian Fang

伴随着深圳城市建设的步伐成立，得益于对全国各设计机构设计文化的融合与发展，华艺设计在深圳这个设计人才聚集之地，在激烈的竞争实践中，逐步形成了自身独特的创作氛围和企业文化。

35 年时光荏苒，华艺设计在激烈的设计市场竞争中，保持高位态势，基于企业对创造力价值的认知、对创意人才的爱护和对创业氛围的营造，形成了以创意自觉为特点的企业主旋律。丛书记载了“华艺”其人、其事及其精彩纷呈的设计成果，是华艺人奋进发展的珍贵记录，也是对企业精神内涵的最好解读。本人于 1991 年下半年有幸与华艺同人共同工作过，深有感触，这也成为我人生中难忘的经历。

值此华艺设计成立 35 周年之际，真诚祝愿华艺设计行稳致远，成为设计行业内人才、创意、精品汇聚的发生地，不负“华艺”盛名，登世之高，行界之远。

钱方

2021 年 8 月 16 日

（钱方，全国工程勘察设计大师，现任中国建筑集团首席专家、中国建筑西南设计研究院有限公司院总建筑师、前方工作室负责人。）

致辞 · 李晓江

Speech by Li Xiaojiang

李晓江

20 世纪 80 年代起华艺就一直是深圳这个先锋城市建筑界不可忽视的实力存在。

2008 年“5 · 12”汶川特大地震发生后，中规院用 4 年时间承担了北川新县城从选址到现场技术服务的任务。我们请中国建筑学会组织了北川新县城文化中心、行政中心和抗震纪念园三个重要公共建筑 / 场所的设计方案征集。宋春华理事长邀请了二十多家著名设计机构和领衔大师参加，包括何镜堂、黄星元、崔愷、孟建民、庄惟敏、周恺、崔彤等，可谓大师云集。三个重要建筑都经历了三轮无偿的方案征集与评审，评审的专家包括宋春华、张锦秋、马国馨等。而华艺是唯一在三个建筑三轮评审中均进入前三名的设计机构。最终华艺脱颖而出，承担了北川羌族自治县行政中心设计任务。方案征集阶段，盛烨总、陆强总对方案设计工作倾注了大量心血，功不可没。设计阶段，华艺以建筑师陈日飙为骨干的设计团队进行了十几轮的方案推敲，锲而不舍地在尊重场地特征、满足行政中心诸多单位不同诉求、符合城市设计控制要求等多方面的设计遵循之间，用严谨的工匠精神打磨最优方案。施工阶段，华艺是与中规院前线指挥部合作最好的设计机构。陈日飙现场工作十分认真，对施工中的技术问题有求必应，有需必到；对建筑材料选择、样板墙效果最终确定都是精益求精。频繁往返深圳与北川的“阿飙”是中规院前线指挥部的常客、中规院的好友。功夫不负有心人，行政中心建筑群落成后毫无悬念地成为北川新县城标志性建筑和展现现代羌城风貌的灵魂建筑之一。我想陈总今天担当华艺重任，与他的敬业精神、职业态度和当年的认真工作是分不开的！

北川新县城灾后重建成就了规划师和建筑师精诚合作的典范，北川羌族自治县行政中心建筑群设计展现了华艺的社会责任与使命担当！

2021 年 9 月于北京

（李晓江，全国工程勘察设计大师，现任中央京津冀协同发展专家咨询委员会专家，中国城市规划协会副会长。）

目录
Contents

篇一　华艺设计之道
Part I　The Philosophy of HUAYI Design

篇二　华艺经典作品
Part II　Major Projects of HUAYI

篇三 华艺六大产品
Part III Six Categories Products of HUAYI

CREATIVITY

篇一　华艺设计之道

Part I　The Philosophy of HUAYI Design

35 年前，华艺诞生于中国改革开放的历史机遇中，伴随着深圳城市建筑发展的脚步而生长。这 35 年凝聚了两代华艺建筑人执着与奋斗，历经了大师领衔、开疆拓土、全面协同百花齐放、技术引领融合创新等多个阶段。因而，这里既能看到借鉴外来经验到对本土建筑创作进行的探索和实验；也包含了快速城市化发展带来的挑战与建设市场的起伏跌宕，从追求效率优先到对空间品质的理性回归与沉淀。若将华艺 35 年的发展放到中国时代变革的背景下，可以见证这个伟大时代在一个建筑设计企业背后刻下的深深烙印。“务实”“稳健”“开放”“创新”既构成了华艺创作历程的关键词，也向社会与业界阐明华艺的未来必然是持续创新不止、成果不断绽放的希望之境。

开放创新·艺无止境——华艺三十五载创作回顾

Open Innovation and Infinity of Art - Review of HUAYI's Works in the Past 35 Years

林毅

引言

2020 年，深圳特区成立 40 周年；2021 年，华艺设计走过了自己 35 年的历程。35 年前，华艺诞生于中国改革开放的历史机遇中，伴随着深圳城市建筑发展的脚步而生长，这 35 年是凝聚了两代华艺建筑人的执着与奋斗的历程。这期间，华艺建筑设计经历了市场开放带来的观念碰撞与冲击，从借鉴外来经验到对本土建筑创作进行探索和实验；也经历了快速城市化发展带来的挑战以及建设市场的起伏跌宕，从追求效率优先到对空间品质的理性回归与沉淀，在日益激烈的市场竞争和持续提升的技术发展的浪潮中，砥砺前行。

站在这个特殊的时刻回望，可以发现，华艺设计发展历程中每一个重要的时间节点，都与深圳的社会进步与城市发展紧密相连；每一阶段的建筑创作，都是对当时城市建设所面临问题的解答应对。从这个角度，对华艺过去 35 年建筑创作的历程进行梳理，沿着作品的脚印找寻背后的思考和记忆，既可作为曾经在华艺奋斗的建筑人的集体纪念，也可作为一个案例，与这一时代的无数同行的实践一起，共同呈现出一幅中国近 40 年建筑创作发展的“深圳样本”。

1986—2000：开疆拓土、大师领衔

1980 年，深圳特区成立时正值改革开放初期，不仅中华大地迎来了国家经济和社会发展模式的巨大变革，同时，建筑行业也面临前所未有的思想解放以及空前的创作机会。深圳率先实施土地制度改革、人事制度改革，鼓励发展多元经济等一系列制度创新，吸引了来自全国各地的有志之士，参与到如火如荼的特区建设中来。1984 年邓小平视察深圳之后，国贸大厦“三天建一层”的建设速度

加拿大枫华苑酒店

更成为深圳敢想敢干、追求效率的时代精神的代名词。

在对外开放的洪流中，1986 年，经城乡建设环境保护部和对外经济贸易部批准，华艺设计顾问有限公司得以在香港成立，同年在深圳独资设立香港华艺设计顾问（深圳）有限公司，成为中国外资独资工程设计企业。成立之初，华艺设计创作由当时的总经理兼总建筑师陈世民大师等带领，在香港和深圳都设立了办公室。在深圳的办公室最开始是位于国贸的一栋住宅楼中的一间办公室，条件非常简陋。公司规模从几个人起步，借鉴了香港事务所的工作模式，追求实干与效率，上下同心，设计创作在紧张又融洽的氛围中展开。从初创到 2000 年的第一个十五年间，华艺同无数当时在深圳白手起家的创业公司一样，靠着敢想敢干的拼搏精神，开疆拓土、稳扎稳打，逐步创作了一批有影响力的建筑作品，奠定了在业界中的地位。

作为初创于香港的央企外资设计公司，华艺一开始就拥有中外融合的血液和开放的国际化视野。1986 年公司成立之初就承接了日本奈良中国文化村的设计。这是中国建筑师首次在日本本土设计的大型文化项目。规划方案是在奈良这座受中国文化影响深远的古城中，重建一个以唐代大明宫含元殿为原型、重现中国盛唐风采的传统建筑群。在设计过程中还邀请了傅熹年、潘谷西、杨鸿勋、王世仁等一批国内古建大师参与研讨。可惜最终由于建设条件的变化，项目没有实施，不过却为年轻的华艺设计团队积累了国际项目经验，同时奠定了华艺在开放中追求卓越的设计理念。

紧接着 1988 年，华艺就迎来了在海外的第一个建成项目——加拿大枫华苑酒店。设计者在简洁实用的主体建筑上部，设计了具有中国传统建筑风格的亭榭楼台，打造了丰富的空间层次和优美灵动的屋顶曲线，同时在酒店内部也设计了一座体现中国风格的细腻别致的室内庭院。这个项目在加拿大蒙特利尔市中心周围现代主义功能建筑的包围下，成为一座独具特色的标志性建筑，传播了中国传统建筑文化[1]。此外，为解决海外项目落地的实际问题，枫华苑酒店的设计报批由华艺与当地建筑师事务所合作进行，由陈世民担任顾问建筑师提供方案设计及初步设计，由当地事务所负责审查报批。这种以建筑师为主导，对外输出中国创意的国际设计合作方式，直到今天，仍属鲜见。

1992 年，邓小平在南方谈话中提出“发展才是硬道理”，进一步加快了改革开放的步伐，接下来中国迎来了房地产业快速腾飞的十年。此时，大规模建设让中国市场成为全球瞩目的沃土，深圳以其开放包容的市场环境更是吸引了许多国际知名设计机构及建筑师，如 SOM、KPF、GMP、RTKL 等国际机构，矶崎新、黑川纪章、赫尔穆特·扬等知名大师，都为深圳城市建设留下了空间作品和思想交融的印记。境外公司在争夺建筑市场的同时，也给国内的建筑界带来从理念到方法的全方位冲击，以及与全球顶尖同行同台竞技的压力。

华艺顺应时势将工作重点转移到国内市场，并按国际事务所模式优化经营体系，扩充人才队伍，同时保持国际合作，积极参与建筑市场竞争。这一时期，华艺在深圳成功留下了诸多有影响力的公共建筑，包括天安国际大厦（1988 年）、罗湖火车站（1989 年）、金田大厦

深圳发展银行大厦

（1991 年）、发展银行大厦（1992 年）、获评“深圳市 30 个特色建设项目”之一的福田区政府办公楼（1994 年）、南海影剧院（1999 年）等。1995 年，深圳有 4 个大型投标项目，其中 3 个由华艺公司中标，如深圳赛格广场，成为全国第一座由中国人独立投资、自主设计、自主建造的 300 米级超高层建筑。

深圳发展银行大厦是华艺在国内设计项目中首次与境外建筑事务所合作的作品。深圳发展银行是中国改革开放后成立的首家股份制商业银行。作为中国经济市场化改革的代表性机构，发展银行的总部大厦首先需要有一个能契合当时时代精神的创新形象。华艺主导的投标方案打破了常规办公楼的规整形式，采用简洁的三角形体量与巨型构架，形成阶梯状层层递减向上的造型，体现不断锐意发

1 陈世民 . 时代 · 空间 [M]. 中国建筑工业出版社 , 1995, 58-73.
2 http://www.chinaasc.org/news/126810.html

展的精神，获得评委和业主的全票通过。如今看这栋已经在深圳福田中心区伫立了 25 年的大楼，在周边不断生长的高层建筑群体中，仍然显得独特和前卫，让人回想起那个激情燃烧的年代。2018 年，深圳发展银行大厦被列入第三批中国“20 世纪建筑遗产项目”名录[2]。

北京中国建筑文化中心（1995 年）是华艺通过投标在北京获得的一项重要的文化建筑项目。该项目是为迎接 1999 年在北京召开的第 20 届世界建筑师大会暨第 21 届国际建协代表大会而建的，是北京市迎接中华人民共和国成立 50 周年的重点项目之一。华艺方案以中国传统建筑的“门阙”作为设计理念，巧妙地满足了用地局限下大型文化展览建筑的复杂功能和管理需求，同时采用了当时先进的大跨度创新结构设计，营造了大空间和丰富的室内空间效果。更重要的是，中轴对称、两翼打开的“门阙”形象既体现了中国传统文化的精神内涵，又反映出中国建筑文化走向世界的时代心声。这一设计理念的成功落地，反映出华艺团队在驾驭建筑形象、功能与技术上逐步走向成熟，同时也体现出当时国内的建筑文化环境对于公共建筑在传统与现代性的表达上持有的继往开来、兼容并包的总体态度。

20 世纪 90 年代的中国建筑创作正处于一个特殊的历史时期。在面临来自国外各类设计思潮冲击的同时，传统的建筑价值和审美逻辑也受到住房市场化改革带来的空前挑战。在放量增长的市场面前，国内建筑师在矛盾中找寻方向，效仿西方风格的“拿来主义”盛行。尤其在商业建筑和地产项目领域，以西方新古典主义风格为主要蓝本的“欧陆风”，符合新兴消费群体对西方发达国家富裕精致生活和异域风情的憧憬，占据了市场的主导地位。

1995 年，华艺承接了作为深圳市政府的重要接待基地的麒麟山庄项目设计任务。在“欧陆风”盛行的环

北京中国建筑文化中心

深圳麒麟山庄

境下，设计团队既没有照搬流行的西式元素，也没有完全采用中规中矩的传统风格。在总体布局上，设计团队吸收了我国“天人合一”的思想，利用自然环境因地制宜，创造出“步移景异”的园林式的总体环境；同时，在建筑单体设计上组合运用了现代构成手法，兼容了西方现代建筑简约和开放的精神，打造出一个建筑与自然和谐共生、中西合璧的度假山庄。

1997 年，亚洲金融危机爆发，大型公共和综合性建筑项目建设减少，公司逐步加大对国内住宅市场的拓展，在适应市场的同时，探索不同需求条件下住宅建筑设计最合宜的路径。这一时期华艺设计建设的住宅项目包括深圳田园居山庄（1995 年）、深圳美加广场（1996 年）、南海怡翠花园（1998 年）、天津万春花园（1998 年）、长春威尼斯花园（1999 年）等，以及达到百万平方米量级的大型住区广州光大花园（1998 年）、获得“国家优质工程银质奖”的深圳星河国际花城（2000 年）等。

2001—2016：全面协同、百花齐放

2001 年 5 月，华艺正式划归中建总公司下属的中国海外集团有限公司管理，成为中型设计企业。这一时期华艺开启了第二个十五年，已经从早期大师引领的事务所运作方式转变为现代企业管理模式。2003 年，随着在国内北上广深 4 个一线城市以及南京、武汉、重庆、厦门、成都等 5 个中心城市中 8 家分公司的成立，公司也迎来规模扩张和全国影响力上升的时期。同时，公司保持了“传帮带”的传统，在管理上实现了经营与设计生产分离，给年轻建筑师提供了宽松的创作和成长环境。华艺由此进入一个全面协同、百花齐放的发展时期。

这一时期，一系列影响深远的历史事件标志着中国的城市化进程进入新的阶段。2001 年，中国加入世界贸易组织（WTO），开始步入全球化经济时代。2002 年，党的十六大上确立了“科学发展观”，城市建设从前十几年的粗放式的城市扩张阶段，开始转向“节约型”“和谐”及追求品质化的发展阶段。2007 年末，国家大剧院正式竣工投入使用。奥运会（2008 年）、世博会（2010 年）等国际盛会的成功召开，在提升民族文化自信的同时，也推动了城市文化和建筑创作的繁荣。

“来了就是深圳人”，开放与包容成为这一时期深圳最突出的精神。2001 年，华艺通过竞标获得了北京大学深圳研究生院设计项目。华艺的设计方案修正了原上位规划中以车行为主导的规划布局，将以蔡元培校长“思想自由、兼容并包”为主旨的北大精神转译为一个开放共享的“信息长廊”，串联起校园建筑群体，试图营造一种自由开放、便捷轻松的校园环境。同年在与都市实践合作的深圳规划大厦中，设计方案一改政府办公楼威严封闭的官方特色，将纯玻璃幕

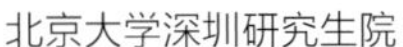

北京大学深圳研究生院

深圳规划大厦

海口行政中心

墙围合的建筑体量直接置于水景之上，塑造了开放、清廉、务实与便民的形象。在内部空间上同样贯彻了通透开放、简洁明快的特色，将不同功能的空间塑造成富有弹性又轻松舒适的交流场所。现在这栋深圳建筑人都非常熟悉的政府办公大楼仍然保持着非常好的使用效果。

随着国内建筑市场的日趋成熟，建筑界逐渐对最初的“跟抄仿学”模式进行反思，寻找具有中国特色的设计思路和建筑表达。面对越来越受社会关注的建筑文化趋同和城市特色丧失的问题，华艺设计团队挖掘地方文化精神，展开地域主义风格的实践探索。2007 年海口行政中心的设计，在规划上，以“四院居中、双翼齐飞”的功能布局适应了当地的海洋性气候特点；在建筑造型上，提炼海南“南洋文化”和“骑楼文化”两大地方建筑元素，构成了整体朴实自然、独具海口地方特色的行政中心。2009 年汶川大地震一周年之际，华艺积极响应号召，通过竞赛获得北川羌族行政中心设计项目。北川是全国唯一的羌族自治县。设计创作的重点在于建造一栋既能凸显北川羌族地域特色，又能体现“新生命力”精神的现代行政办公大楼。

除了这些在全国不同地区、关注地方文化和气候因素而展开的地域主义设计实践，华艺设计团队也尝试通过挖掘项目场地的自然地理特征展开创作。深圳大鹏半岛国家地质公园博物馆（2009 年）是其中的代表作。该项目位于深圳东部七娘山森林公园脚下三面环海的半岛，场地具有古火山地貌、葱郁的自然植被和优越的海洋景观。为最大限度减少建筑对环境的干扰，设计团队将建筑体量切分，采用斜切伸展的形体构成，让建筑如同嵌入半岛的岩石一样，充分融入周边环境中。虽然建筑立面的材料最终没有采用方案最初设计的火山岩，但建成总体效果基本实现了建筑与环境共生的目标。目前该博物馆已成为深受深圳市民欢迎的游览打卡点。

大学建筑是人文精神和自由主义的集中体现。多年来，华艺为深圳的大学校园设计了多座校园建筑。在深圳大学基础实验楼一期和二期（2006 年）设计中，华艺设计团队通过形体的高低组合、弹性空间、模糊边界等创作手法，在高密度校园空间打造了一个有着自然园林趣味的校园建筑群，为师生的自由交流创造了丰富的空间场所。其后的十年间，华艺主持或合作设计在深圳落地的高等教育建筑包括北大汇丰商学院(2009 年)、深圳南方科技大学(2015 年)、深圳北理莫斯科大学（2016 年）、中山大学深圳校区（2017 年）等一系列颇受社会关注的作品，每一所校园的建设都是深圳高等教育合作创新的成果，同时也凝聚着建筑师对高等教育自由独立人文精神的美好期盼。

这一时期的文化建筑创作除了对地域文化、地理环境特征以及场所文化特质进行回应，有时也需要处理与历史的关系。在北京国际俱乐部大

北川羌族行政中心

深圳大学基础实验楼一期

深圳大鹏半岛国家地质公园博物馆

厦项目（2014 年）中，建筑师要面对的是如何将历史保护建筑与达到该建筑 7 倍体量的新建部分有机融合的难题。华艺设计团队首先制定了先保护后利用的原则，在规划上延续俱乐部早期合院式的理念，对建筑进行立面修复和内部功能重塑。建成之后，整幢建筑在繁华庄严的长安街上，仍然继承了国际俱乐部的历史厚重感，实现了新旧功能的互补和文化形象的传承延续，在空间和技术上实现了拓展的效果。

2010 年，公司注册成立具有城乡规划甲级资质的北京中海华艺城市规划设计有限公司，构建完成“规划 + 建筑”的双甲平台，参与公开市场的城市规划、城市设计及规划咨询业务。专业规划团队的建立推动建筑设计突破“红线设计师”思维，融入城市研究和分析的方法。面对城镇化快速发展中出现的“千城一面”的问题，华艺规划承担了一系列地方风貌保护规划任务，积极探讨在城市建设中如何挖掘地域文化、城市文脉和地方山水环境特色，形成新旧融合、生态宜居的城市风貌，例如绵阳游仙区朝阳片区整体改造提升项目（2012 年）、重庆秀山县洪安镇保护规划（2014 年）、重庆鱼嘴传统风貌区保护实施规划（2015 年）等。

随着城市建设持续进行，城市空间逐渐趋向饱和。高速发展的深圳也面临着土地资源严重不足的困境。2010 年《深圳市总体城市规划（2010—2020）》获批实施，将建设资源节约型和环境友好型城市作为新时期城市建设的目标。如何解决日益严峻的土地紧缺和环境问题，处理好空间发展与环境承载力平衡的关系，让高密度与高品质共存，成为这一时期设计创作面临的突出问题。

华艺设计在这一时期创作了一系列超高层建筑作品，既是城市趋向高密度开发的结果，也是对上述问题的积极探索。在华艺与境外设计企业合作完成的深圳湾科技生态园四区（2011 年）项目中，面对这一复杂的超高容积率的整体开发项目，设计团队通过立体、多层次空间的组合设计，在群楼林立的城市森林中塑造了相互串联的公共空间体系。项目的两栋超高层塔楼仿佛是踏歌而来的两位探戈舞者，青春且富有活力，恰似深圳这座年轻的城市，朝气蓬勃。深圳中海油大厦（2009 年）是华艺在深圳六大总部基地之一的后海中心区的又一力作。为了使建筑在超高规格的总部办公楼群中独树一帜，方案采用两座 200 米高的双塔对称布局，塔楼造型挺拔，采用蓝灰色玻璃幕墙，通过由下至上弧线的收分变化，隐喻一组扬帆起航的企业巨舰，体现业主中海油集团独特的海洋文化特质。同时六边形的平面让办公区拥有了更为广阔的景观视野，内部错层通高的中庭花园，营造出舒适自然的办公环境。深圳有线枢纽大厦（2010 年）采用底层架空和阶梯状景观处理的方式，有效缓解了用地局促带来的压迫感，加强了深圳市福田中心区莲花山及笔架山两个重要城市公共景观的联系性和公共性。在平面布局上将核心筒外置，使得中部形成能灵活使用的大空间，在满足企业特殊使用需求的同时，

深圳中海油大厦

深圳有线枢纽大厦

深圳天健创智中心（组图）

创造了开敞而丰富的空间效果。

面对高密度空间的开发需求，建筑创作的出发点已不仅聚焦在形态表达上，更需要提供系统的解决方法。既需要在建筑空间和造型上力求与城市环境积极融合，又力求实现内部空间环境的最佳效果，同时符合结构与技术的创新突破。这一时期落地实施的大型超高层项目还包括 280 米高的贵阳未来方舟环球谷综合体（2011 年），以及由 400 米高的主楼领衔的 14 栋超高层建筑组成的贵阳国际金融中心（2011 年）等。这些项目通过对 BIM 技术的协同运用，显著提高了华艺对超大型复杂项目的技术协同和全程控制水平，推进公司超高层建筑设计技术走向成熟。除了在技术协同管理水平上不断提高，华艺在项目的完成度上更加精益求精，例如深圳天健创智中心（2012 年）的景观空间与建筑主体紧密联系，在景观设计语汇上吸收了建筑立体菱形玻璃幕墙的线条特点，实现不同设计界面的统一与融合。

高密度城市发展不仅给公共建筑带来新的课题，也给量大面广的住房建设市场带来挑战。2010 年后，随着房地产开发的专业化和多元化发展，以及社会大众对居住空间环境的关注度和品质要求的不断提高，商业及住宅建筑创作也经历了在起伏中不断攀升的过程。华艺团队顺应市场环境变化，在满足每个项目需求的同时，尽力挖掘创造高品质人居环境空间的可能。这一时期有代表性的商业住宅项目包括广州中海名都花园（2001 年）、长春中海水岸春城莱茵东郡（2005 年）、深圳淘金山湖景花园（2008 年）、南京龙潭经济适用房（2009 年）、佛山中海金沙湾西区（2009 年）、广州南沙星河丹堤花园（2011 年）、深圳中海九号公馆（2013 年）、深圳天鹅湖花园（2015 年）、深圳壹城中心（2013 年）、深圳心海城一期（2016 年）等。

2012 年建成的位于深圳中心区的深圳星河国际项目是较早的大型商业住宅综合体项目。设计方案采用大围合的“生态大花园”的布局方式，使得商业与住宅空间相得益彰，加上现代精致的立面设计及户户均好的通风与景观效果，成为当时被称为具有“中心区”品质的商业综合体标杆项目。佛山中海金沙湾西区项目凭借在规划、建筑、环境、技术、建设质量等多个方面的卓越表现，荣获当年“中国土木工程詹天佑奖优秀住宅小区金奖”。深圳壹城中心项目，因其突出的整体品质获得市场青睐，其一期开盘创下深圳 10 年来当日销售速度及成交额最高纪录。深圳心海城一期项目作为深圳坪山新区的首个超百万都市综合体大盘，提升了区域城市配套生活和环境品质，获得业内普遍赞誉……

2017 至今：融合创新、技术引领

2017 年，粤港澳大湾区建设框架协议签署，标志着大湾区建设的国家战略正式启动，作为大湾区中心城市的深圳被赋予了建设创新引领世界级创意之都的重要责任。城市建设面临转型升级，建设领域的革新正朝着从规模发展到注重质量内涵的新型城镇化的方向全面推进。与此同时，设计企业普遍面临着市场竞争日趋激烈、设计服务要求日趋严苛、任务总量下滑和市场起伏不定的压力。这一年，华艺适时调整了内部管理模式，把项目经营权下放到各事业部，以期更敏捷地捕捉市场需求，激发团队动力；同时控制规模，聚焦重点优势领域，持续培养和提拔年轻设计师，支持他们在明确责任的同时，施展才华，迅速成长。

这一时期，深圳的公开建筑招标市场已成为国际国内设计团队群雄逐鹿、各显神通的沙场。面对日益残酷的竞赛环境，公司持续加强与国际国内优秀企业的合作，取长补短、融合创新，积极引入国外先进的建筑与城市设计理念，创作了一批高水平建筑作品。如在超高层办公建筑综合体方面，与 Gensler 合作的深圳城建大厦（2018 年），以立体城市理念在超高密度开发的中心地区实现建筑功能、城市交通与公共空间的高效整合。与 gmp 合作的深圳华侨城新玺名苑（2019 年）将一片老旧城区打造成将建筑景观、文化娱乐与社区生活完美结合的都市舞台。与 OMA 合作的深圳招商局前海环贸中心（2018 年）采用立体景观系统，为具有高密度复合功能的前海片区编织了一系列开放、连通的城市文化生活空间。与

深圳城建大厦

深圳招商局前海环贸中心

深圳留仙洞总部基地

深圳粤港澳青年创业区

bKL 合作的深圳留仙洞总部基地项目（2019 年）在一片由 4 栋超高层建筑组合形成的总部基地集群中，引入了一系列垂直空中花园和公共空间体系。与 KPF、中建西南院合作的成都天府新区中海超高层项目（2018 年）进一步拓展了超高层空中大堂和垂直花园的设计，该项目建成后将成为中国西南地区城市新的标志性超塔。除了大型超高层项目，华艺近年与境外公司合作的还包括文化博览建筑及产业园项目。如与罗杰斯史达克哈伯建筑设计咨询（上海）有限公司合作的深圳粤港澳青年创业区（2019 年），用小体量的组团花园式办公楼来诠释这个作为深圳前海首个聚焦产业加速的深港青年科创平台的独特气质。在与境外公司的合作中，华艺团队一方面拓展创作思路，汲取先进的设计理念，另一方面也锻炼了协同工作能力，培养了专业项目管理的思维方法。

在采集他山之石的同时，华艺也注重内部挖掘，加强原创设计。

深圳前海太平金融大厦

2019年底，公司抽调方案设计骨干成立创作中心，鼓励年轻建筑师专心投入公开竞标市场，在实战中充分施展创作才华。创作中心成立不久即斩获深圳前海太平金融大厦（2020年）、深圳公安局警察训练基地（2019年）等项目。太平金融大厦位于深圳前海企业总部中心地带。该方案摒弃玻璃盒子式的常规高层办公建筑造型手法，采用暖色调的陶板幕墙，以精致的细节处理，展现“千折鎏金、典雅大气”的整体形象，在超高层云集的总部大楼集群中脱颖而出，深得业主认可。这一时期华艺创作的总部大厦类项目还包括深圳乐普医疗大厦（2017年），其以“温润如玉、圆润饱满”的双塔形象在留仙洞总部基地中脱颖而出；深圳莱蒙国际大厦（2018年）顺应龙华上塘片区“形象之门”的城市形象，成为城市级打卡地；后海中心区中海总部大厦（2021年）充分采用被动式健康通风技术，打造5A级近零能耗建筑；等等。

“十三五”前后的十年间，国家对包括医疗、养老等社会健康服务产业的重视程度逐渐提升。同期，深圳为补齐城市医疗发展长期滞后的短板，加大了对公共医疗卫生建设的投入。华艺抓住机遇适时成立了医疗建筑中心，加大对医院专项设计领域的研究实践。该中心从承接单栋住院楼设计任务开始，逐步拓展到大型综合医院、各类专科特色医院以及医疗研究机构，先后承接了超过 1 万床的医养建筑设计业务。其中包括 3 000 床的湖北襄阳医疗中心（2012 年），全国药检系统中规模最大的深圳医疗器械检测和生物医药安全评价中心（2015 年），全国单体医院建筑规模最大、容积率最高的深圳宝安人民医院（2017 年），作为国家感染性疾病临床医学研究中心的深圳市第三人民医院改扩建工程（二期）（2018 年），以及定位为粤东地区最重要的医疗救治中心和科教基地的汕头市中心医院（2020 年）等。

为推进建筑行业的节能减排和可持续发展，从 2016 年起，国家发布了一系列政策，大力推进装配式建

深圳宝安人民医院

汕头市中心医院

深圳国际会展城

筑的发展。深圳也将发展装配式建筑与保障房建设的要求捆绑，大大提升了装配式建筑的落地性。华艺早在 2015 年就专门成立了以装配式技术为核心的建筑工业化研究中心，恰于此时抓住机遇，厚积薄发。厦门龙湖马銮湾项目（2018 年）是当时福建省住宅商品房中预制率最高的建筑，还是华南地区装配整体式剪力墙结构中高度最高的建筑，2019 年也获得《装配式建筑评价标准》A 级范例项目认定。公司分别于 2019 年、2020 年获得广东省“国家装配式建筑示范产业基地”称号。

为落实住建部关于进一步加强城市与建筑风貌管理的要求，深圳开始在全市重点建设片区试点“总建筑师负责制”。其中对于总面积达 10 平方千米的深圳国际会展城（2018 年），建立了首个“建筑 + 规划双总师负责制”，华艺被选聘为深圳国际会展城总建筑师咨询团队。面对这个“工期短、工程大、内容多”的全球最大的会展中心，总建筑师咨询团队的职责包括负责技术协调、专业咨询、技术审查，对建筑与规划方案、公共空间环境、道路交通与市政设施、规划管理及城市风貌类协调等方面进行全面统筹，为政府决策提供技术保障。这一项目也锻炼了华艺设计管理团队，推动华艺从传统的建筑设计领域拓展到提供全过程建筑咨询服务领域。

建筑创作不仅要发挥个人的创造力，更要有强有力的技术支撑。华艺设计对专项建筑领域的重视，主要基于两方面的环境背景：一方面，人们对生活环境品质要求的日益提升，促使建筑设计师从提供空间作品向提供全方位设计服务转化；另一方面，科技创新逐渐上升为国家战略，建设绿色低碳、健康可持续的城市也成为城市建设的重要目标。这些行业的发展变化必然推动建筑行业朝精细化分工、专业协同、技术引领的方向前进。

近几年，公司持续在已形成一定市场优势的设计服务类型上拓展业务，构建了以超高层建筑、精品住宅、医疗健康建筑等为核心的设计产品体系。同时成立了科技部，大力推进公司技术质量平台和技术标准建设。实施科研奖励政策，促进产学研结合，通过技术研发增强建筑设计综合实力，力争形成具有行业引领作用的核心技术体系。例如，在超高层建筑领域，正在基于现有的几个超高层建设项目设计成果在集团内设置科研课题，展开面向全生命周期的超高层建筑成套技术研究；在医疗建筑领域，通过承担多项行业相关标准建设及研究，拓展新型医疗建筑工艺、技术与空间结构；在装配式建筑领域，正在针对不同预制率和结构形式的装配式建筑建立标准化设计体系，并推动智能技术与装配式技术的协同发展；在传统的住宅建筑领域，着力推动标准体系建设以提升效率，同时围绕重点需求展开专项研究。公司还在绿色健康建筑技术、BIM 及建筑智能化、复杂结构等专项技术领域深耕，构建行业领先的核心技术和专业咨询服务。

强调技术不是忽略创作，而是为创作提供自由飞翔的羽翼；做强平台也不是轻视个体，而是为设计师的创意实现提供源源不断的技术支撑。华艺的设计实践，顺应当前建筑行业转型提升的发展脉搏，朝着科技引领、做精做专的方向提升全过程设计服务与全专业协同的技术优势，成为大湾区领衔、辐射全国的行业引领型设计与咨询服务机构。

结语

35 年来，华艺立足特区，潜心耕耘，深度参与了深圳改革开放 40 年的城市建设，见证了这个城市日新月异的发展变迁，公司也从几个人的规模稳步提升并保持在七八百人的中型规模，在全国 50 多个大中城市，为开放发展中的中国贡献了超过 4 200 项建设作品。

华艺建筑创作道路的延续，得益于改革开放和深圳这座城市所带来的自由、包容、追求卓越、鼓励创新的大环境。同时，华艺建筑发展的道路上也留下了老、中、青三代华艺人励精图治、艰苦奋斗的脚印。在第一个十五年的初创阶段，陈世民大师作为公司创始人之一，兼任经营管理和总建筑师职责，设计亲力亲为，创作充满激情、高瞻远瞩，同时又爱惜人才、开放包容，吸引了当时一批国内优秀的建筑师加盟华艺。其中一些人后来成为院士大师级的知名建筑师、中年建筑骨干和杰出的工程师，为华艺设计的高标准打下了坚实的基础。在第二个十五年的发展期，在新的公司管理者和技术带头人的带领下，公司顺利地实现了从事务所到现代设计企业的过渡，同时保持了“传帮带”的传统和自由宽松的创作氛围。这一时期，一批20世纪六七十年代出生、正处在而立之年的青年建筑师逐渐成长为核心力量。这些优秀的建筑人才很多已经离开华艺，不少已成为知名企业的领军者，或地产企业的佼佼者，华艺也因此被称为深圳建筑设计界的“黄埔军校”。这些老、中、青建筑师群体在华艺的创作经历，在20世纪跨越了带有特殊责任感和使命感的80年代，万象更新、高歌猛进的90年代，以及多元丛生、起伏跌宕的新世纪。他们不仅留下了个人奋斗的足迹，也共同描绘出一幅伴随着改革开放而成长的两代建筑师群体的集体影像。

如果把华艺公司35年的发展放到中国时代变革的背景下，可以清晰地看到这个伟大的时代在一个建筑设计企业背后刻下的深深烙印。从华艺的建筑创作发展历程，可以归纳出几个“关键词”，以此体现中国当代建筑实践在以改革开放前沿城市为代表的中国南方地区的主要典型特征。

“务实”。身处高速发展的房地产市场中，华艺建筑师以市场为导师，在实践中学习，在竞争中超越，既不局限于已有的经验教条，也不盲从于对各类流行“主义”或语汇的追捧。面对不断更迭的市场和社会需求，华艺设计始终注重融合运用当下最合理的形式和技术，解决当下最突出的问题，同时随时争取最有可能实现的创新机会。从这个角度而言，华艺与扎根于深圳的建筑同行们一起，共同塑造了这一时代的“深圳实践”，创造了属于深圳的地方风格。

“稳健”。过去35年，作为一家港资央企的设计公司，华艺聚焦建筑设计的主航道，力求保持稳健的步伐，在平衡中超越自我。在设计管理上，强调充分发挥技术引领和专业协同的力量；在创作氛围上，鼓励开放交流和个性表达；在企业管理上，关注员工与企业的共同成长。在建筑设计已经进入全面精细化分工的年代，华艺相信行稳致远，建筑创作必须保持“理性”与“浪漫”的结合，在创意上大胆突破，在技术上持续深耕，持续构建深圳这个“先行先试”的设计之都的城市空间与时代精神。

“开放”。深圳初创阶段的城市建设实践是否成功，不仅影响到中国建筑发展方向，甚至成为中国改革开放成功与否的重要标尺。在面临纷繁复杂的新旧观念冲突、东西文化碰撞，以及地区差异与竞争时，在开放与保守间选择前者，不仅是一种态度，也是一份承担风险的勇气、兼容并包的气度和自信。深圳海纳百川、开放竞争的建筑市场，鞭策着建筑企业和设计师不断突破自我，也造就了现今世界领先的建筑设计水准和城市环境品质。近两年，随着国际竞争的加剧和

“经济内循环”的提出，以怎样的方式保持开放，怎样的建筑才能承载未来社会的进步，又成为当下面临的重要课题。

“创新”。对于立足于深圳这个改革开放试验田的建筑设计企业，“创新”是其核心精神。这个年轻的城市同时还赋予建筑师摆脱历史包袱、冲破陈规旧俗、敢于先行先试的勇气。1986 年，华艺作为第一家外资独资建筑企业在香港成立，其本身就是中国对外合作经济的实验性开端。在其后的发展中，华艺在各个时期的建筑创作探索都紧扣时代脉搏，勇于先行先试、突破常规，敢为天下先。华艺的创新之路，也是过去 30 多年的深圳乃至中国建筑创作能够持续发展繁荣背后的一个缩影。

回望是为了更好地前行。面对未来建筑行业发展的新挑战，华艺秉承创新突破的精神，持续探索建筑创作的无止之境。

香港华艺设计顾问（深圳）有限公司

副董事长、总建筑师

2021 年 9 月于深圳

CREATIVITY

篇二　华艺经典作品

Part II　Major Projects of HUAYI

翻开华艺的建筑作品史可透彻感悟，深圳的发展与华艺的创作成长是如影随形的，有抱负的华艺建筑师与工程师，在秉承创新、开放、务实、稳健的创作中，用一个个经典作品实践着建筑技术与艺术的极致融合。50 多个经典项目对于三十五载的华艺公司仅仅是代表作，但从多类型的项目中读者会形成认知：这些作品是立足城市大局，为动态的深圳大发展贡献品牌载体的；这些全新的建筑，其高明处是以一种现代的途径适应街区环境与传统元素；它们开创性地处理着艺术与技术的本质关系，将场所、空间、建造、人性紧密相连。这经典作品篇，不仅是对华艺自身设计规律的史料般地总结，更是对改革开放中国深圳建筑发展历程的记录，其项目中平面的魅力与空间的灵动，以及有生命的建筑的塑造，会引发华艺人与读者的共鸣，产生致敬未来的效果。

日本奈良中国文化村

Chinese Cultural Village in Nara, Japan

项 目 地 点　　日本 · 奈良
建 筑 面 积　　约 30 000 平方米
业 主 单 位　　日本奈良中国文化村有限责任公司
主要设计人员　　陈世民　傅熹年　陆　强　林　毅　汤　桦　盛　烨　范蕴中　钱伯霖　董　都　孙　剑　钟晓青　陈耀东　王世仁　盛悦亭　何　昉
设 计 时 间　　1986—1994 年
竣 工 时 间　　未建成

华艺第一个境外设计项目

一、设计理念

文化村选址于奈良东北之奈良阪町区，占地 48 公顷，总建筑面积 30 000 平方米，主要功能包括主题馆、陈列馆、商场、民居、园林、水街、文化设施等，是一个既有中国文化内涵又具中国建筑特色的建筑群体。奈良古称平城京，为日本 1 200 年前的古都，是日本古代对外交流的中心。奈良古城规划仿唐长安布局，以长安城规模的四分之一修建，至今保存大小唐风建筑 1 000 余座。因此，文化村的构思除结合地形融入展示的文化内容外，总体布局上采用了中国传统的轴线及空间组合方式，核心建筑以 80% 的比例仿照唐含元殿修建，以便与奈良拥有唐建筑的历史文化底蕴相匹配。文化村共由四组建筑群组成，第一组以含元殿为主体，作为展示中国历史文物、文学艺术和风土人情的博物馆；第二组是以唐代西安西市命名的商业贸易市场；第三、四组是以长城为主线引导的饮食、娱乐设施。这四组建筑群从不同侧面共同展现出一幅生动形象的中国文化风俗画卷。同时按西方现代游乐场的需求，分别穿插布置五大娱乐项目，使之成为兼具现代生活特色的东方游乐园。

场地现场照片

二、背景故事

1986 年 7 月，日本奈良日日新闻社东京本社的负责人经中国驻日使馆的介绍与华艺公司结识并商谈，邀请中国的设计团队为日本奈良拟于 1988 年举办的“丝绸之路博览会——奈良

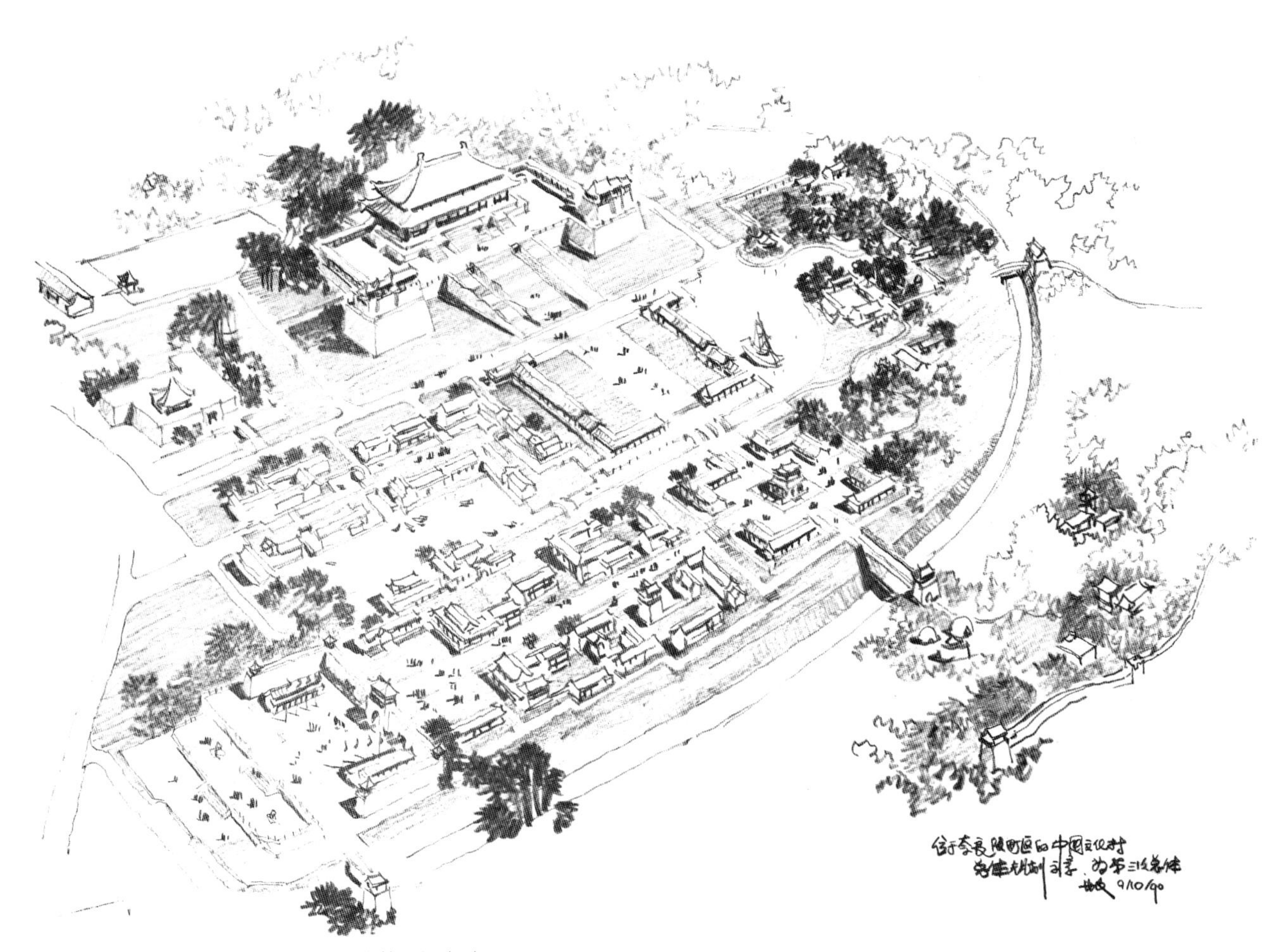

1990 年完成的中国文化村总体布局方案第三版（1）

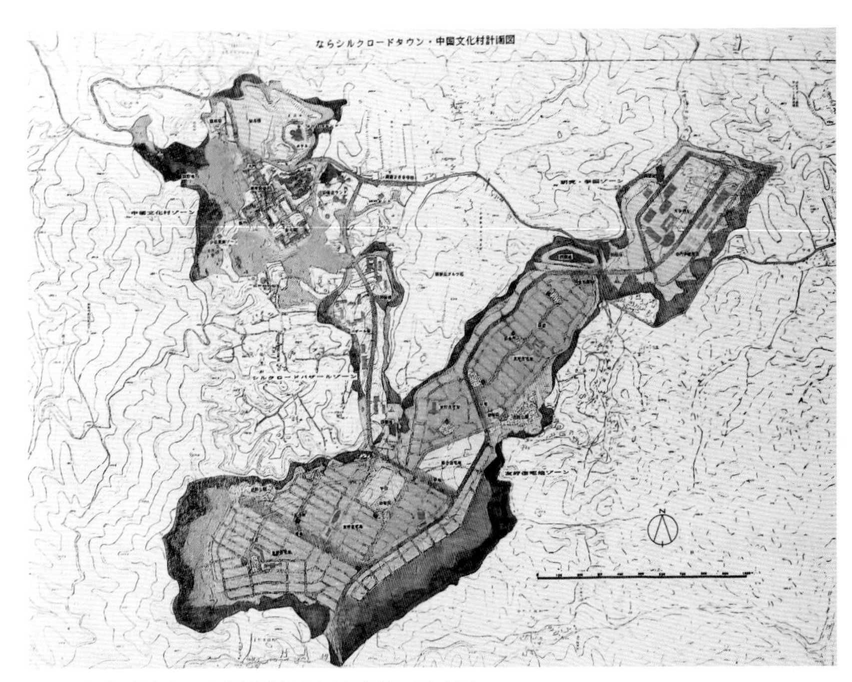

1990 年完成的中国文化村总体布局方案第三版（2）

项目手绘效果图

傅熹年院士绘制的效果图

1992 年 7 月经多次修改后确定的日本奈良文化村总体规划布局方案

方案研讨会

古建筑专家评议会审议文化村方案

华艺设计小组与日方团队在奈良现场踏勘

设计团队在日本奈良完成第一阶段设计后合影留念

88”设计一个永久性的建筑群——中国文化村。日本方面的友好倡议获得了中国城乡建设环境保护部的重视，批准成立了中国文化村建设组，由陈世民大师任总建筑师，负责总体构思、规划设计及策划工作。在前后近 8 年的规划设计过程中，华艺团队数次赴日本工作，并曾分别邀请中国古建研究专家傅熹年、潘谷西、杨鸿勋、王世仁等先生对建筑设计进行审议。王世仁先生和一些设计师曾于 1987 年直接参与了部分方案设计工作。傅熹年先生主持含元殿复原设计，先后完成了 200 多张施工图并制作了模型。项目得到了中日双方政府的重视与支持，也是当时日本本土内由中国设计承建的第一个大型工程项目，虽因部分原因未能建成，但依旧是中国建筑界走向世界、进入国际市场的成功探索。

加拿大枫华苑酒店

Holiday Inn Hotel in Canada

项 目 地 点	加拿大 · 蒙特利尔
建 筑 面 积	30 000 平方米
业 主 单 位	Gestion Sinomonde Inc.
主要设计人员	陈世民　潘玉琨　林宝汉　陈小寅　韩　璘
设 计 时 间	1988 年
竣 工 时 间	1991 年

华艺第一个海外落成项目

沿街立面

一、设计理念

项目位于蒙特利尔，地块正面是城市主干道 Avenue Viger，西面是 Rve Saint Urban，正好处于转角位置，对角线是著名的国际会议中心及地铁站，酒店位置距市中心步行不过 10 多分钟，对面是市政厅及著名的旅游观光区。为引人注目，在满足设计要点的建筑范围和容积率许可的情况下，建筑采用了一个简洁的基本体形，然后将一个传统的四角状阁楼和一个八角亭置于顶部，使其像中国传统建筑一样具有丰富的轮廓线和优美的屋顶曲线，其后将上部三层逐渐收缩退进，增加一排栏杆来加强阁楼和八角亭的稳定感与层次变化，以此与那些简洁的现代高层建筑的形体产生强烈的对

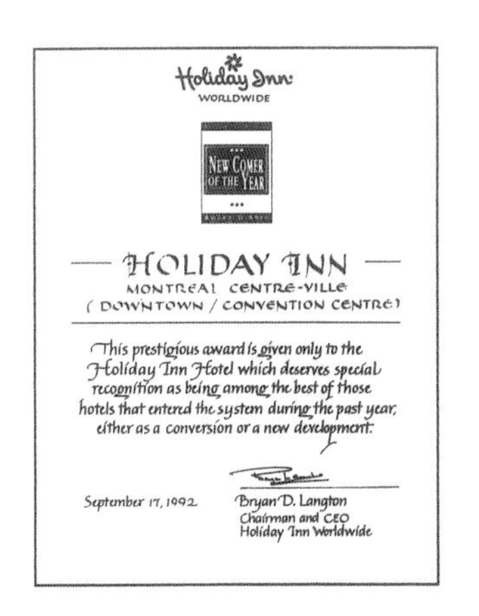
Holiday Inn
WORLDWIDE

NEW COMER OF THE YEAR

— HOLIDAY INN —
MONTREAL CENTRE-VILLE
(DOWNTOWN / CONVENTION CENTRE)

This prestigious award is given only to the Holiday Inn Hotel which deserves special recognition as being among the best of those hotels that entered the system during the past year, either as a conversion or a new development.

September 17, 1992

Bryan D. Langton
Chairman and CEO
Holiday Inn Worldwide

1992 年加入国际假日酒店集团的八十余家酒店中，枫华苑酒店因是其中最好的一家而获得最佳奖

1991 年 10 月 23 日，枫华苑酒店正式开业，蒙特利尔市市长向五百多位各国嘉宾致辞，并向华艺表示祝贺

项目手绘效果图（1）

项目手绘效果图（2）

酒店外景

项目手绘效果图

酒店外景

比。此外，再选用金黄色的宫殿式琉璃瓦和墨绿点金的彩绘梁枋，辅以红色门窗框及白色大理石栏杆，令整座建筑色彩绚丽，光彩夺目。蒙特利尔天气严寒，人们鲜少停留在室外，因此，酒店中设计了一座有中国特色的室内庭院。酒店进口设在底层，大堂中庭空间在二层，客人由一小段紧凑的过渡空间看到电梯厅前水帘掩饰下的龙壁，到达二层后即看到亭、桥、水、石、花木组成的中国南方庭院，转头行至大堂接待处方能饱览庭院景色。欲扬先抑的设计手法，带给客人极具中国韵味的游园体验。枫华苑酒店在地球另一面的出现，不仅为华侨子孙们增加了历史与文化的回忆，拉近了他们与祖国的距离，同时也吸引了那些从未到过东方、憧憬中国文化的人们。

二、背景故事

1987 年 10 月，一份来自北京的电传送到陈世民大师面前，在加拿大蒙特利尔市中心有个酒店建设项目，加方投资者资金有限，正寻求中国的合作伙伴。12 月，在珠海的一间酒店里，陈世民大师会见了加方及中房海外部的代表，三方进行了实质性商谈。1988 年 2 月，陈世民大师首次跨越太平洋，穿越辽阔的加拿大本土飞到了东海岸的蒙特利尔市，会见了该市副市长及旅游发展局等部门相关官员，详细了解了项目的投资前景，同时对项目区位及市区情况考察，并参观了市区的主要建筑。当时中国对外开放方兴未艾，建设部门又提出以设计带动工程承包及传统建筑材料出口，若参与酒店开发，无疑能发挥我们的长处，获得更多的经济与社会效益。

陈世民大师初到加拿大蒙特利尔时，冰天雪地，天气严寒，很少有人停留在室外，而在当地著名的地下商业街和公共场所却人群熙攘。他想，若在枫华苑酒店中设置一座带中国特色的室内庭园并相应组织酒店的公共设施，一定会引人入胜。为此他走访了几家酒店，几乎都是一般的商业性建筑，并无现代的共享空间，更没有可吸引人的公共环境。通过走访，他增强了在设计中突出中庭的信心。从他构想草图开始，建筑布局始终围绕着这个构思演变。为在有限的建筑空间里获得较丰富的、有组织的中国式庭院空间，陈世民大师运用中国传统造园技法中处理流动空间的手法，围绕庭院布置餐厅、会议室、酒吧等公共活动场所，在有限的地盘上，形成了宽敞的流动空间。整个庭院里的公共活动场所既有就餐、观赏的位置，又有步移景换的活动空间，为此酒店给这个中庭取名为“趣园”。酒店开业后，客人们在此流连忘返，作为总设计师的他想在院中小亭内宴客，也是几经推延才轮到。1991 年 11 月，枫华苑酒店正式开业。开幕仪式上，蒙特利尔市市长发表了热情洋溢的讲话，其中 3 次提及陈世民大师，并为他“带给蒙特利尔市人民一份富有特色和文化气氛的礼物”而深表感谢。1992 年枫华苑归入国际假日酒店集团系统，荣获该年度加入集团系统的 80 多家酒店之冠。

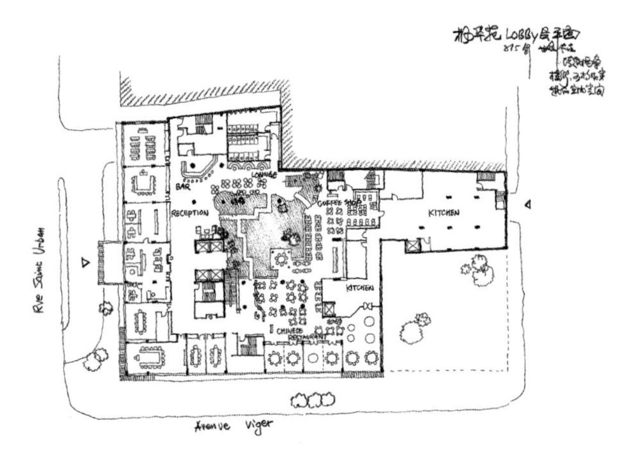

一层平面图

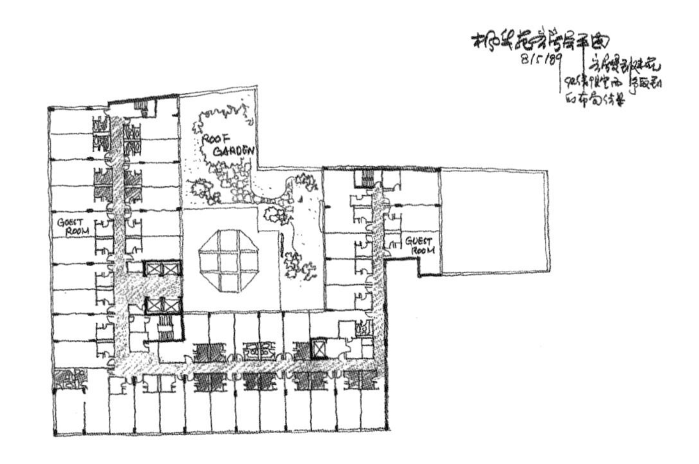

客房层平面图

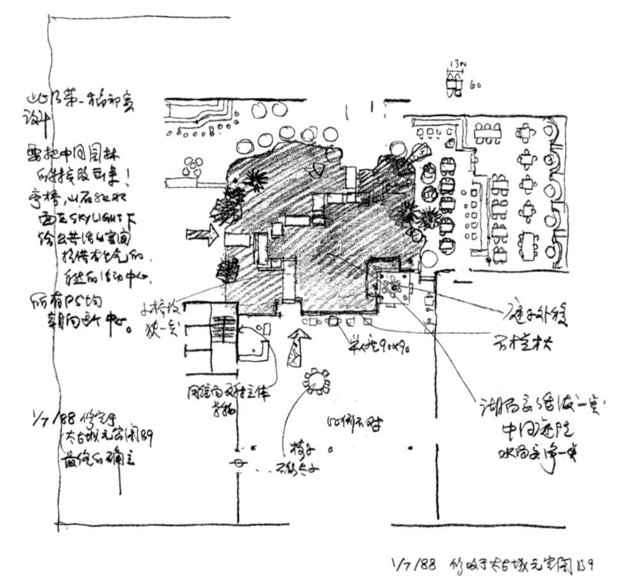
内庭院分析图

内庭院

深圳天安国际大厦

Tian'an International Building, Shenzhen

项 目 地 点	深圳市 · 罗湖区
建 筑 面 积	91 000 平方米
业 主 单 位	深圳物业发展（集团）股份有限公司、香港天安中国投资公司
主要设计人员	陈世民　王行方　梁增钿　王　英　陆　强　林　毅
设 计 时 间	1988 年
竣 工 时 间	1993 年

华艺第一个商业综合体项目

一、设计理念

天安国际大厦是一座拥有大型商场、办公楼、豪华公寓及餐饮娱乐设施的综合性大厦，项目位于深圳罗湖商贸核心区，与 20 世纪 80 年代修建的标志性高层建筑国贸大厦连为一体。方案通过对环境的分析，采用内循环交通线路，简捷有效地组合了各部分，获得了空间的流畅性。方案在国际邀标中获选，并受托完成初步设计及建筑施工图设计。天安国际大厦的造型没有依循通常在裙房中部竖起塔楼的常规做法，而是在功能布局基础上结合覆盖率所容许的总建筑面积形成由人民路节节上升后退的建筑造型，将顶层的音乐酒廊由原一般化的圆形旋转餐厅改为蝶形，与“U”形塔楼的叠层错落浑然一体，更显现出了简洁大方的风格。在建筑语言选择上也没有强行与国贸建筑协调，而是采用由 2 个四分之一圆组成的半圆筒幕墙及四分之一圆形的实墙楼梯井筒，组成大厦前后不同的两个立面。半圆筒幕墙成为大厦特质之一，概括了罗湖高层建筑中矩形和圆形幕墙的建筑语

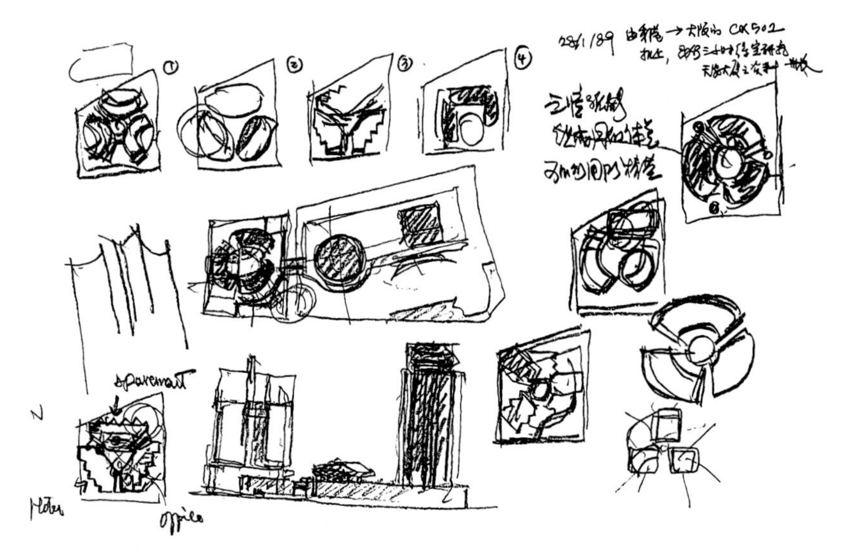

建筑形体推敲手绘草图

陈世民在建筑大堂中

方案研讨会

建筑立面与周边环境

傍晚建筑外景

建筑局部

立面窗饰局部

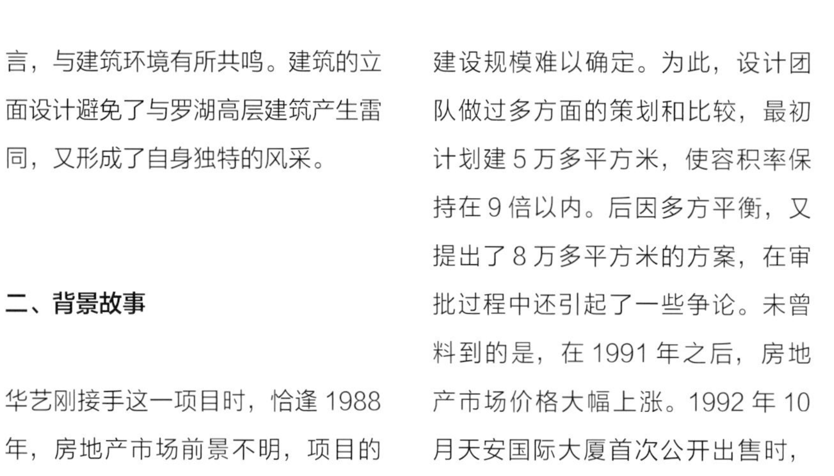

言，与建筑环境有所共鸣。建筑的立面设计避免了与罗湖高层建筑产生雷同，又形成了自身独特的风采。

二、背景故事

华艺刚接手这一项目时，恰逢 1988 年，房地产市场前景不明，项目的建设规模难以确定。为此，设计团队做过多方面的策划和比较，最初计划建 5 万多平方米，使容积率保持在 9 倍以内。后因多方平衡，又提出了 8 万多平方米的方案，在审批过程中还引起了一些争论。未曾料到的是，在 1991 年之后，房地产市场价格大幅上涨。1992 年 10 月天安国际大厦首次公开出售时，以每平方米 16 800 元港币的价格推出，创造了深圳销售市场的最高销售价，投资者获得了意想不到的收益，这个项目的开发也获得了成功。主管部门及城市建设领导者希望这个项目是一个功能齐全、设施完善、有一定规模的综合性大厦。但是要满足这一综合性功能的需求就提出了另外一个问题：建筑布局如何灵活设计以适应建筑商品市场的变化。为此，设计团队尝试采取了多个措施如整幢大厦选用 8 米 × 8 米统一柱网以适应地下停车场，裙房商场、塔楼商店、公寓客房、办公室等各种不同功能区的使用要求。

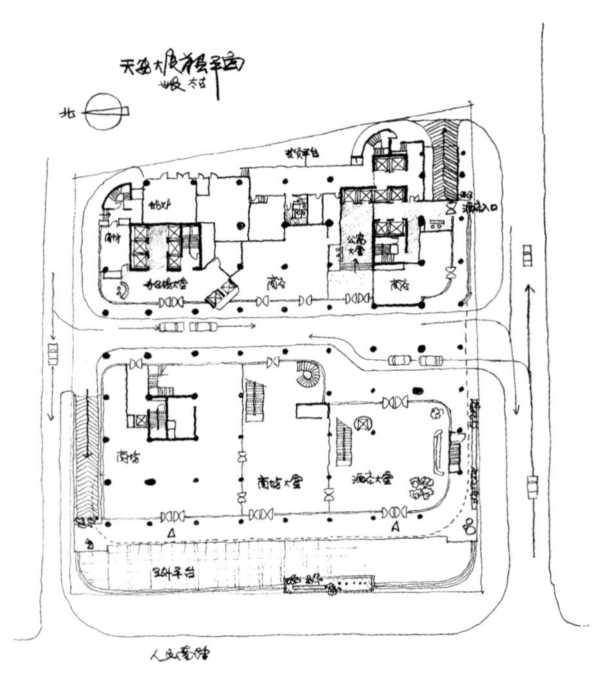

一层平面图

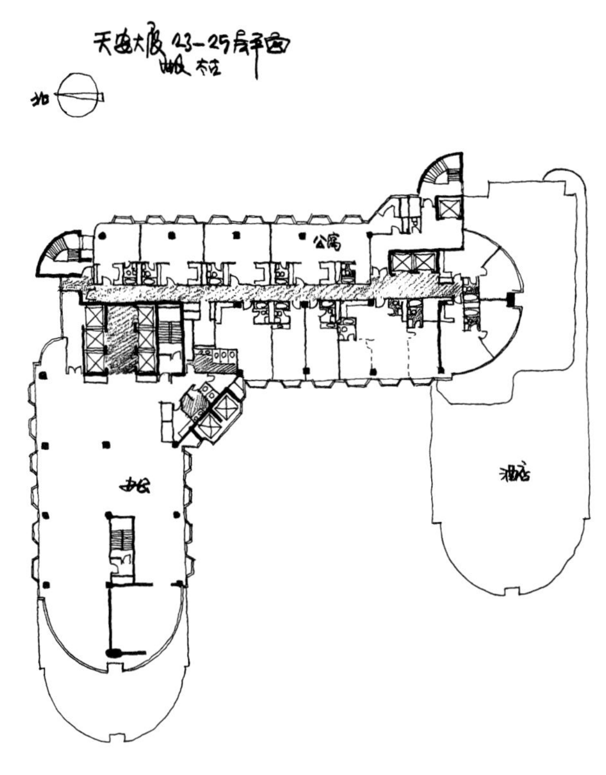

23—25 层平面图

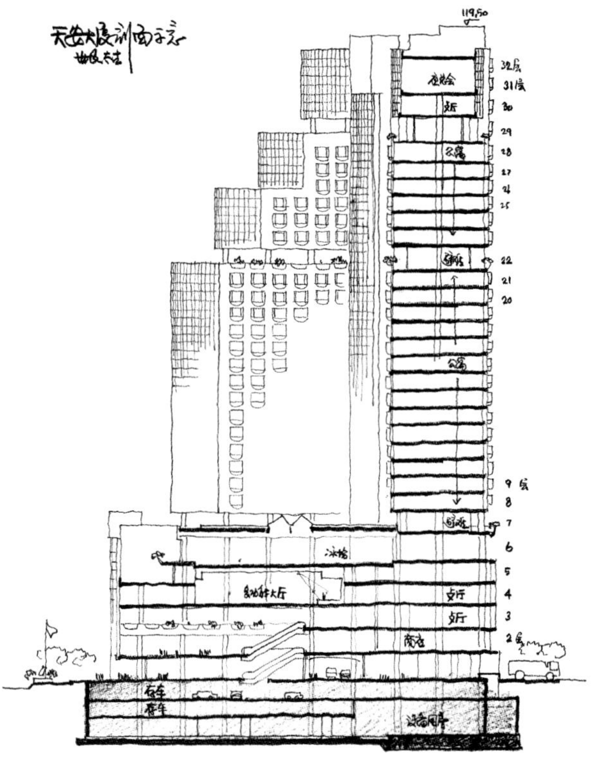

剖面图

深圳罗湖火车站

Luohu Railway Station, Shenzhen

项目地点	深圳市 · 罗湖区
建筑面积	93 790 平方米
业主单位	深圳市政府、深圳火车站
主要设计人员	陈世民　林　毅　潘玉琨　李　明　周　敏
合作单位	机械电子工业部深圳设计研究院（方案合作）
设计时间	1989 年
竣工时间	1992 年

华艺第一个大型交通枢纽项目

一、设计理念

在 1993 年 12 月初结束的深圳市 1993 年优秀工程设计评委会上，由华艺公司提供建筑方案设计及外部和大堂内部装修设计的深圳铁路新客站（罗湖火车站）是唯一全票通过的一等奖。这座由蓝绿色玻璃幕墙和淡灰色面砖组成的格调清新、韵律现代的新建筑于 1991 年正式启用。罗湖火车站将简捷流畅的交通、舒适安静的候车、鲜明易辨的导向、快速周到的服务作为方案建筑布局和空间组合的依据。火车站东面广场面宽 215 米，而进深仅有 30 米。为了充分利用这一地形特点，方案采用现代航空港广泛使用的带型分散的交通组合，对传统平面布局进行根本改善和突破。建筑平面上设置 4 组垂直交通和 5 个对外出入口，南北两组垂直交通分别导向上层的酒店和港澳旅客、团体候车，中央两组垂直交通则导入上层的写字楼及餐厅，4 组垂直交通底层直接通向广场，中央的主要出入口则引入 4 层高的大空间，由自动扶梯和楼梯将人引入高架候车室。4 组垂直交通枢纽与中央大空间在水平方向相互串联起来，使车站各项功能既成组划分，又彼此关联。罗湖火车站突破了传统火车站形成的布局模式，同时兼有现代化交通建筑讲求效率与效益的特征，且外形清新大气，一座现代的火车站就此诞生，深圳的“南大门”也旧貌换新颜。

二、背景故事

1989 年，在深圳火车站原址上改建新站时，市政府、建设主管部门聘请

建筑立面与前广场环境（1）

建筑立面与前广场环境（2）

陈世民大师以政府规划委员会顾问身份在原有方案的基础上提出新的想法与建议，“希望这幢20世纪90年代的大型重点建筑能够搞得更好、更现代化”。

深圳的建筑创作进入20世纪90年代，有待更上一层楼，需要有所创新、有所突破的建筑作品出现。但是建筑设计的关键在于观念，要创新、要突破，就必须改变观念。为改变原有如“北京站”式的中国火车站建筑固定格局和框架，将深圳火车站设计成一座现代化的建筑，唯有改变观念，把简捷流畅的交通、舒适安静的候车、鲜明易辨的导向、快速周到的服务作为这个新火车站建筑布局和空间组合的依据。幸好，关于建筑现代化的观念，得到了业主的理解和支持。

建筑立面局部

建筑入口上方悬挑结构

项目手绘效果图

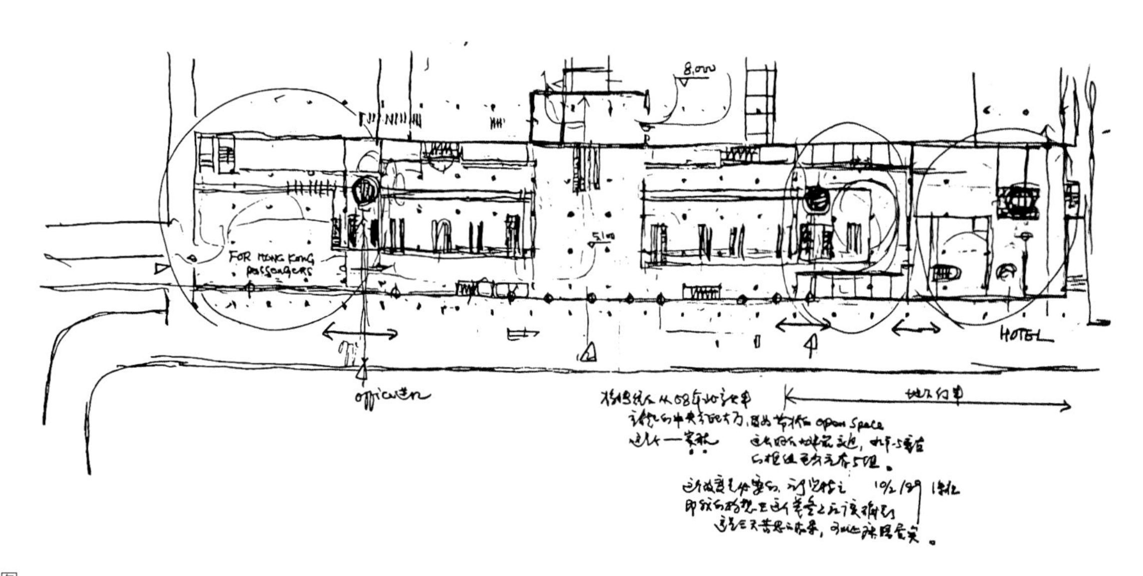

一层平面图

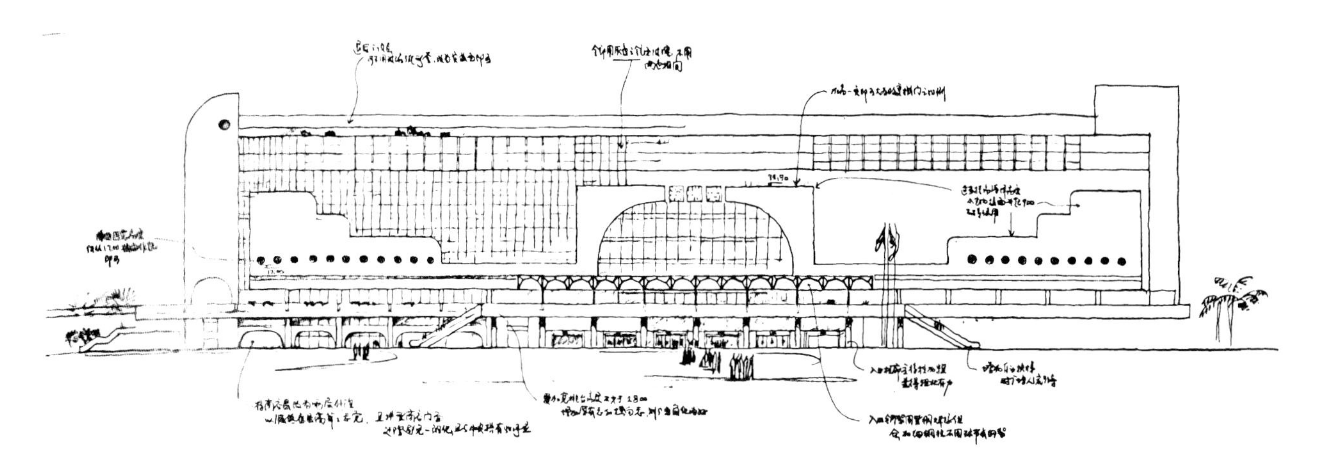

建筑立面图

深圳金田大厦

Jintian Building, Shenzhen

项 目 地 点	深圳市 · 罗湖区
建 筑 面 积	23 400 平方米
业 主 单 位	金田实业股份有限公司
主要设计人员	陈世民　林　毅　罗　清　潘玉琨
设 计 时 间	1991 年
竣 工 时 间	1994 年

华艺第一个复合型办公楼项目

一、设计理念

金田大厦是一幢以办公为主的综合性大厦，另外包含会议、酒店、商场、俱乐部、泳池等多项设施。项目地处城市街道转角处，用地十分紧凑，南北宽仅 31 米。设计上综合考虑了特殊的地理环境，采用圆弧形平面构图，并将底层架空，大堂后退，门前保留小块绿地广场，有利于城市交通

傍晚建筑外景

视野的扩大与转角处的自然过渡，且广场与大厦大堂通过设计，在空间上互为补充，相得益彰。金田公司的标志是一个带有箭头的圆弧，具有旋转、飞动、劲升的视觉效果，建筑师从中获得灵感，提炼出与该标志相呼应的平面特征，并延伸至基地环境，在有限的用地上按实际需要加以发展完善，利用圆弧形幕墙构筑宽阔良好的视野，再与周围几栋主要高层建筑取得共同语言，形成文脉上的呼应，从而产生了金田大厦的建筑特色。整栋建筑以简洁的体形披上金色幕墙的外衣，在晨曦和夕阳下变换着色彩，给人带来别具一格的视觉感受。

二、背景故事

金田大厦的设计过程颇具特色，由于项目用地十分狭小，周围建筑关系复杂，尤其需要妥善处理与相邻建筑之间的关系并符合防火规范，且要适应城市转角处交通繁忙的特点及相应环境条件，是个非常难做的题目。为谨慎设计此项目，华艺设计小组开始研

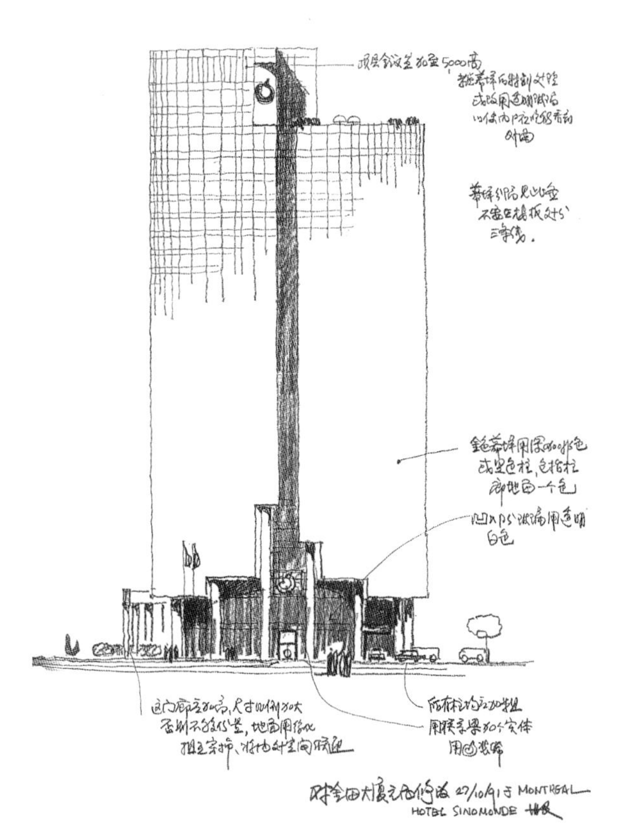

立面手绘分析图

项目手绘效果图

沿街外景

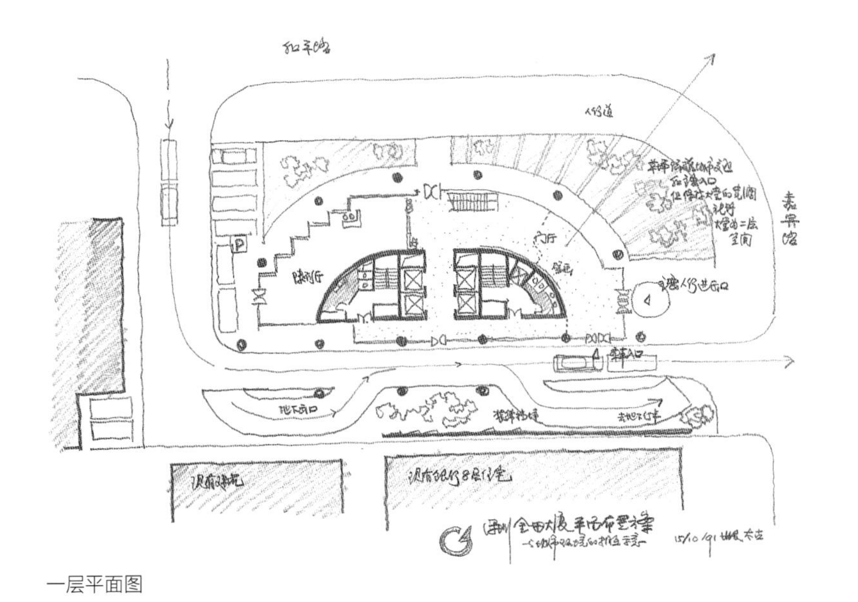

一层平面图

究环境资料、创作方案。从第一个构想开始到方案报出、方案批准到初步设计均在 1 个月左右的时间完成，而从设计构想及初步设计获得批准前后仅 4 个月时间，其中还包括了春节假期。如此快的设计速度首先得益于深圳建设局较高的办事效率，同时也由于前期设计构想和方案阶段工作较为深入具体，业主和设计团队之间相互信任、密切配合、共同参与也起了十分积极的推动作用。

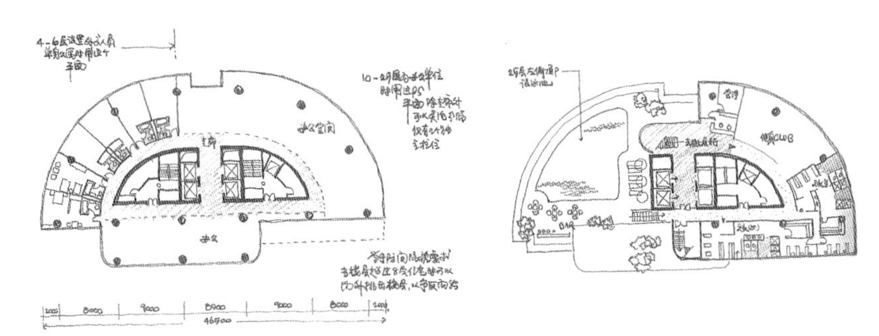

标准层平面图　　顶层俱乐部平面图

全景鸟瞰

仰视实景

深圳发展银行大厦

Shenzhen Development Bank Building

项 目 地 点	深圳市 · 罗湖区
建 筑 面 积	56 320 平方米
建 筑 高 度	182.8 米
业 主 单 位	深圳发展银行有限公司
主要设计人员	陈世民　林　毅　汤　桦　孔力行　潘玉琨　梁增钿　王　英　曲冠英　谢承鑫　刘韵芳　吴国林　王上游
合 作 单 位	PEDDLE THORP 建筑事务所（方案合作）
设 计 时 间	1992 年
竣 工 时 间	1996 年

华艺第一个与境外公司合作中标建成项目

远观建筑及周边环境

建筑外景（组图）

一、设计理念

深圳发展银行大厦位于深南东路南侧，与工商银行、中国人民银行、农业银行等大厦遥相对应，是中国首座采取超地域建筑语言，以“高技术”特征表达银行空间，体现“当代”历史感应的建筑之一。建筑设计部分由华艺与 PEDDLE THORP 建筑事务所共同承担，此外，华艺还负责结构、机电及工程概算。为体现建筑个性，设计师对周围环境的现有建筑及可能出现的建筑构图进行了分析，决定采用梯形砌块的基本形态，一方面与即将出现在深南大道上的建筑群与众不同，另一方面与现有金融中心及农业银行的建筑文脉有所延续。此外，梯形砌块有节节上升的“发展”之势，强调了建筑的个性。为了表达建筑的科技性，方案除沿用统一柱网组合以体现简捷的力量和构筑内部空间外，还用了一组倾斜向上的、外表为不锈钢的巨型构架，体现建筑物强劲的力度和力学均衡与和谐，加上规则而有韵律的幕墙和花岗石饰面的搭配，体现发展银行大厦具有 21 世纪高科技的审美观与对新世纪的敬意。

建筑沿街立面局部

建筑外景

二、背景故事

历来，陈世民大师认为建筑创作过程并非仅是建筑师个人的构思过程，业主的参与是建筑师的构想得以发展和提高的十分重要的环节。他在多次和发展银行的领导和项目负责人接触之后，了解到业主们对此项目的要求，即希望这个项目除了要“别具特色”，还强调大厦的建筑风格要体现股份制银行而非国家银行的性质和自身形象，并要求具有“发展”的眼光，使大厦能在较长时期而不是三到五年，更可贵的是业主还提出“不吝啬花钱，希望有座类似香港汇丰银行建筑特色的大厦”。在这些“参与性”的谈话中，陈世民明确了“个性、科技性、时代性”是这次方案设计必须紧紧抓住的关键字，也是大厦方案立意的起点。发展银行大厦是深圳罗湖的一座富有趣味和新意的建筑，给深圳的高层带来一股新的气势。这也是华艺和澳洲 P&T 公司的首次合作方案成功的案例，中标成功，也为今后关系的进一步发展奠定了良好的基础。

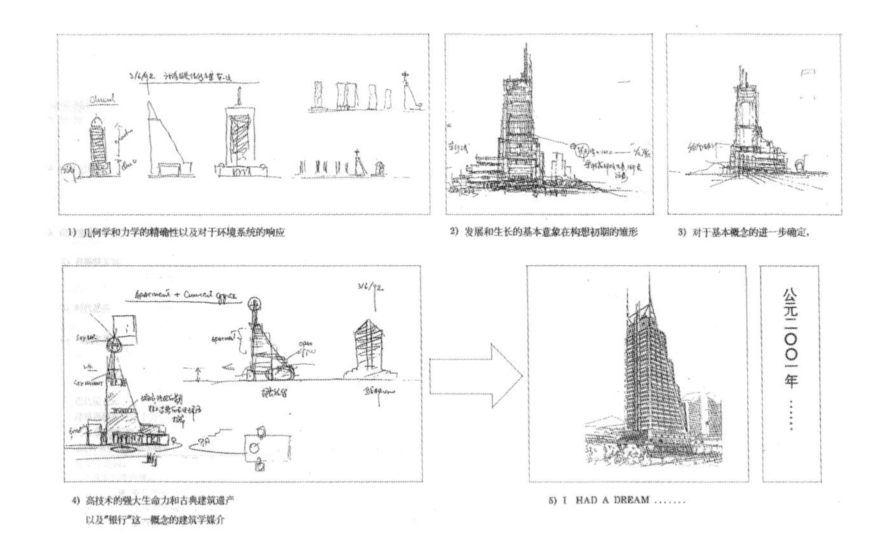

1) 几何学和力学的精确性以及对于环境系统的响应
2) 发展和生长的基本意象在构思初期的雏形
3) 对于基本概念的进一步确定。
公元二〇〇一年……
4) 高技术的强大生命力和古典建筑遗产
以及"银行"这一概念的建筑学媒介
5) I HAD A DREAM ....

设计构思

华艺设计团队与 PEDDLE THORP 建筑事务所设计师合影，右一陈世民，左起汤桦、潘玉琨、林毅

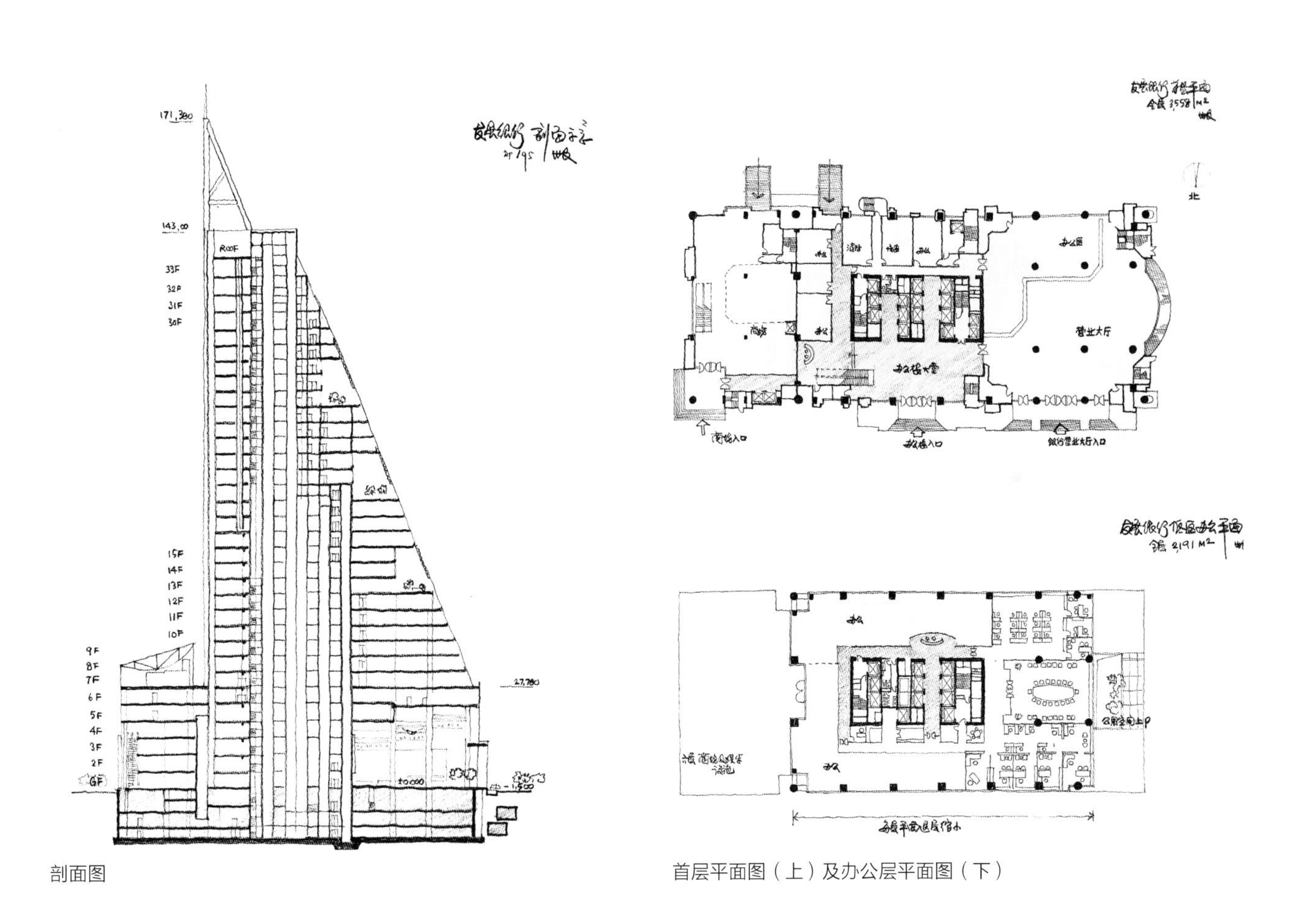

剖面图

首层平面图（上）及办公层平面图（下）

深圳龙岗区政府大楼

Longgang District Government Office Building, Shenzhen

项 目 地 点　深圳市 · 龙岗区
建 筑 面 积　54 596 平方米
业 主 单 位　深圳市龙岗区人民政府
主要设计人员　汤　桦　潘玉琨　孔力行　王意孝
设 计 时 间　1993 年
竣 工 时 间　1995 年

华艺第一个区政府办公楼项目

一、设计理念

龙岗区政府大楼位于深圳市龙岗区中心位置，由区人大、区委、区政府办公楼及招待所组成。总体布局沿用龙岗地区习俗“双龙捧珠”的构思，由三座建筑组成建筑群体。在矩形规整的基地上，坐北朝南作中轴线不对称布局。“双龙”是L形平面9层的区委、区政府办公楼和7层招待所，两者反对称分列中轴线东西两边。“珠”是中轴线上直径48米的圆形平面的

建筑局部

全景鸟瞰

区人大办公楼及905个座位的会堂。三栋建筑浑然一体地置于一层大平台上，三者彼此相连又可分可合，并利用前后、上下，严格区分对内、对外出入口及交通流线。东、西配楼各以三踏步阶梯状错落的形体，进一步渲染“双龙”迂回曲折的空间形体。整座建筑前后进退、刚柔结合、错落有致，远远望去与高岗自然形态合二为一。最后以大构架的细部画龙点睛地表现出雄浑庄严的空间氛围。

二、背景故事

龙岗区政府大楼是华艺设计通过投标

全景鸟瞰

建筑局部（组图）

获得的项目，因其地处龙岗，在设计中便加入了“龙”的元素。圆形的主楼通过大台阶直上二楼，在原本的设计中台阶上并没有花坛，设计师认为加上花坛后更能衬托出整个建筑的气势。当年还没有电脑作图，设计师通过尺规在图板上将整栋建筑一步步绘制出来。参与项目的部分建筑师已年过耄耋，他们回忆起当年趴在图板上绘制龙岗区政府大楼图纸的日子，仍是乐在其中。项目建成后，建筑的内庭园、走廊及落地玻璃窗的效果都非常好，通过玻璃窗看向庭院，意境优美，龙岗区政府也对华艺的设计工作非常满意。后来楼栋扩建，华艺的结构团队又配合龙岗区政府提出了新的结构方案，保证在不损伤原结构的基础上，顺利地完成扩建部分。

建筑局部

深圳福田区政府办公楼

Futian District Government Office Building, Shenzhen

项 目 地 点	深圳市 · 福田区
建 筑 面 积	68 173 平方米
业 主 单 位	深圳市福田区人民政府
主要设计人员	蔡 明 孔力行 徐显棠 钱伯霖 刘大源 吴国林 贺玉香 刘连景 邓国才 雷世杰
合 作 单 位	福田区设计院（裙楼设计）、兵器部五院深圳分院（裙楼设计）
设 计 时 间	1994 年
竣 工 时 间	1998 年

华艺第一个区政府高层办公楼项目

一、设计理念

福田区政府办公楼位于深圳市福田中心区西南面、驻港部队基地北面，它是一座由 800 个座位的会堂、300 个座位的会议厅、多功能厅及健身、娱乐、办公等用房组成的集会议、休憩、娱乐、办公于一体的多功能建筑。建筑群的总体布局吸收了中国传统轴线对称的手法，延续城市中心区的设计思想，突出南北轴线。整个办公综合体由 5 栋建筑组成，呈梅花形布置，中央办公建筑起到统率全局的作用，建筑造型庄重大方，既体现政府的崇高威武和凝聚力，又表现出民主、开放的精神和鲜明的时代特色。

经过与政府甲方的多轮细致沟通后，设计团队把一期建设项目的公、检、法两大楼南北向排列于主体西侧形成品字形，政府大楼、检察院和法院、公安局、多功能会堂、综合楼以梅花形对称于中轴布置，一心四点的梅

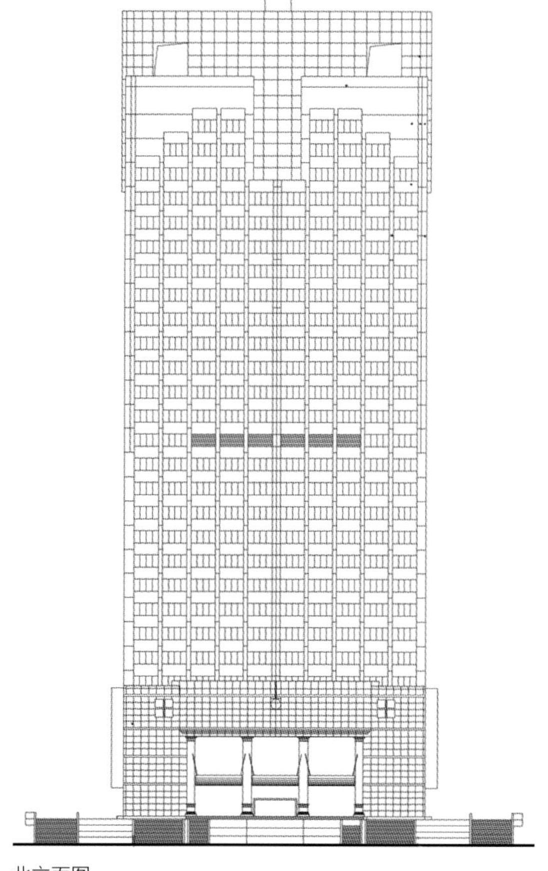

北立面图

建筑局部

建筑群组鸟瞰图

花形总体布局明显地突出主体建筑对全局的控制地位。5 幢建筑通过 4 座人行天桥和 4 条舒缓的人行坡道紧密联系，加强空间的整体约束力及标识性。基地道路系统为棋盘网格式，建筑周边都设有环形通道。结合深圳地域特征，吸取南方传统建筑“干栏式”特点，采用架空手法设计长 121 米、宽 76 米的大平台把主体建筑平地托起，起到分层分流的作用并满足大量地面停车要求，交通流线快速便捷，体现政府高效紧张的工作作风。独具一格的设计手法获得了政府甲方的高度认可，对华艺团队的水平有了更多的信心，更好地支持项目后期的高品质落地。

二、背景故事

香港回归前的福田区旧行政大楼已远远不能满足区政府的使用要求，1994 年底福田区区政府邀请 5 家设计院组织规划设计投标，华艺设计公司方案中选并获得主体建筑 33 层的区政府办公大楼和 4 层的多功能会堂的单体设计权，且负责整个行政区的环境设计。设计中有几个关键问题：①福田区政府办公楼项目作为深圳市第一个政府办公综合体，功能复杂多元，作为未来中心区的重要组成部分，如何与深圳市中心的整体规划设计主题思想相协调又不失自身完整性？②作为新兴的城市行政办公区，其规划设计在体现自身特色的同时，如何改善周围城市环境，使之成功融入于社区？③作为功能复杂多样的城市综合体，自身内部如何优化结构、合理分区？④如何注重室内外空间环境的融合，创造符合办公建筑性格的标志性形体？⑤外部空间环境如何体现环境意念和文化内涵，创造优美的工作与生活环境，提高办公效率，实现花园式办公区的理想？以上几点是设计能否成功、是否具有创意的关键点。为了解决设计中的难点，处于

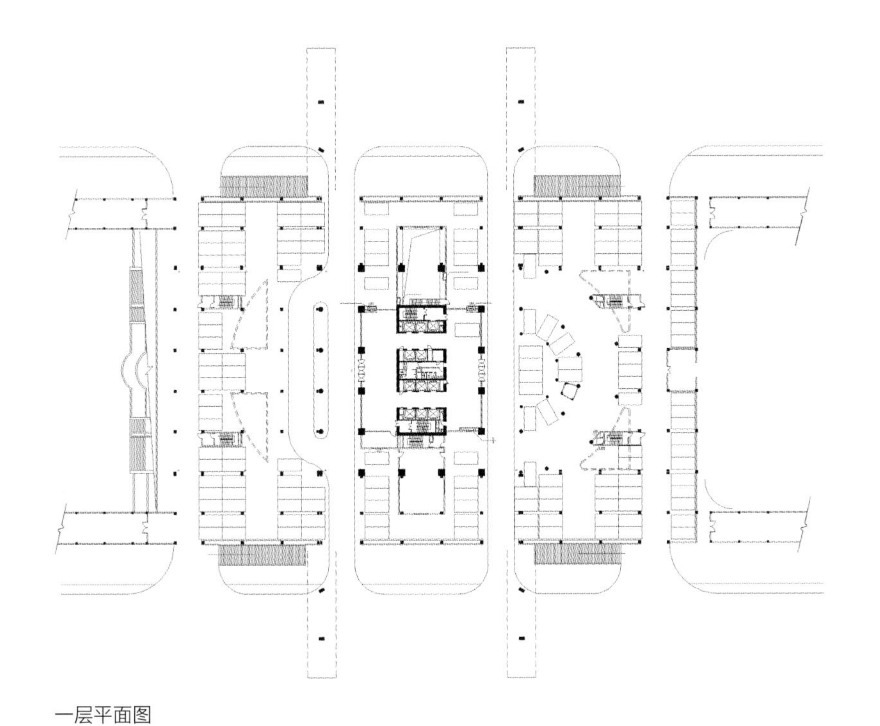
一层平面图

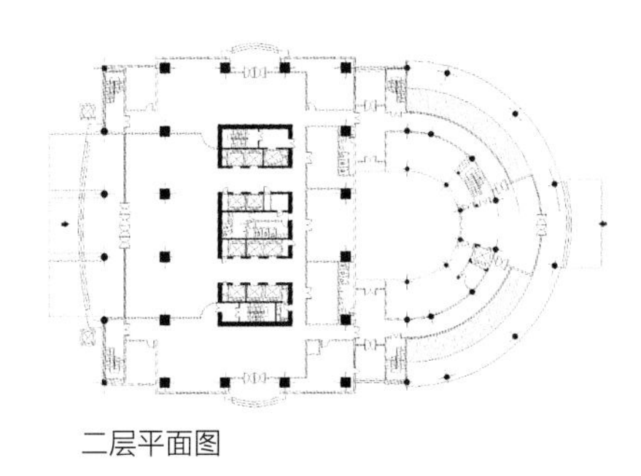
二层平面图

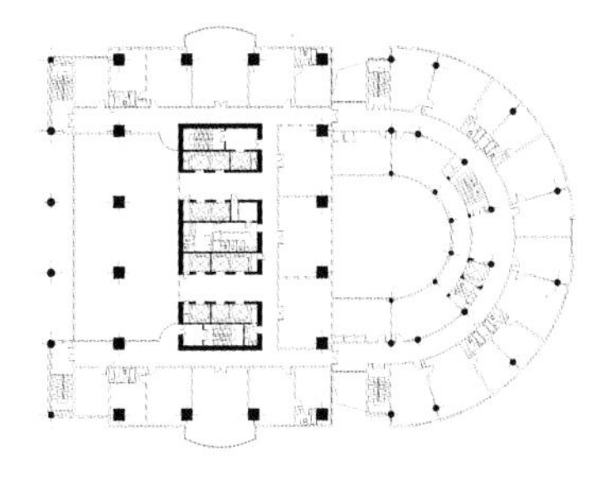
三层平面图

20世纪90年代初的香港的设计理念还是很有先进性的，所以在政府甲方的组织下，设计团队去香港考察走访了很多地方，通过细致入微的学习开阔了视野，找到了解决问题的切入点和手段。该工程于1995年底动工，1998年竣工后，获得了深圳市优秀建筑工程一等奖以及广东省优秀建筑工程二等奖，1999年《建筑学报》也发表了这个令人瞩目、设计手法新颖的政府项目，收到业界良好的反馈和赞誉。项目落成后，设计团队经过几年工作的成长和视野的开拓，认为立面造型设计其实可以更超前现代一些，如采用风雨廊形式连接5个建筑会更宜人，更经得起时间考验，更具持久生命力。对于建筑师来说，也的确没有完美的作品，而作品的所有遗憾会留到下一次项目机会中，竭尽全力进行弥补，以求更好、更满意的结果！

沿街立面

深圳麒麟山庄
Kylin Villa, Shenzhen

项 目 地 点	深圳市 · 南山区
建 筑 面 积	26 720 平方米
业 主 单 位	麒麟山庄有限公司
主要设计人员	陈世民　徐显棠　钱伯霖　孔力行　程维芳　孙秀山　刘大源　孔　剑　易　兵　韩　璘　韩屹松　齐雁舒
设 计 时 间	1994 年
竣 工 时 间	1997 年

深圳市国宾馆

一、设计理念

麒麟山庄是深圳市政府招待所，主要承担重要的接待任务。山庄地处市西北郊麒麟山麓东部的一大片坡地，湖塘景色非常秀丽。山庄设有综合服务楼、别墅、网球场、游泳池、沿湖垂钓区、小型游船码头、山间凉亭、花房等配套设施，形成一个环境优美、开敞、舒适、服务齐全的疗养胜地。别墅依山坡分层跌落，空间上下连通，建筑内外融于大自然之中。别墅内有较大宴会厅、会议厅、休息厅、健身娱乐厅及带有起居室的男女主人房、双人客房、单人客房等，装修高雅、尺度适宜、细部精致。主要房间布置在朝向好、景观好的一侧，有较大开口或平台直通室外专用游泳池。空透的内庭与外景交相辉映，层次丰富。坡屋顶、塔尖塔台令建筑轮廓多姿多态，石砌墙面更具山林淳朴特色，表现出自然、流畅、清新的个性。

总体规划图

临水立面

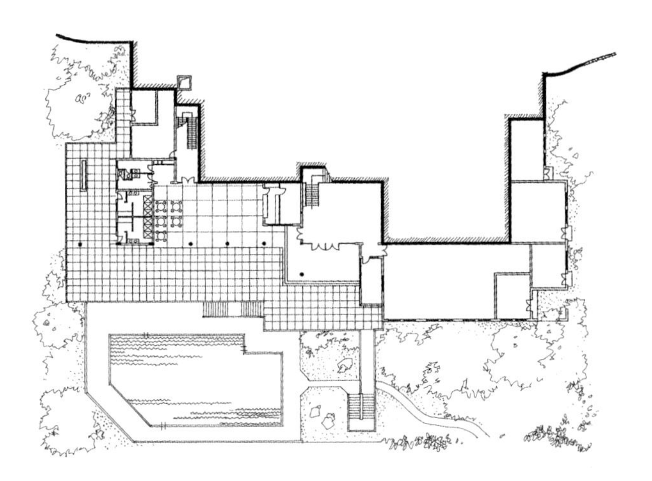

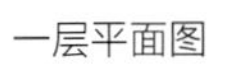

一层平面图

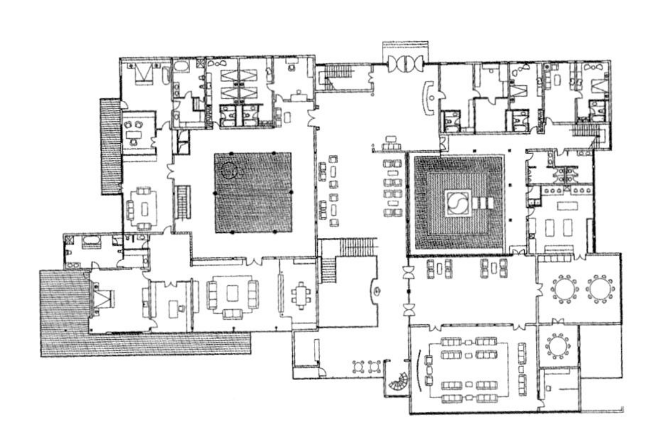

二层平面图

建筑外景（1）

建筑外景（2）

室内环境

建筑庭院泳池

立面图

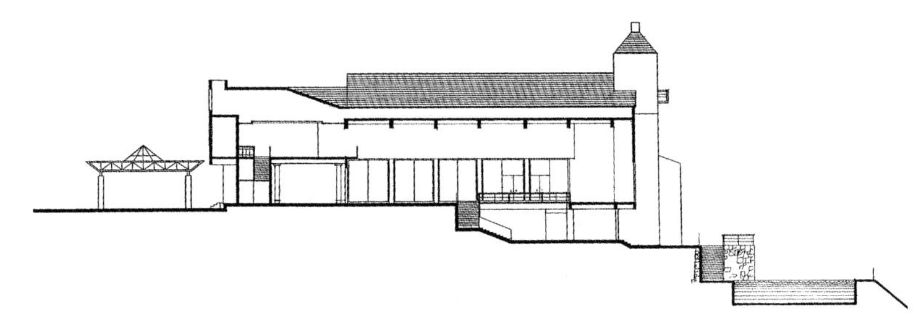

剖面图

二、背景故事

深圳麒麟山庄是 1997 年迎接香港回归的深圳市政府接待重要来宾的重点基地项目，承担着党和国家领导人来深的接待任务。麒麟山庄背山面水，主体建筑由 5 栋独立别墅和 1 栋综合楼组成，5 栋风格各异的别墅依山而立，依景而立，相对独立，互不干扰。这 5 栋别墅凝聚着华艺公司老一辈建筑大师的智慧和创意。为了保证 1997 年 6 月按时完成这一项目工程，设计团队几乎天天去工地，每周会在现场开施工例会。最后，华艺设计总包单位出色地完成了设计、施工现场服务、竣工验收工作。

剖面示意图

北京中国建筑文化中心

China Architectural Culture Center, Beijing

项目地点	北京市 · 海淀区
建筑面积	63 000 平方米
业主单位	建设部、国家建材局、中国建筑工程总公司
主要设计人员	陈世民　牟传璋　林　毅　陆　强　潘玉琨　王行方　罗　清　孔力行　蔡　明　李　明　赵国兴　韩　璘　韩屹松
设计时间	1995 年
竣工时间	1999 年

第 20 届世界建筑师大会会场

一、设计理念

中国建筑文化中心地处北京西二环与西三环之间的甘家口地区，包括国际会议厅、建筑材料和建筑工程展览馆以及分属于建设部、国家建材局、中国建筑工程总公司的办公楼与配套商业设施。方案将国际会议中心与展厅组合在一起，置于用地的中轴线上，而将三家单位的办公楼分别置于会议展览中心南北两侧，使三者均面临用地主干道，均等地呈现各自的形象。以中央会议展览中心为主，两旁办公楼进行烘托，三者结合组成中轴对称，两翼高、中间低的整体形象。建筑平面架构及空间组成力求层次分明、交通流畅、灵活适用，以富有现代化效益为原则。建筑立面沿用中国传统建筑中始于门阙并逐

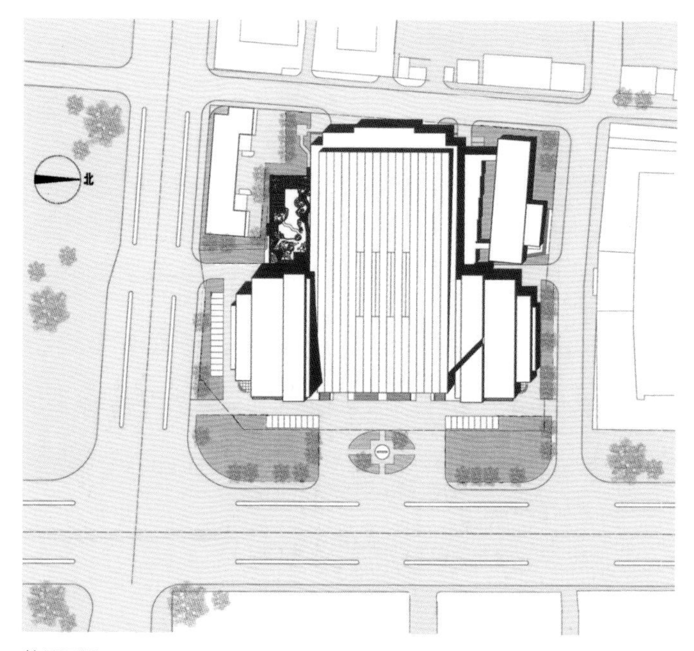

总平面图

渐演进成为有规律的建筑群体组合的这一传统脉络，结合文化中心的功能布局，将体量按中轴对称组合成两翼高、中间低的架构，犹如现代的“门

建筑东立面

建筑模型

中标后与评委们合影，中向左：建工部第一副部长叶如棠、陈世民、韩璘、潘玉琨

方案研讨会

建筑局部（组图）

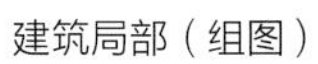

建筑局部（组图）

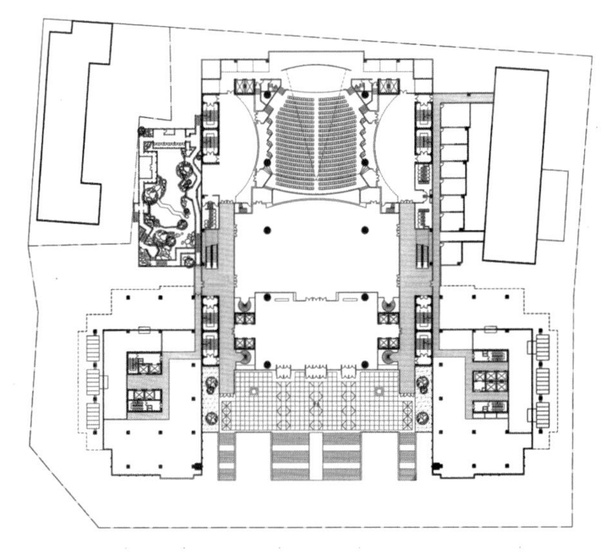

一层平面图

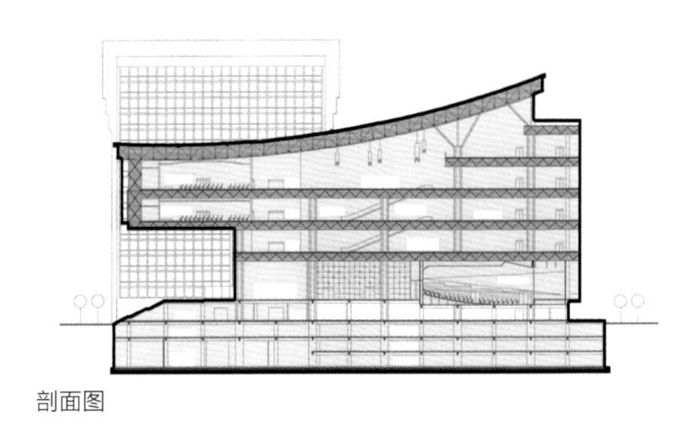

剖面图

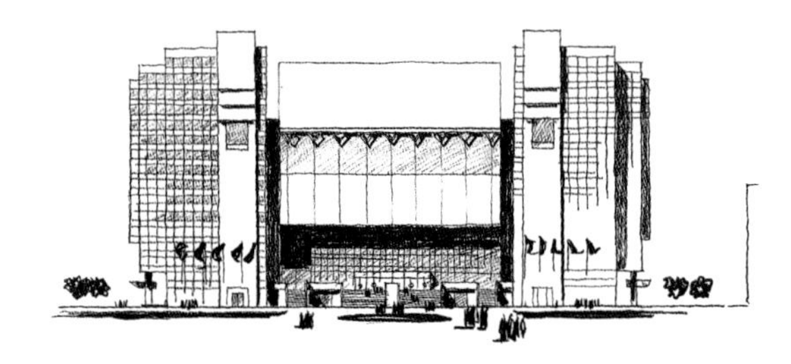

手绘立面图

阙”。其次沿用中国建筑台阶、柱廊、屋面的三段式构成，结合平面布局，将首层设于柱高 4.8 米的高台上，通过三组中轴对称的台阶以强烈的导向性将人群直接引入展厅和会议中心，构成了壮观的台基层。最后，以门、廊、堂中轴对称空间序列使得建筑文化中心在空间构成上带有浓厚的传统精神，通过雕塑、壁画等建筑小品和艺术陈列的点缀和渲染，希望步入建筑的人们能在历史感和现代感交相融合的氛围中，对中国建筑文化的精神有所领悟和体会。

二、背景故事

1995 年夏末，在西班牙的一个海岛上，陈世民大师突然接到来自北京的电话通知他参加中国建筑文化中心方案的投标。此项目将用于 1999 年在北京召开的第 20 届世界建筑师大会及第 21 届国际建协代表大会。陈世民大师兴奋不已，他在赶回香港的途中就开始了草图创作。当时参加投标的有境内外 3 家公司共 4 个方案，建设部与首规委 15 位专家仅以一个多小时的评议就一致选择了本方案，紧接着继续完成方案报建、初步设计、施工图及大堂室内设计。

在这次项目方案中，设计师尝试着采用“神似”的方式——以间接抽象形象所引发的联想来表达中国建筑传统内涵，将现代会展功能与沿用几千年的中国建筑中的门、堂、廊三种元素组合演绎出文化中心的平面格局。建筑文化中心获得了业内好评，也意味着现代建筑文化与传统文化结合可以产生新的建筑文化。

深圳赛格广场

SEG Plaza, Shenzhen

项目地点	深圳市·罗湖区
建筑面积	175 000 平方米
建筑高度	292.6 米
业主单位	赛格广场投资发展有限责任公司
主要设计人员	陈世民　林　毅　潘玉琨　梁增钿　陈清泉　吴国林
设计时间	1995 年
竣工时间	1999 年

世界最高钢管混凝土结构建筑

一、设计理念

赛格广场是深圳继 20 世纪 80 年代的国贸大厦、20 世纪 90 年代的帝王大厦后进入新世纪的第三座超高层建筑，曾荣获国家科学技术进步二等奖等多项殊荣。设计以总体布局合理、空间组合有效、结构选型先进，并有开放型城市广场等优点在投标方案中获选，并完成初步设计及施工图。方案依照特定的用地环境组织了包括地铁在内的立体、流畅的交通网络，在二层设置了对城市开放的公共广场空间（后改建为封闭空间），以体现大厦的现代性与开放性。主塔楼采用八角形平面及四组核心交通简体，造型简洁，内部空间分割灵活、紧凑有效。带金色横线的幕墙加上首层高耸的柱廊、动感的观光电梯及较多细节的塔顶，塑造了一种现代简洁的建筑风格。建筑与结构上协调一致是本设计的创新特征，由于采用了钢管混凝土结构体系，使整栋大厦的质量减轻、面积增加。赛格广场不仅成为目前世界上应用钢管混凝土这种结构体系中的第一高楼，亦是当时国内第一座由中国建筑师和工程师设计完成的高度第 4 位的超高层建筑。在进行外部装修时，首层的 8 根钢管混凝土柱尺寸看起来偏小，于是用花岗石将其包粗，调整视觉比例。

二、背景故事

当年，华艺在一栋南京建筑和赛格的投标中选择了赛格，就是考虑到华艺公司地处港深两地，赛格项目位于深

沿街立面

CEC
宝华大厦

圳，更方便设计与管理，由此，便与赛格结下不解之缘。赛格大厦是一个多功能、大人流的综合大厦，但是用地极为狭小，地面上没有回旋余地，华艺设计团队的办法是将人流引入二楼，开辟一个三层高的室内广场，组织人流集散。整体布局保留了原街的7层电子市场，该市场一直经营到广场建成后才拆除。遗憾的是那些原来设计为开放的广场空间已被封闭，改作室内电子产品的交易市场，失去了原有的一大特色。塔楼内部空间分隔灵活，紧凑有效，没有多余的装饰，印证了陈世民大师提出的“不挖空心思去塑造未曾有过的建筑形象，不耗资炫耀材料和技术设备”的主张。

夕阳下的建筑及周边环境

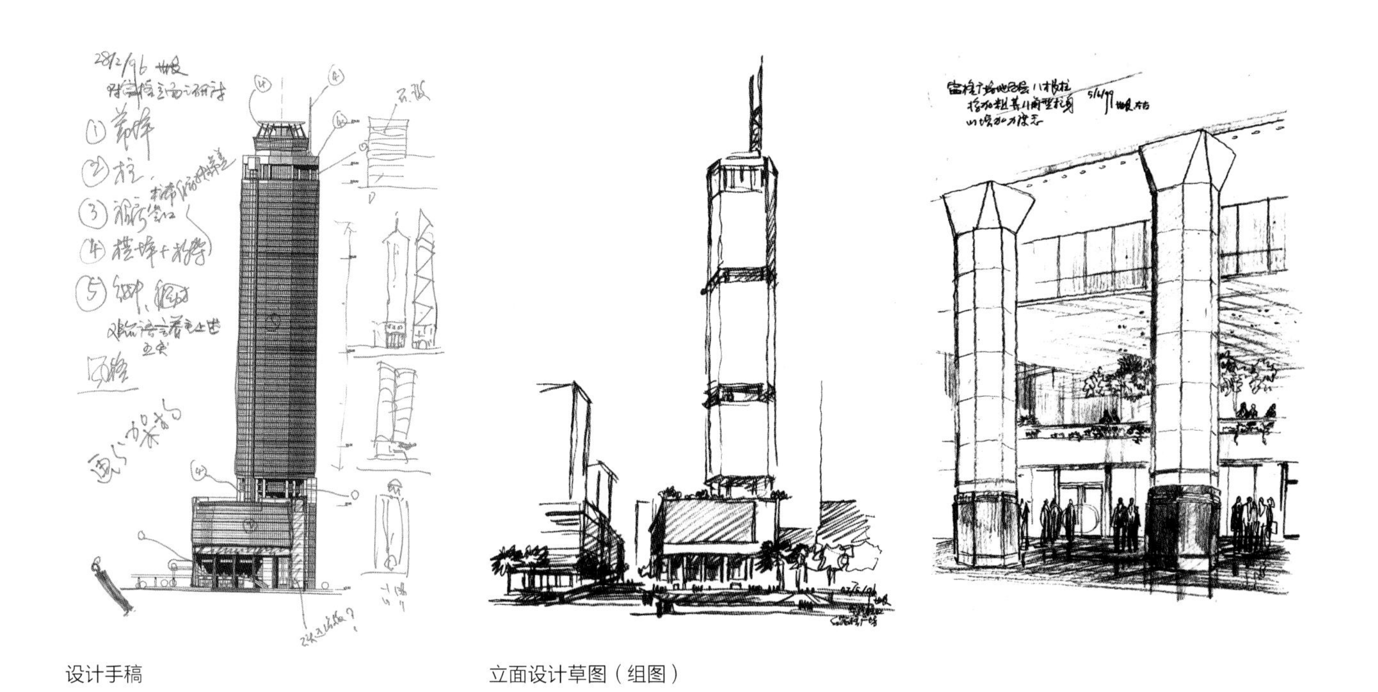

设计手稿

立面设计草图（组图）

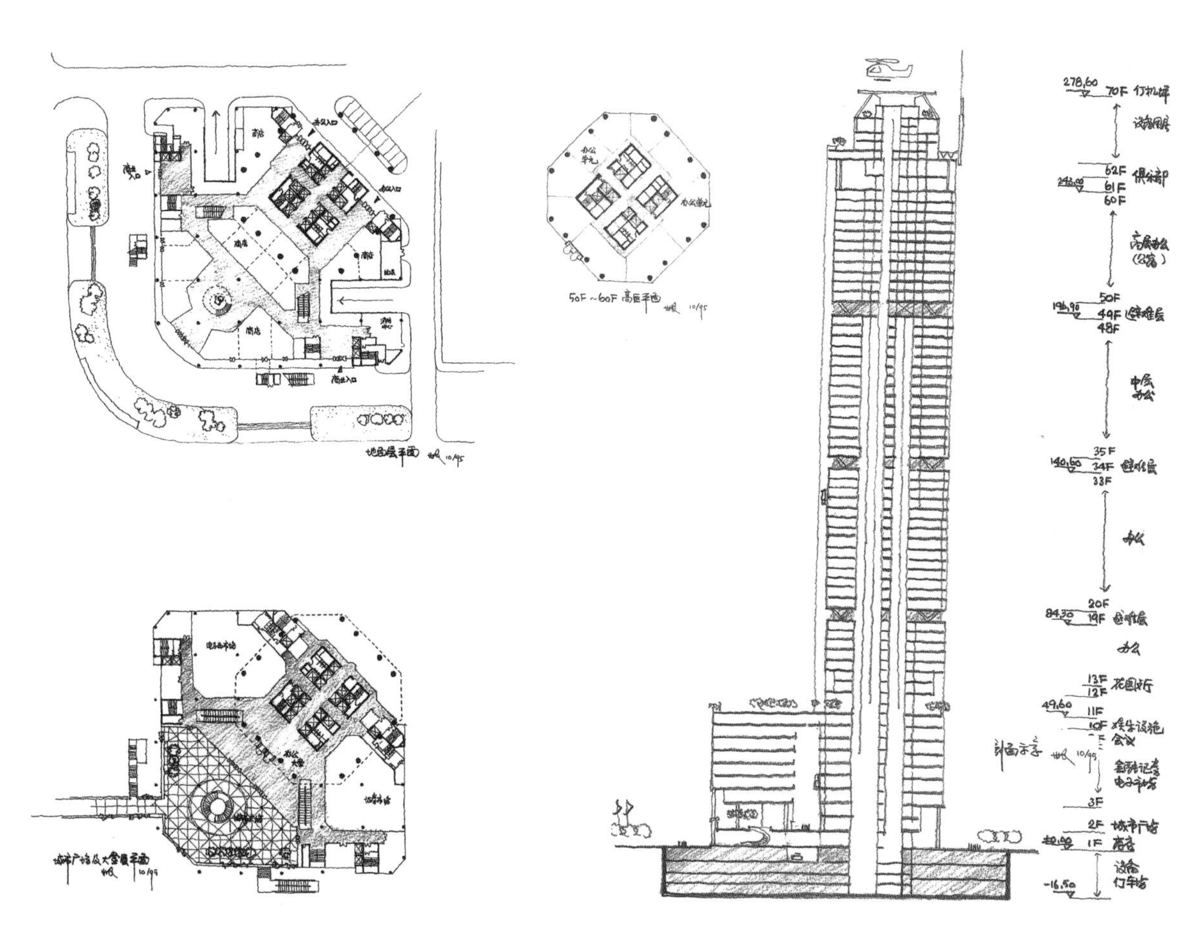

地面层平面图（左上）、大堂层平面图（左下）、高层平面图（中上）及剖面图（右）

深圳香域中央花园

Xiangyu Central Garden, Shenzhen

项 目 地 点	深圳市 · 福田区
建 筑 面 积	185 331 平方米
业 主 单 位	深圳市联泰房地产开发有限公司
主要设计人员	陈世民 陆 强 李 明 周戈钧 邱慧康 黄宇奘 叶 枫 万慧茹 严力军 沙卫全 赵文斌 吴志清 凌 云 刘 俊 陈天大 叶卫民 王 群 刘飞海
设 计 时 间	1999 年
竣 工 时 间	2004 年

华艺第一个城市核心区高端住宅项目

沿街立面

一、设计理念

项目位于农科开发区北面——农园路和莲花西路交界处，地块东南面与深圳市香蜜公园接壤，地理位置极其优越，是高尚、典雅的理想居住社区。设计注重充分利用地下、建筑屋面、退台等空间，通过各种手段为居民提供休憩、娱乐、停车等各种类型的户内外生活空间。项目采用“三维立体”绿化手法，让绿地、庭院有高低起伏的变化；同时将绿地引入建筑，实现小区全方位的绿化；特别是将小区东侧香蜜公园绿化引入，使社区自然成为公园的一部分。方案强调住户的均好性原则，使每户都拥有良好的朝向及优美的景观。住宅立面曲线与直线相互配合，点式与板式住宅相互映衬，体型高低错落，外部空间更趋丰富。项目方案曾代表深圳参加在德国包豪斯举办的“北京、上海、深圳——21世纪的城市”中国建筑展。

二、背景故事

香域中央花园基地四边临路，最高点与最低点相差 4 米之多，对角线距离

建筑与周边环境关系

庭院鸟瞰

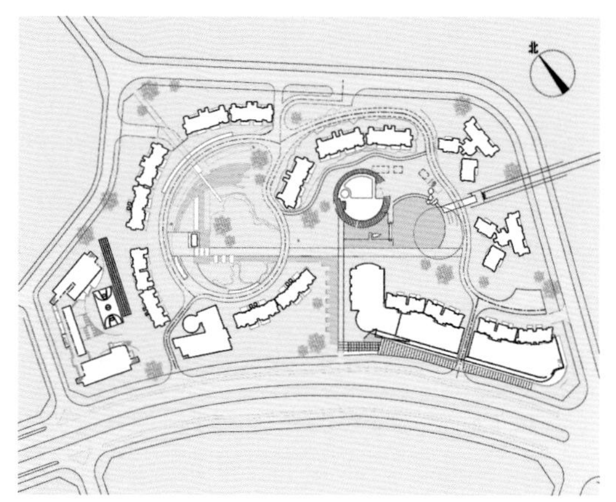

总平面图

庭院绿化

为400多米，方案根据地形将整个两层半的地下室设计成倾斜的楼板，1%的坡度，在设计上解决了非常多的技术难题，例如所有的图纸创造性地采用了等高线表示法，图纸画完后审图单位的设计人员一开始都未能看懂，公司的总图专业还因此申请了专利。整个工程设计中，结构专业的团队非常辛苦，因为图纸标高非常多，梳理困难，在结构与建筑专业团队的努力研究下终于利用了一套非常巧妙的办法理清了全部标高。当年施工单位在现场施工时，也因为创新性的等高线表达法而读不懂图，设计团队特意驻场向施工单位讲图，帮助施工单位了解图纸，双方的配合也使项目整个施工的效果非常好。由于地下室是倾斜的，排水系统的设计也与普通项目不同，即使遇到发大水的情况，只需在最低点利用水泵，就能非常迅速地将地下室的水排干净。此外，设计师还创造性地设计了从地下室长出地面的树木，现在这些树木已长成参天大树。地下车库具有非常自然的采光、通风、绿化效果，这样的设计手法与技术经验也给华艺之后的工程带来了参考与启发。由于项目的设计及建设效果非常好，开盘时华艺公司的员工也纷纷选择购买，从设计者转为了使用者。

建筑立面

庭院景观

长春世界雕塑公园

Changchun World Sculpture Park

项 目 地 点	长春市 · 南关区
建 筑 面 积	320 000 平方米
业 主 单 位	长春世界雕塑公园办公室
主要设计人员	陈世民　林　毅　蔡　明
设 计 时 间	2000 年
竣 工 时 间	2003 年

华艺第一个城市公园项目

全景鸟瞰图

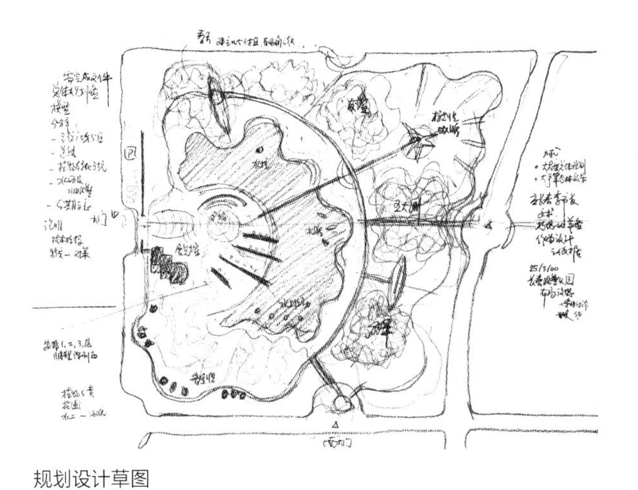

规划设计草图

模型照片

一、设计理念

长春世界雕塑公园位于长春市核心区，占地面积 92 公顷，其中水域面积 11.8 公顷，集自然山水与人文景观于一体，是国家 5A 级旅游景区；首批“国家重点公园”，“新中国城市雕塑建设成就奖”中唯一一个“雕塑公园成就奖”。公园于 2003 年 9 月对外开放。方案构思特点分为以下四点：① 大尺度地将广场、道路、水面、绿地庭院等呈放射轴线展开，用一条环形游览线贯穿全区展览空间；② 注重整体效果，前区主入口广场以四墙一桥直伸入水中分割空间，并沿墙分组陈列历年雕塑品；③ 未来新的雕塑陈列区以和平、友爱、春天为主题分别独立组团；④ 以一组标志性城雕拉近与入口广场的空间距离，构成园区标志。目前景区汇集了来自世界 216 个国家和地区的万余件（组）艺术作品，其中室外雕塑 460 件，在雕塑作品的数量和国际性方面，堪称世界一流。园内有世界著名雕塑大师奥古斯特·罗丹的 5 件原作，这使这里成为国内拥有罗丹原作最多的雕塑园。世界雕塑公园是举办各类大型活动的重要场地，也是群众文化旅游、休闲养生的艺术氧吧；是国内十几家顶级高校的教学实践基地，也是群众了解雕塑艺术的主要场所；是世界雕塑艺术的殿堂，更是长春的一张金色名片！

二、背景故事

长春市的领导人一直希望将雕塑塑造成长春继“汽车之城”后的第二张名片，连续几年邀请世界各国的雕塑家到长春创作雕塑作品，当作品积累到一定数量之后便计划建设一个雕塑公

园区雕塑小品（组图）

园来存放所有的作品，长春世界雕塑公园便由此而来。此前，在全国的开发单位交流会上，长春的开发单位希望为自己的城市引入更多优质的设计公司，在交流会上接触到了华艺，到深圳考察时首选单位就是华艺。双方交流之后，长春方面对华艺的设计理念、工作模式、项目成果非常满意，便直接与华艺达成了合作关系，华艺与长春的缘分也由此建立。此后，华艺陆续在长春设计了几个项目，工作成果也得到了业主及相关政府单位的认可，所以，长春世界雕塑公园的设计权便交给了华艺。

总平面图

园区雕塑小品（组图）

春天广场大型主雕塑

五洲壁

五洲壁鸟瞰

深圳创维大厦（原名：深圳创维数字研究中心）

Office Building of Skyworth (formerly known as Skyworth Digital Research Center), Shenzhen

项目地点	深圳市 · 南山区
建筑面积	54 345 平方米
业主单位	创维集团
主要设计人员	林 毅 蔡 明 杨沫阳 钱伯霖 陈 默
设计时间	2000 年
竣工时间	2002 年

深圳知名企业总部办公综合体项目

一、设计理念

项目位于深圳市高新技术园深南大道南侧，是集办公、研究开发及产品展示等功能于一体的现代化企业大厦。方案突破传统办公建筑设计概念，力求体现现代高科技、智能化建筑所包含的空间形态、总体布局、平面设计、交通组织、环境理念与高科技理念。项目方案以空间的变化寻求与城市环境的对话，大厦中部设置一巨大的虚空间，避免建筑体量对深南路城市空间造成压迫感，同时巨大的空中门式结构使建筑物自身具有标志性特点。办公环境应是以人为本的空间，建筑内部设计了一个自然中庭，将自然融入办公环境，改变以往封闭式的办公空间。建筑的结构设计具有较大难度，屋顶空中观光餐厅采用 54 米跨度的钢结构，在 67 米高空连接东西两部。连接部分中部打开 9 米 × 9 米圆洞，与裙房圆锥玻璃大厅上下呼应。建筑造型气势雄伟，运用现代建筑语言的形体构成手法，庄重而富有变化，虚实对比，极具现代气息和企业文化特质。

二、背景故事

创维数字研究中心是创维集团的第一个开发项目，也是深南大道上比较重要的一栋建筑，华艺设计通过投标成为中标单位。此时，基地旁的联想大厦已经建成，也是由知名设计院设计，在这样的基地环境下，如何处理建筑与环境的关系，如何将业主单位首次的开发项目设计得较为新颖，

沿街立面全景

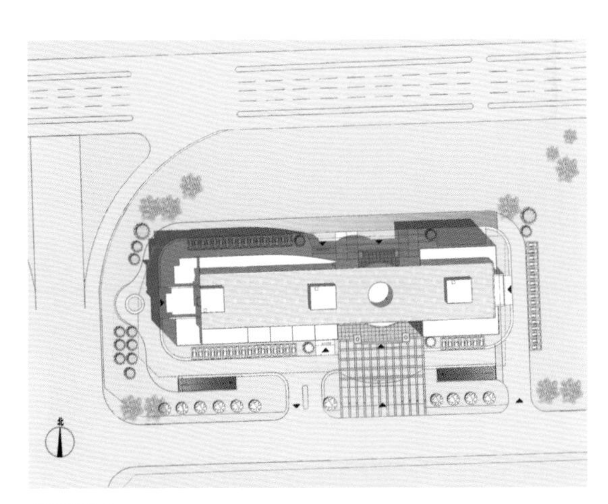

总平面图

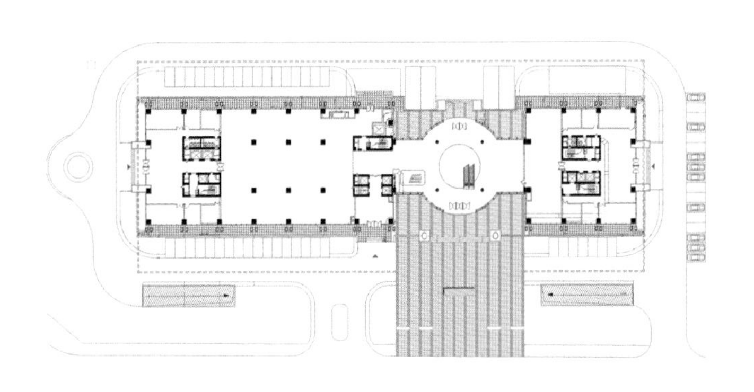

一层平面图

都成为设计师需要考虑的条件。创维数字研究中心是深圳较早出现连接体的建筑之一，为了贴合“SKYWORTH”的企业标志与企业发展形象，连接体上打开圆形洞口，形成仰望天空的视觉感受，结构的复杂性在此建筑上突破。这是华艺首次与创维集团合作，鉴于对华艺工作的认可，双方也开启了其后更多次的合作，创维也成为与华艺持续合作的老客户之一。

建筑与周边环境

南立面

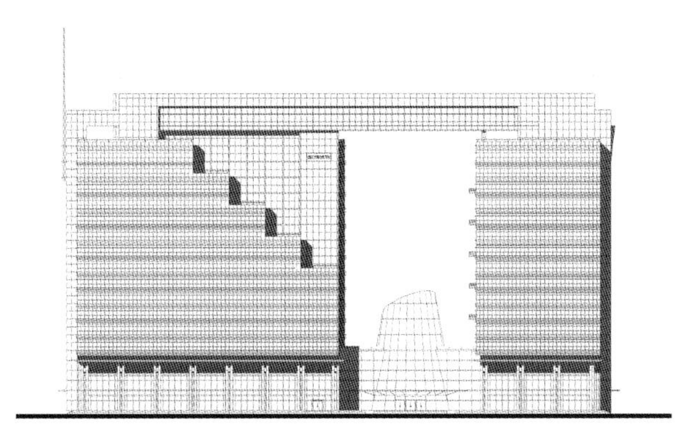

南立面图

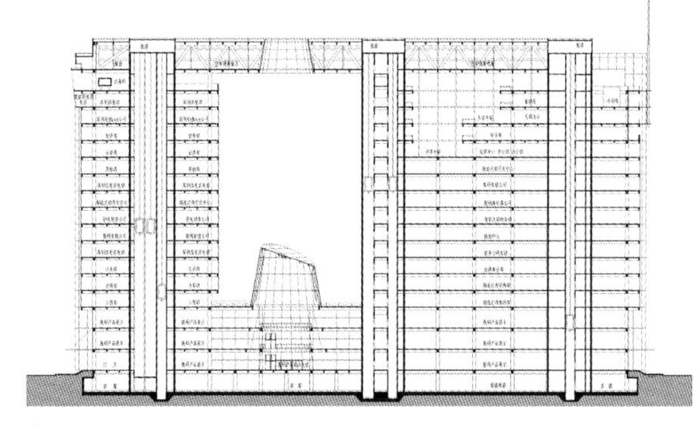

剖面图

建筑局部（组图）

北京大学深圳研究生院

Peking University Shenzhen Graduate School

项 目 地 点	深圳市 · 南山区
建 筑 面 积	93 000 平方米
业 主 单 位	北京大学深圳研究生院
主要设计人员	林 毅 曹 翔 刘 臻 姜红涛 万慧茹 李瑞芳 罗 伟 徐 莹 张毅坚 张晓民 陈文秀 叶卫民 郭华磊 于桂明 王宝盛 赵宝利 谢 华 彭 鸣 李雪松 龚 莹 藤国珍 傅勇平 乔彦梅 吴志清 杨 杰 李 源 陈海龙 张兰庆 陈石海
设 计 时 间	2001 年
竣 工 时 间	2003 年

深圳早期大学城高校建筑代表

全景鸟瞰

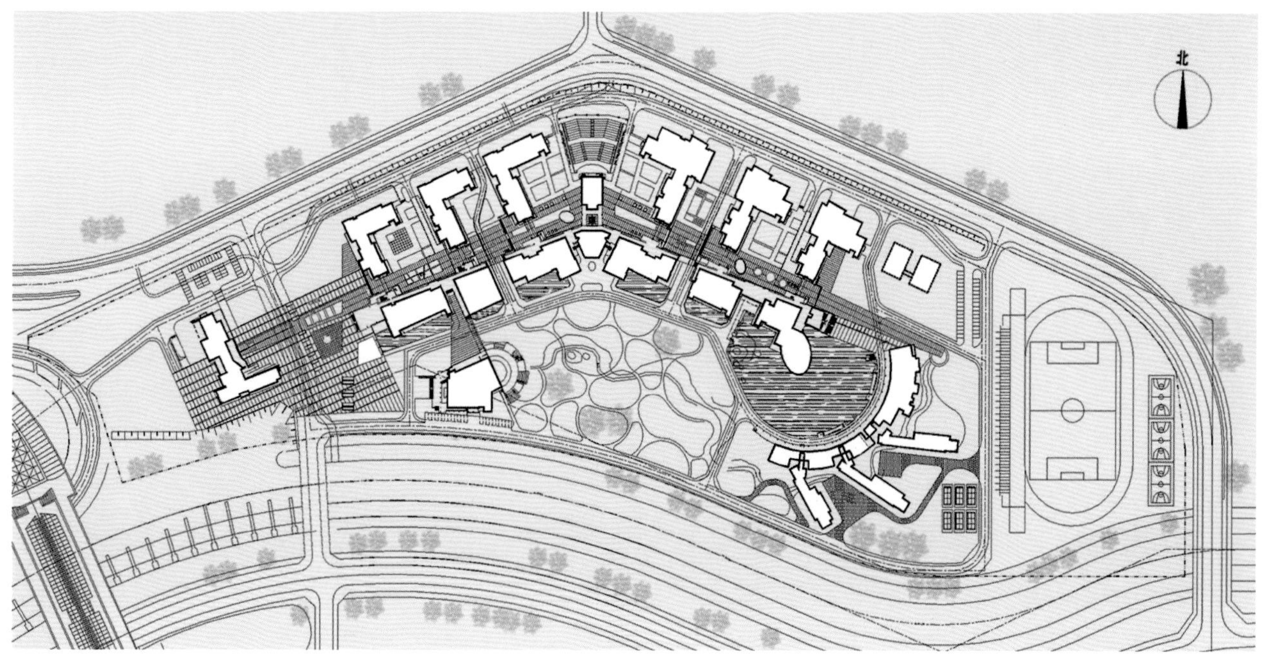

总平面图

一、设计理念

深圳大学城基地位于南山区东北部，紧邻野生动物园。北京大学该园区位于整个项目的东北部。项目设计构思选用了单元式链状集中布局，所有建筑被室外的通廊连接成为一个建筑群，具有相似的建造模式、拼接插接的连接方式；同时，综合考虑室内外空间的多变性与可变性，形成“信息长廊”的设计构思，强调开放共享，汇聚优势，促进各个办学实体之间、大学与社会之间的交流。项目总体上分为办公展览区、学术交流中心、各学科教学区、公共教学区、学生中心与宿舍区 6 个部分，形成了以中央步行通廊为联系主干，以各个功能区的建筑连廊为骨架，与自然水体、山体地形高度融合的多组团空间结构。同时，在教学区留出空间，将走廊多处放宽，形成集走道、停留交往、开放式中庭等元素于一体的模式，为师生们提供课间交流、活动、休息的场所，也可被充分利用作为各种小型集体活动的空间。这种竖向、水平多处开放贯通的空间结构也十分适合深圳本地的气候特征。

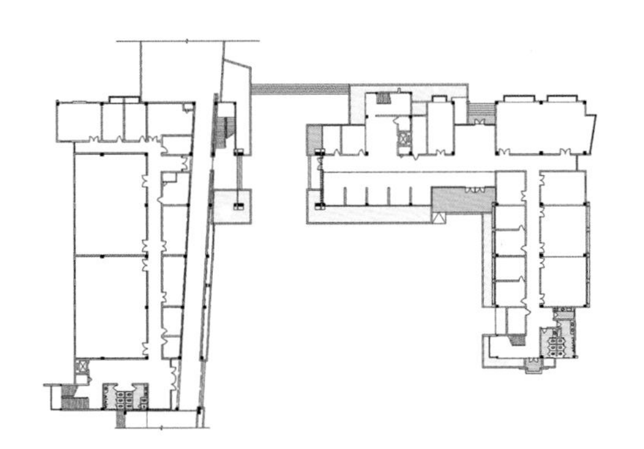

信息工程楼一层平面

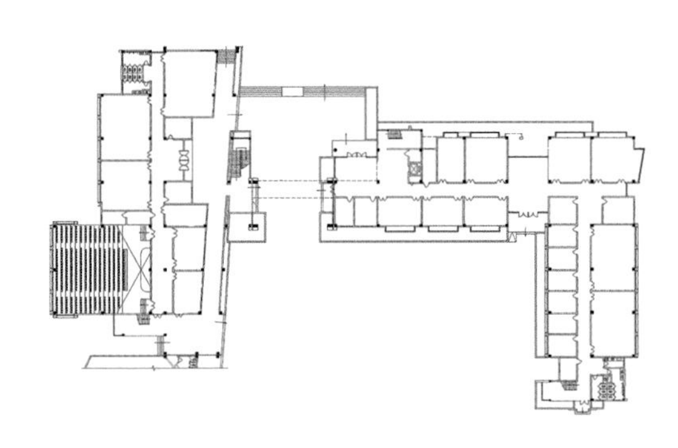

商学楼一层平面

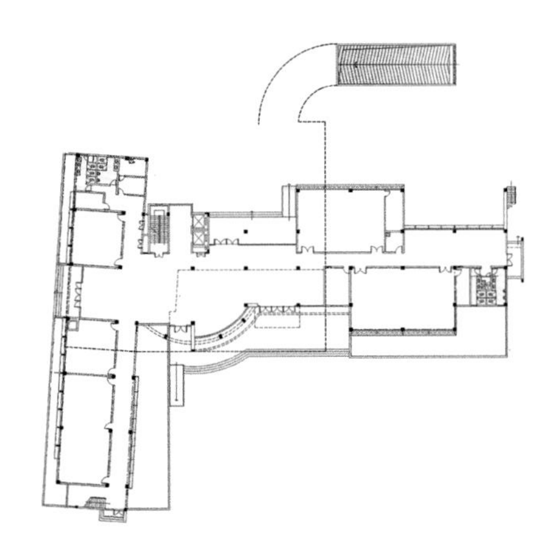

办公楼一层平面

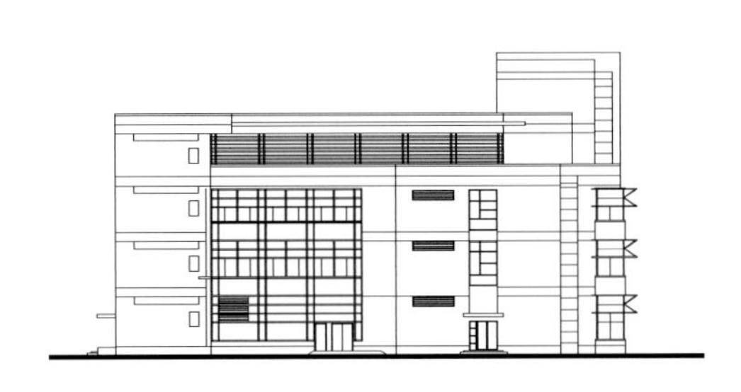

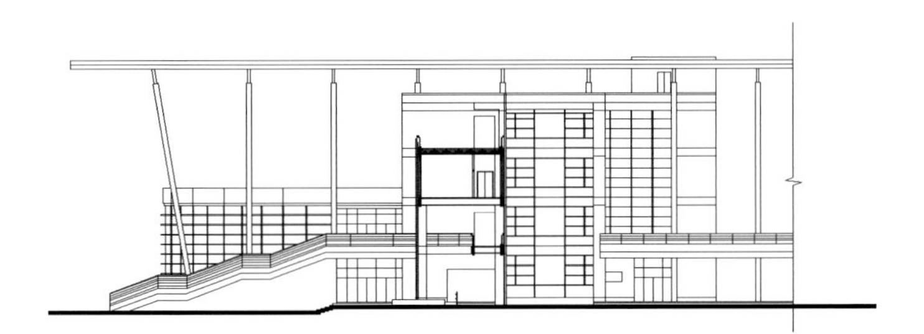

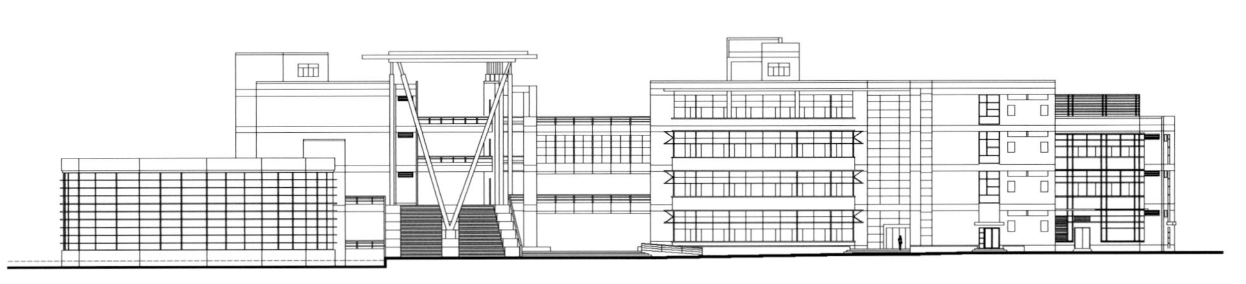

实验楼立面（组图）

二、背景故事

在设计北京大学深圳研究生院的时候，当时的北大校长给予了设计团队特别的支持，使设计团队得以使用开放自由的设计手法来实现自己的设计理念。方案改变了原有规划中以车行路为主干的做法，把车行分至两边，形成了中间的人行平台，也就是设计师巧妙设计的“信息长廊”。“信息长廊”既是北大的历史长廊，展示了北大在各个时期的历史和独特而丰富的文化，体现蔡元培校长“思想自由，兼容并包”的北大精神；同时也是设计师根据地域性和深圳的气候，吸取岭南传统建筑语汇，设计连接各个建筑的“风雨连廊”，在遮阳挡雨的同时，也是一个开放的公共空间，师生们可以在这里休憩、观景及举办活动。整个建筑群在通廊的连接下形成一个紧凑又秩序井然的开放整体，在设计上设计团队也为校园的后续发展扩建预留了空间，使整个校园可以沿着“信息长廊”有机生长。

信息连廊

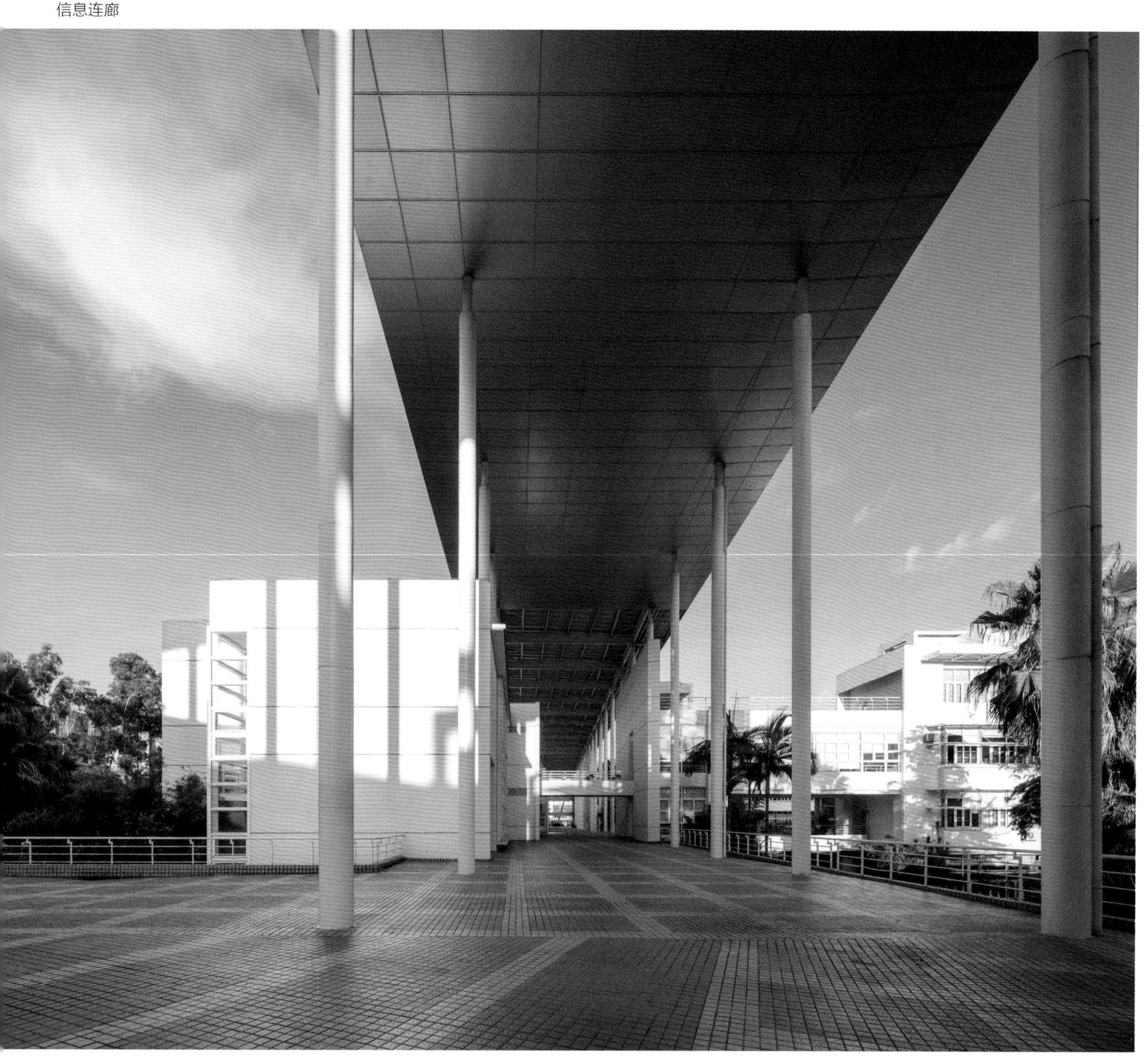

信息长廊（组图）

中心实验楼

学生公寓

中心实验楼

深圳规划大厦

Office Building of Shenzhen Municipal Planning and Natural Resources Bureau

项目地点	深圳市·福田区
建筑面积	34 000 平方米
业主单位	深圳市规划与国土资源局
主要设计人员	林　毅　黄鹤鸣　蒋　昱　陈　浩　严力军　李雪松　赵文斌　龚　莹　吴志清　刘飞海　白义兵
合作单位	深圳市都市实践设计有限公司（方案设计）
设计时间	2001 年
竣工时间	2004 年

深圳政府办公楼亲民化的创新实践

一、设计理念

作为改革开放的先行者，深圳市规划与国土资源局委员会率先推行窗口式办公方式，这也要求它的建筑载体具有非“衙门化”的形象。这种要求直接促成了开放、透明、谦虚的政府办公设计概念：设计强调建筑与地面没有高差的衔接，使进入建筑成为一种没有门槛的行为；设计强调透明性，使政府建筑不令人畏惧；设计强调简洁、含蓄、尊重地块、不张扬的造型体量，既透出冷静谦虚的建筑仪态，又不失政府办公建筑的庄重、尊严。

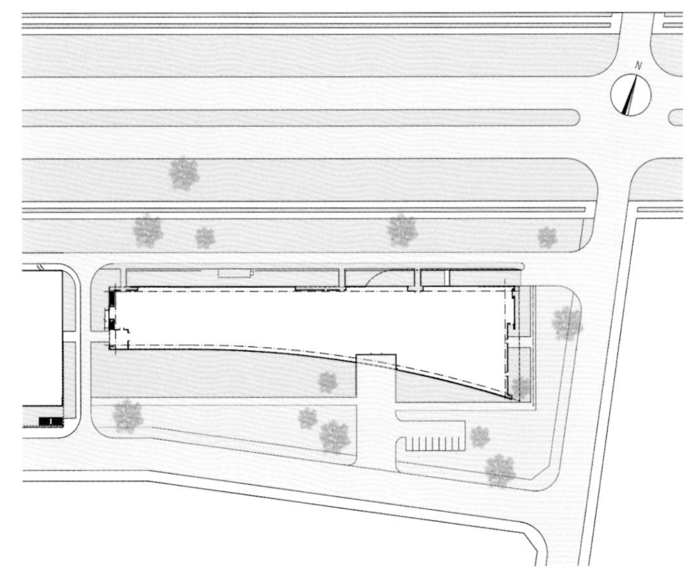

总平面图

办公大楼总体造型上力求线条明快、舒展、体块清晰、材质明确。首层窗口办公区域开放、透明，视觉上无障碍，空间流畅、清爽，且便于管理；二层为会议室区域，包括小会议室 6 间、贵宾会议室、大型会议室等；三至六层为科室办公室；七层为局长办公室，八层为预留空间及会议室。规划大厦的设计既是将政府办公项目平民化的一种开创性尝试，也是用高质

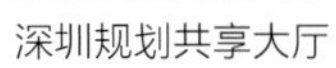

深圳规划共享大厅

深圳规划空中庭院

沿街外景

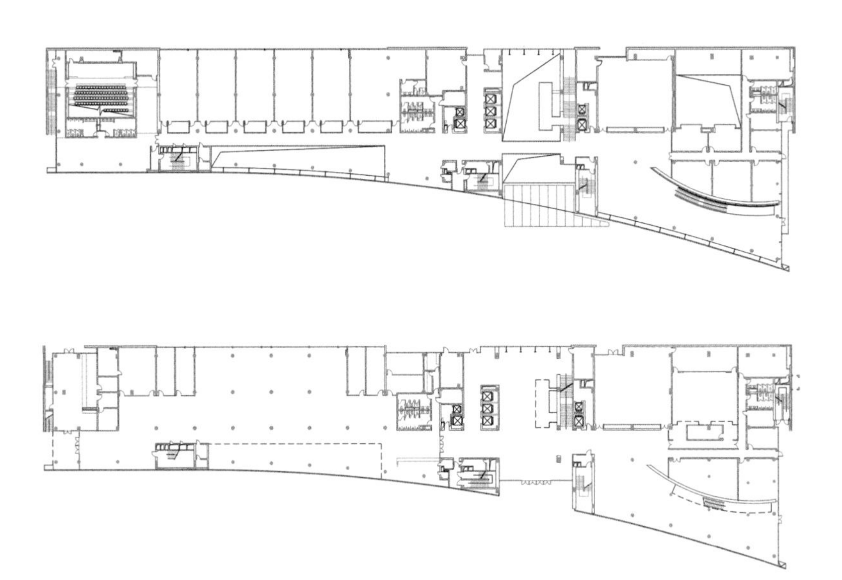

一层平面图（下）和二层平面图（上）

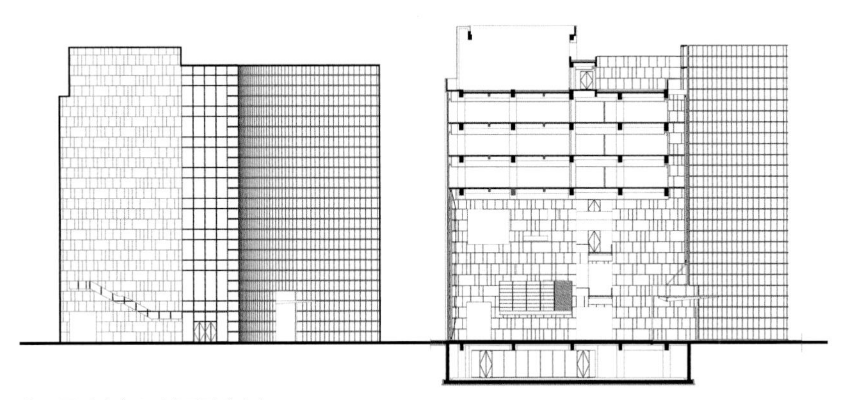

立面图（左）和剖面图（右）

量和高完成度的设计来塑造新型政府形象的一种实验性的探索。

二、背景故事

深圳规划大厦是深圳市规划局的办公场所，对设计师来说，能做规划大厦是非常荣幸的事情，同时规划大厦也是在设计和施工方面都很前卫的项目，整个团队在设计和具体的建设过程中都收获颇丰！

大厦的许多设计开创了深圳甚至国内的设计先河，像是T形钢幕墙系统的设计，虽然在国外一些项目已经使用，但是当时国内的生产技术并未达到生产合格产品的水平，因此也在结合国内实际生产情况经过多次改造后才最终得以实现的；而如今风靡全球的清水混凝土材料，也在当时的规划大厦中就被采用，像建筑的大堂、楼梯间及展厅的位置均使用了清水混凝土材料，施工团队与外聘专家相互合作，边学边做，最终实现了清水混凝土的效果。

规划大厦的施工虽然受到“非典”特殊时期的影响，但是深圳规划局对设计师的方案给予了充分的尊重，设计师与施工团队相互配合，最终实现了规划大厦专业而前卫的设计。20年过去了，大厦依旧散发着优雅的设计气息。

绵阳科教创业园产业孵化中心

Business Incubation Center, Mianyang Scientific & Educational Pioneer Park

项 目 地 点　绵阳市 · 涪城区
建 筑 面 积　22 541 平方米
业 主 单 位　绵阳科技城科教创业园区管理委员会绵阳科创园投资控股有限公司
主要设计人员　盛 烨　罗 涛　周戈钧　白义兵　陈文秀　王 恺　刘连景　李雪松　傅勇平　陈石海
设 计 时 间　2001 年
竣 工 时 间　2004 年

城市地标式产业园区

一、设计理念

该项目位于四川省绵阳市迎宾大道与剑南路西段交叉口东北侧，科技城科教创业园区内。建筑用地南高北低，较为广阔，与道路高差约 1.5 米。基地位置显著，南临迎宾大道，东接城市广场，周围景色优美。该建筑形体表达出高科技、一体化的纯净。整栋大楼主体采用钢筋混凝土结构，外围构架采用钢筋混凝土空间网壳结构，配以格栅，使整个建筑外观统一，以期达到气势恢宏的效果，成为绵阳的标志性建筑。动态的、开放的建筑体系，穿插于整幢建筑之中的共享空间，不仅是人与人之间交流的场所，同时也将室内与室外、平面与垂直的空间和景观联系起来。其间的大面积绿化和点缀的小品为建筑创造出一个具有自然与人文融合的空间环境。生态概念的整体设计，注重建筑的生态环境与节能。绿化、水体以及自然通风与采光的运用都可以有效地降低建筑的能耗，为人们营造一个舒适的办公环境。

二、背景故事

产业孵化中心，取 " 孵 " 意，向心的孵形作为初始形态，象征着生命的原始阶段。其复杂的建筑外观给人气势磅礴之感，但在项目施工过程中，网壳结构的平面及空间定位非常复杂，施工难度大。在重新进行结构测算后，在外壳定位上，本项目建立了专属的工作坐标系，以绵阳独立坐标某点为原点，将不同方位、不同角度的柱和

水面倒影下的建筑立面

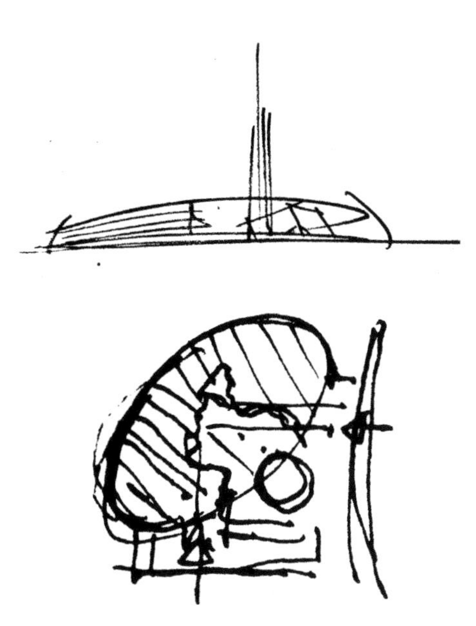

设计构思草图

屋架仰视

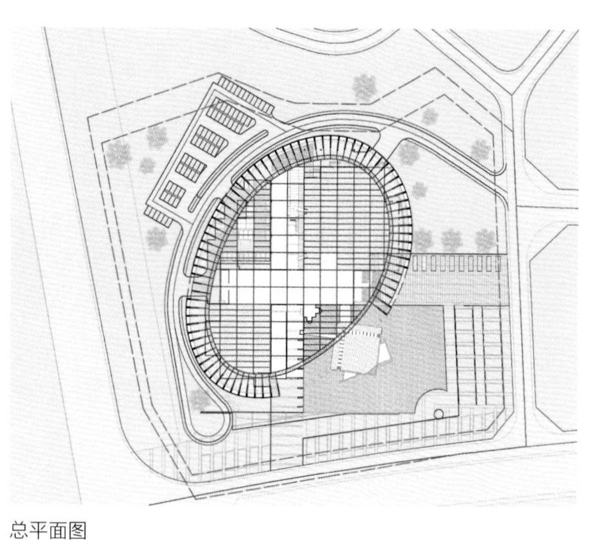

总平面图

一层平面图

格栅进行不同的等分处理。原来这一外围“蛋壳”采用钢片，出于对建设成本的考虑，最终换成混凝土建设，但是效果出乎意料，比原有的构想要好。人在建筑物周围，能感受到那独特的气场。建筑的结构设计严谨，通过分析、计算及施工指导，达到了非常好的效果，建成后挺过了 2008 年的汶川地震。回想当年，建筑设计行业整体追求的是“经济实用，适当美观”，“美”是次要的。这一建筑方案在当时引起了讨论和共鸣，但是华艺团队坚持对美的追求，突破了常规的建筑实用经济的功能，在建筑形态上勇于创新。从建筑实景照片上，可以看到白天构架在阳光的照耀下熠熠生辉，建筑中的光影变化万千。这一“美”的建筑在当地深受好评，还曾

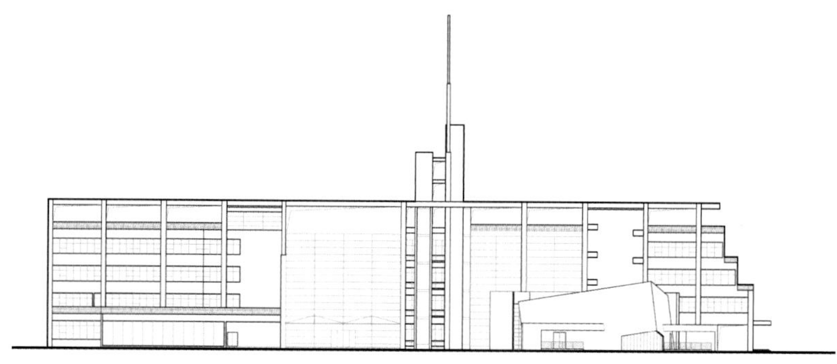

去除壳体立面图（1）

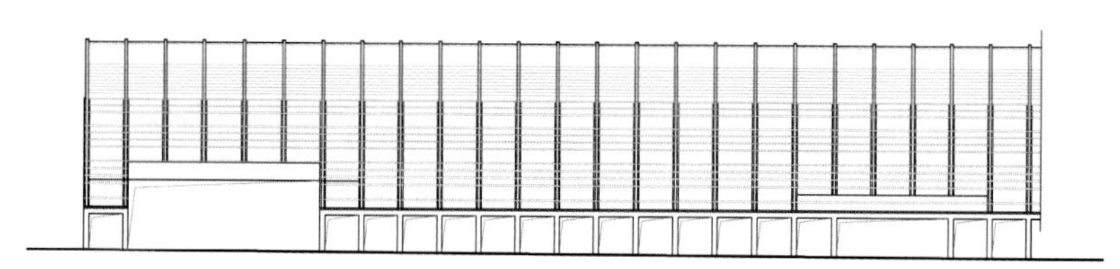

壳体展开立面图

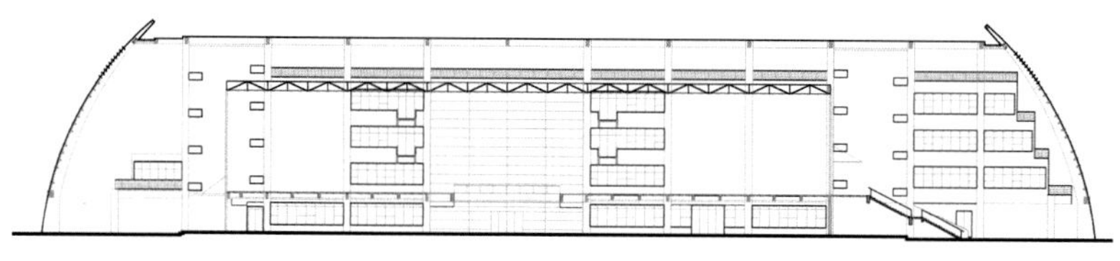

去除壳体立面图（2）

被绵阳市政府看中，希望其能成为办公场所。参与建设的设计师回想 20 年前的建设过程，感慨道：“我深知施工配合期间的难度和艰辛，向当时的设计人员和施工人员的努力致敬！”

入口大厅

室外灰空间

屋架倒影

深圳福田图书馆

Futian Library, Shenzhen

项 目 地 点	深圳市 · 福田区
建 筑 面 积	48 000 平方米
业 主 单 位	深圳市建筑工务局
主要设计人员	罗 涛 陆 强 周戈钧 覃东晟 付玉武 过 泓 范 珂 胡 涛 张学杰 刘连景 李雪松 王 恺 吴志清 陈石海
设 计 时 间	2002 年
竣 工 时 间	2008 年

华艺第一个图书馆项目

建筑沿街立面

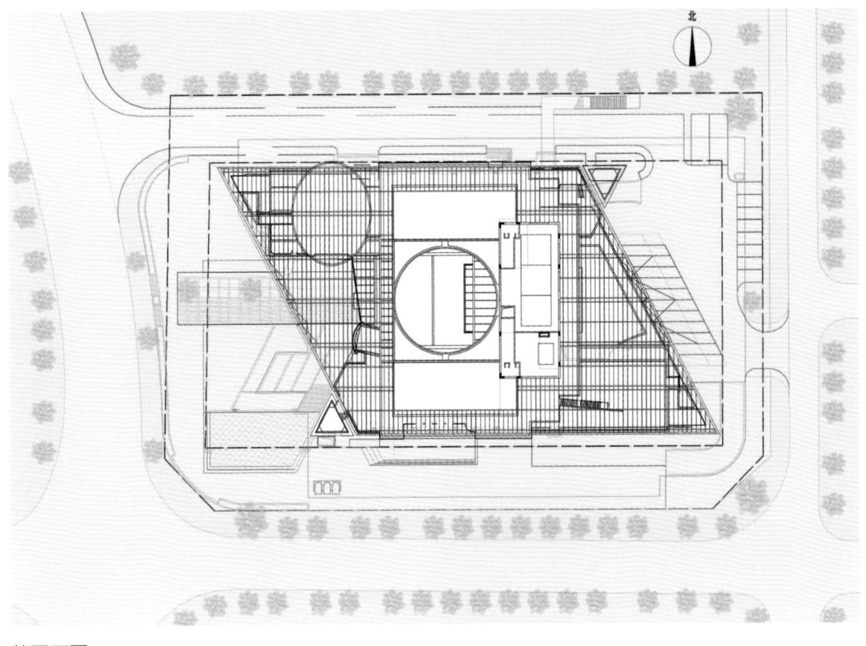

总平面图

建筑中庭仰视

一、设计理念

项目地处深圳市福田区景田，位于景田路和商报路交会处。大楼主要由图书馆及培训中心两部分组成，彼此相互独立。两者围绕中庭展开，使图书馆具有强烈的向心性，阅览室都面向中庭景观，为读者营造一种宁静优雅的阅览环境。为了丰富中庭空间效果，由东向西做了一系列退台，空中连廊飞架其中，使城市广场与内部中庭互相渗透，形成一个富于变化的空间序列。项目对城市街道空间也有考虑，不仅呼应周边高层的对位关系，还试图消解其间的压迫感，更重要的是给北面的财政局大楼退让空间，并求得一种围合带来的安全感。由于东西两侧各让出一个三角空间，图书馆自然而然地形成了一个平行四边形，使其从商报路及景田路的街景透视来看都具有强烈的标志性。东西中庭空间各罩一透空钢架，试图使得建筑轻巧通透，又兼顾简洁美观、界定空间及物理遮阳，光影变化与简洁的建筑形体虚实对比，也丰富了人们的视觉体验。方案设计功能设置合理，流线组织清晰。一至四层为图书阅览及展厅，其中设置了不同的空间模式，提供多种人性化的阅览环境。五层至十三层为培训、办公及会议。整个建筑共设置了 5 个出入口：南面为主入口，北面为儿童图书馆入口和服务入口，西面为次入口，东面为信息中心入口。5 个出入口各自独立，互不干扰。

主入口立面

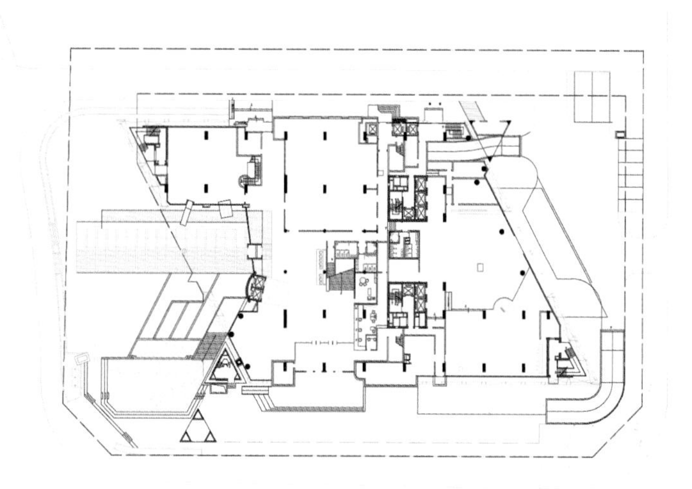

一层平面图

建筑局部

入口局部

二、背景故事

时间已过去近 20 年了，福田图书馆的设计在现在看来，依然是独树一帜的。项目从设计构想到完成建设用了 9 年时间，其中最难实现的部分是 60 米 × 30 米的立面透空钢架，其跨度大，从设计到施工足足用了 5 年之久。一开始施工的时候，发现整体受力太大，会给后期维护带来巨大的困难。随着计算理论和工程实践的发展，设计团队尝试着用减法减力去完成这一杰出的设计方案。刚开始设计福田图书馆的时候，设计师想设计一个动静结合的公共建筑空间——在其前方有下沉广场，广场由叠水水池和民众舞台构成。建成几年后，设计团队结合新时代建筑功能需求，调整了思路，改造了下沉广场和水池。现如今图书馆闹中取静，保有了安静氛围，给读者营造良好的阅读环境。回想起当年建设的瞬间，设计师总结说：要用发展的眼光去看福田图书馆的建设过程。

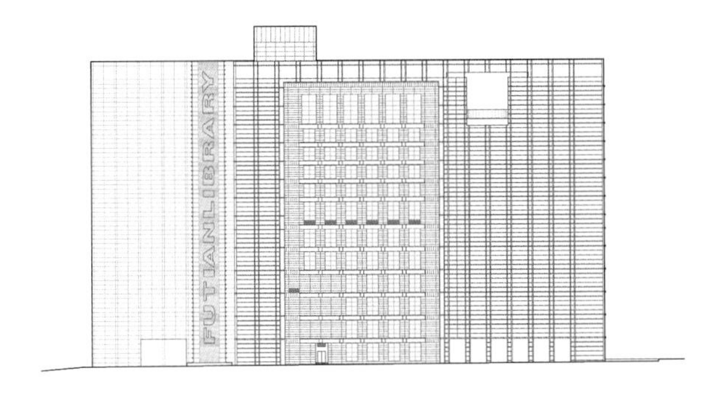

立面图

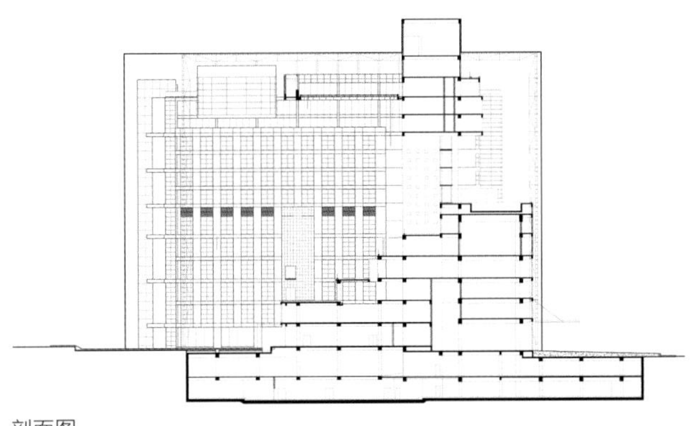

剖面图

深圳安联大厦
Anlian Building, Shenzhen

项 目 地 点	深圳市 · 福田区
建 筑 面 积	93 730 平方米
建 筑 高 度	150 米
业 主 单 位	深圳市安联投资有限公司
主要设计人员	盛　烨　刘汝涛　王兴法　凌立信　何美仪　李雪松　雷世杰　梁莉军　龚　莹 吴志清　王盛宝　彭　鸣　陈　怡　李　薇　李瑞芳　杨启宏
合 作 单 位	香港王董国际有限公司（方案设计）
设 计 时 间	2002 年
竣 工 时 间	2005 年

会“呼吸”的办公楼

一、设计理念

安联大厦位于深圳市金田路与福强三路交会点，市民中心东侧，地处高楼大厦聚集的福田 CBD。在这样的城市空间中，如何处理建筑与周边环境的关系成为设计的重中之重。建筑采用板式塔楼造型，立面开窗形成的大型中庭空间，给室内带来良好的日照与通风环境，利用借景的手法，在空中花园构起一幅生动的现代都市风景，简约、理性的设计手法使得建筑在周围众多写字楼中独树一帜。建筑采用双核心筒平面布置，不仅使建筑拥有了更加稳定合理的结构形式，更大大增加了使用上的灵活性，宽阔通透的空间感，平整规则的平面形式带来了更高的建筑使用率。设计主旨为环保设计，系统及低调的“肺空间”设计及室内外空间的融合是此建筑的特色，

建筑外景

安联大

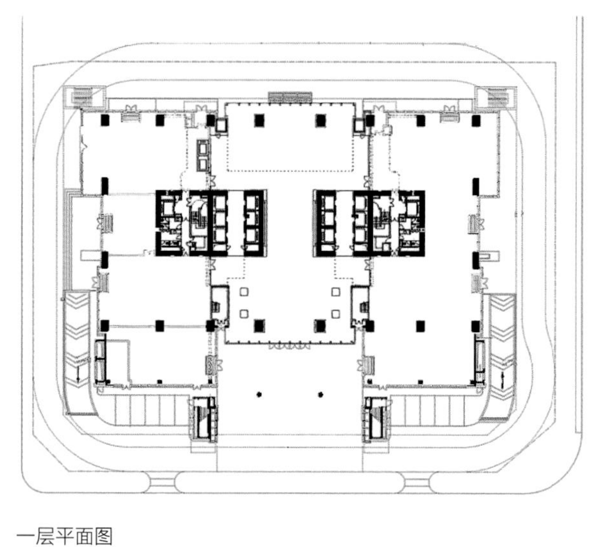

一层平面图

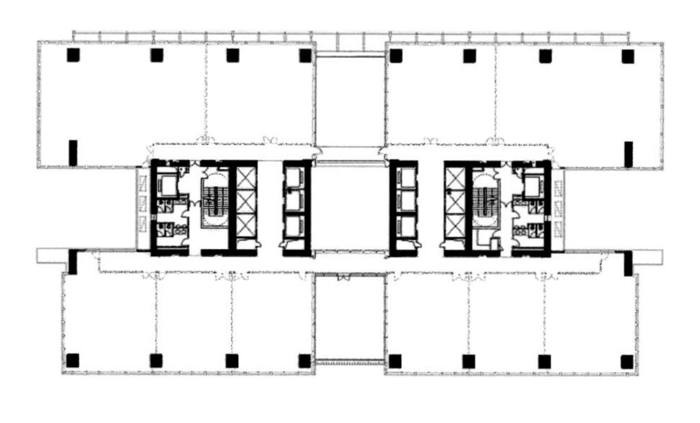

七层（标准层）平面图

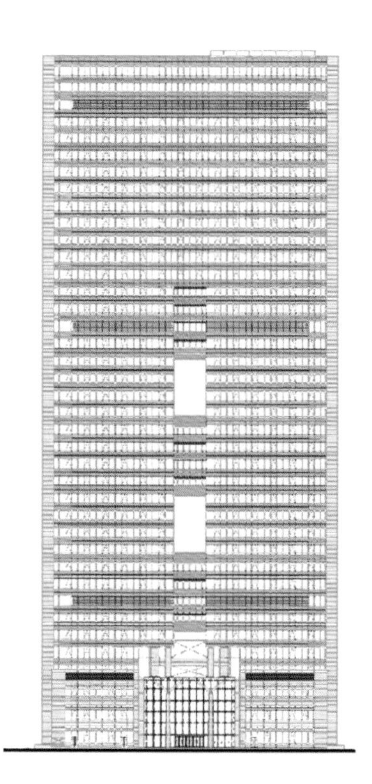

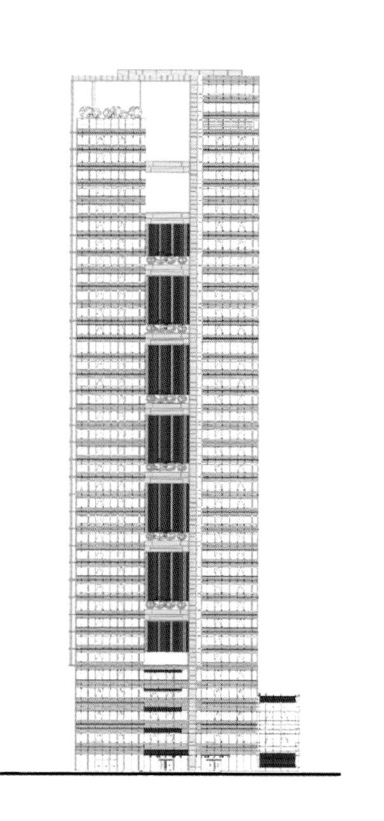

立面图（组图）

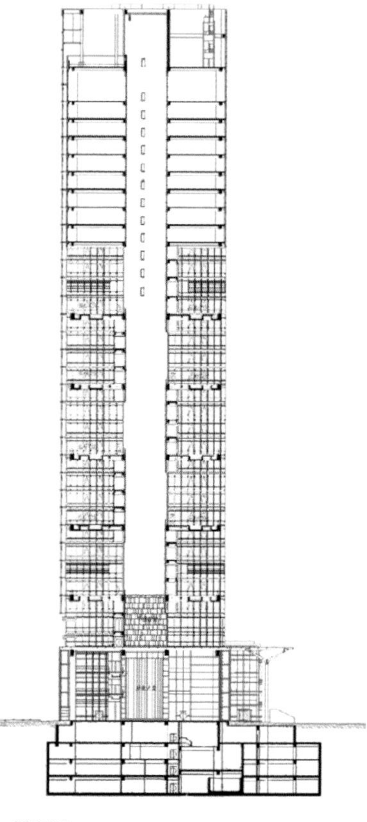

剖面图

入口中庭

空中绿化

立面局部

为城市高层建筑建立了新标准。创新环保设计的特点包括：简洁的现代风格；错落有致的空中花园；两个长方形实体和中庭的平面布局，易于间隔及实现多面采光；28 个立体绿化空中花园及 2 000 平方米屋顶花园，绿化内外交融，形成通透流畅的城市视觉走廊。安联大厦创新及实用的设计手法，为使用者提供了健康、宽敞的工作环境，充分表现绿色建筑的特色。

二、背景故事

近年来，我国提出，二氧化碳排放力争于 2030 年前达到峰值，努力争取 2060 年前实现碳中和。但是华艺在 2002 年就开始研究绿色建筑并运用在安联大厦中，以适应时代对新型办公楼的需求。

在安联大厦这个项目中，设计团队结合地域性和南方的气候性，采取开放的方式进行设计，在大楼中部的通高中庭和大厦各层设计了空中花园，上下贯通，气流在其中自然流通。中庭顶部也设置了可开启的封闭式玻璃天窗，可以有效地控制大楼内部的空气流通，与传统封闭的办公室空间相比效果更好，高层办公也可以实现自然采光和通风。这是华艺对新型办公建筑设计的一种尝试，28 个各色不同的空中花园，分布在安联大厦四侧，设置了多样的服务设施，这一共享空间可以让使用者在这里进行商务接待和休憩交流。建成后的安联大厦被媒体称为“可呼吸的建筑”。

南京雨润国际广场

Yurun International Plaza, Nanjing

项 目 地 点	南京市 · 建邺区
建 筑 面 积	230 000 平方米
业 主 单 位	雨润集团
主要设计人员	陆 强　郭文波　黄宇奘　付玉武　高 绵　张晓民　王 恺　凌 云 刘连景　龚 莹　吴志清　傅勇平　陈石海　常毅敏
设 计 时 间	2004 年
竣 工 时 间	2014 年

都市大型高端商业综合体

建筑沿街立面

建筑外景（1）

建筑外景（2）

一、设计理念

项目位于南京市河西新区 CBD、CLD 双核心区域，地处河西新区 CBD 与南京奥林匹克公园之间，既是南京青奥会的电视转播主背景之一，也是市政广场和城市绿轴的交会处。设计强调二元的视觉要素——电视转播中整体视角和市民广场及城市绿轴视角的对立统一。前者要求摒弃一切不必要的细节，展示大尺度、全方位的都市地景，表达以地平线为基准的流媒体时代新的宏伟性；后者要求减少视觉与空间的压迫感，形成开敞的绿色视线通廊。同时 CBD 整体的城市设计不允许出现奇异的建筑体量与轮廓。因此团队抛弃了传统的塔楼、裙楼独立设计的模式，而将它们视为水平的和垂直的摩天楼，以线性的体量表达新的宏伟性，并兼顾场所的功能要求和空间定位。项目建筑主体是由两栋 27 层的高层建筑及裙楼组成，其中 A 塔为顶级酒店式公寓，B 塔为白金五星级酒店和写字楼，裙楼的一至七层是商业部分，是该项目的核心商业配套，也是整个河西板块最高端的商业配套之一。该配套不仅可以满足日常所需，还能带来优质的生活体验，南京雨润广场建成后已成为南京高档的城市综合体之一。

二、背景故事

南京雨润国际广场的业主单位雨润集团原是从安徽成立至南京发展，以火腿生产为主要业务的公司。雨润国际广场是雨润集团投资建设的第一个地产项目，由于公司内部没有专业的设计管理团队，雨润集团便委托了一家

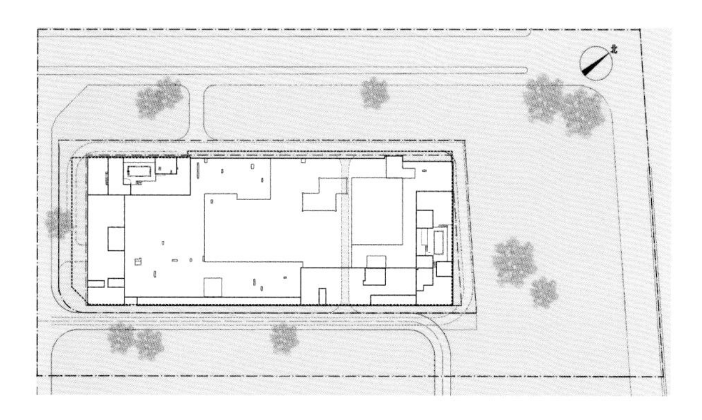

总平面图

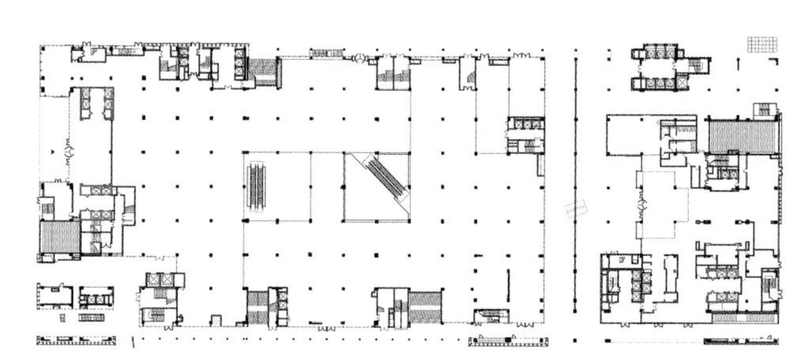

一层平面图

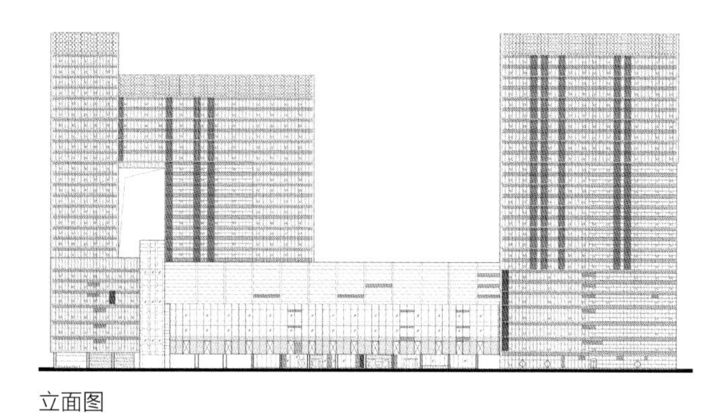

立面图

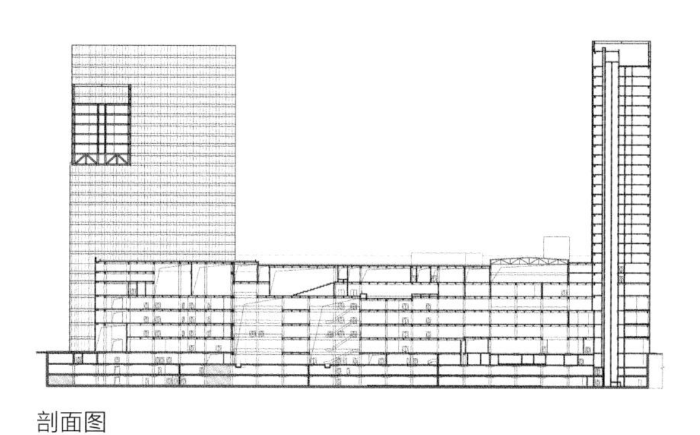

剖面图

建筑外景

建筑外景

地产开发公司对项目进行设计管理，而此前华艺与这家地产代管单位已有诸多项目上的合作，双方经过沟通了解，雨润国际广场便交由华艺设计。项目位于南京河西新城，是众多写字楼的聚集地，设计期间由于整个新城区的发展建设，项目定位也随之变化，从开始的商业及办公到现在的商业 + 办公 + 酒店。在设计的过程中，雨润集团也慢慢组建了自己的设计管理团队，华艺为了配合项目定位的更新，也更新了自己的设计团队。目前雨润国际广场作为南京中央商场在河西的商业分店，也承担着服务河西片区日常生活的重要配套服务责任。

建筑与环境

海口市第二办公区（A区）（原名：海口市行政中心）

Second Office Building (Area A) of Haikou Municipal People's Government (formerly known as Haikou City Administrative Center)

项目地点	海口市 · 西海岸长流新区
建筑面积	72 000 平方米
业主单位	海口市直属机关事务管理局、海口首创西海岸房地产开发有限公司
主要设计人员	林　毅　黄宇奘　陈日飙　周戈钧　夏　熙　李一峰　孙　华　马　军　杨　玲 刘　俊　蔺炜萍　马建平　王继平　铁　敏　石慧刚　陈石海
设计时间	2006 年
竣工时间	2009 年

华艺第一个省会城市行政中心项目

一、设计理念

本项目位于长流新区的腹地，用地面积 35.1 万公顷，总建筑面积 25.2 万平方米。其中主体建筑为四套班子办公中心。

规划上以四套班子院落建立有力的中轴线，形成“四院居中、两翼齐飞”的态势，同时又具有“外紧内松、外整内柔”的特色，体现了行政建筑和谐而又不失恢宏的特质。四套班子“一庭、两堂、四院”的布局，使市

全景鸟瞰

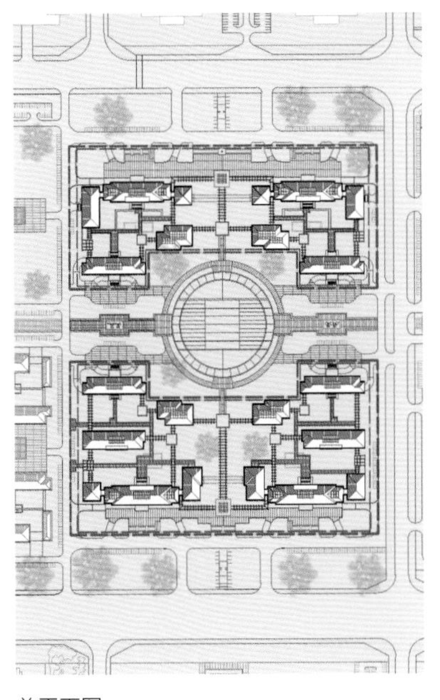
总平面图

建筑外景

委与市府、人大与政协两两相连，外部形象四合为一，强而有力。立面设计立足本土、庄重亲民，把从南洋建筑中提取出来的坡顶、木色百叶等元素和当地传统建筑架空、遮阳以及骑楼等手法有机结合，坡顶颜色源于蓝色大海，外墙颜色源于米色的沙滩，再加上木色百叶栏杆，构成了整体朴实自然的风格，打造了独具海口本土特色的行政中心。

整个建筑群与景观设计紧密结合、浑然一体，力求打造一个具有本土特色

主入口

与行政特质相结合的行政办公中心。

二、背景故事

设计人员因地制宜，在地创作，基于当地气候，借鉴传统民居建筑的特点去构想整体规划。14 栋建筑不仅自成一体，也与当地的人文景观完美融合；这一山水建筑作为海口行政中心的所在地，也与其定位的“山水城市”不谋而合。

项目设计时期现代建筑的风格颇为流行，但设计团队坚持以地域性为先，结合中国传统人与自然和谐共生的理念，从春夏秋冬四季出发，四套班子的花园分别以“兰院”“荷院”“菊院”“梅院”命名，取春兰、夏荷、秋菊、冬梅之意，与“滨水环庭”整合，立意“一庭四季”：党委为民服务，为万物初生的春；政府为民谋利，为万物生长的夏；人大为民造福，是万物成熟的秋；政协为民监督，是万物藏的冬。最终方案得到认可，才有了如今具有地域特色的海口行政中心。在设计及建设过程中，华艺的团队随时待命，将行李备在公司，每有开会需求，便立即从深圳飞到海南。

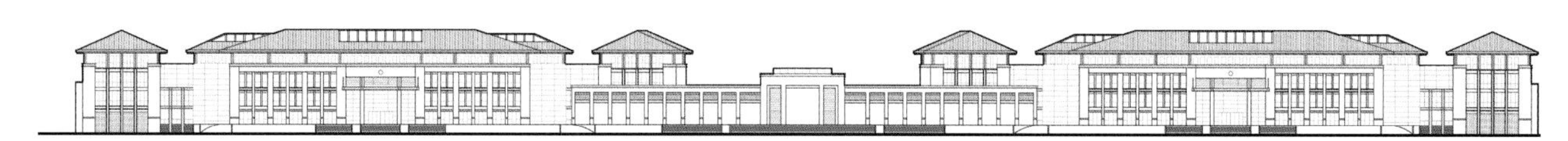
立面图

建筑外景

内庭连廊

内庭水景

深圳大学基础实验楼一期、二期

Phase I and Phase II of the Basic Laboratory Building of Shenzhen University

项目地点	深圳市·南山区
建筑面积	57 000 平方米（一期）、47 000 平方米（二期）
业主单位	深圳大学
主要设计人员	一 期：陆 强 杨 洋 周戈钧 李 勇 张远鹏 黄定活 张晓民 曾德光 沙卫全 傅勇平 李雪松 倪 贝 谢 华 高春艳 赵广镇
	二 期：陆 强 杨 洋 周戈钧 夏 熙 马 军 李 博 胡 涛 梁莉军 沙卫全 杭 俊 傅勇平 李雪松 唐志国 谢 华 高春艳 刘飞海
设计时间	2007 年（一期）、2006 年（二期）
竣工时间	2014 年（一期）、2011 年（二期）

大学校园标杆实验楼

一、设计理念

实验楼一期坐落于深圳大学南校区，是南校区西南片区实验楼组群的建筑之一。基地处于校园区的西南角部，用地形状呈现出明显的角部特征。方案积极利用了校园端部，采用建筑周边化布置获得最大化的内部景观空间，中央景观开敞通透；基地的景观体系向内打开，与校区的景观轴体系连续贯通；建筑主体能获得东南向、南向的优良朝向，以及良好的景观视角和通风效果；新建建筑与已有建筑形成完整连续的群体空间形态，使整个校区规划趋于完整，充分利用可用地，避免部分空间被边缘化；方案采用塔楼与基座结合，尽量多地使用接近地面的低层区，这是功能分布、交通组织、空间交流的共同要求。采用大跨度体

一期立面

量，将两栋双子塔楼空间连接起来，使建筑整体呈现出与丘陵地貌相似的起伏轮廓，创造出与众不同的角部空间。在这一空间点上，巨大的门形是建筑本身的焦点，也是本地块的焦点，

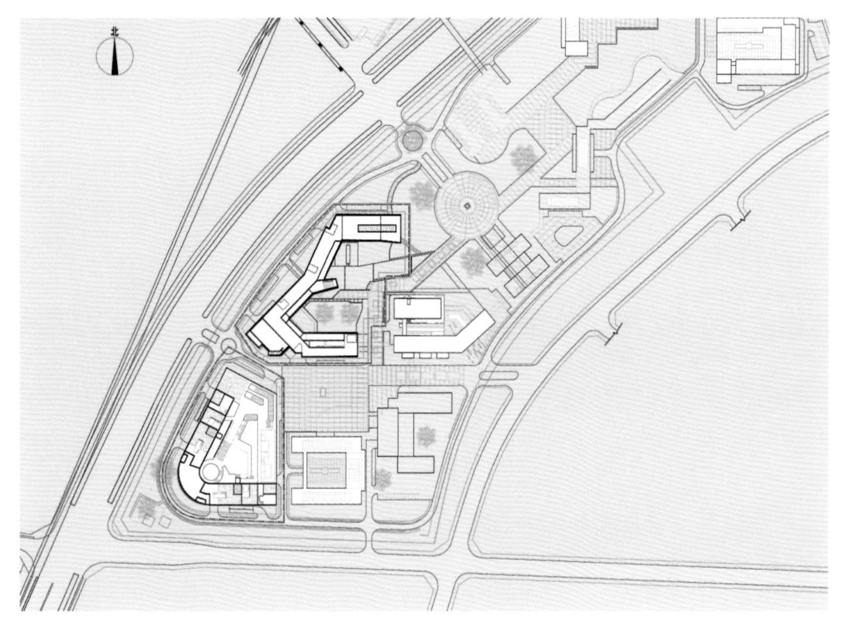

总平面图

二期立面

更是对南校区空间线索的尽端升华。这种三位一体的共焦点设计使建筑设计与校区整体规划有机地结合起来。通过对基地周围城市及校园环境的整体分析，实验楼二期在总体布局上试图最大限度地利用基地周边的优势并避免劣势的影响，沿北、西、南三向的周边布局模式延续了校园的景观轴线。围合的建筑群体量朝东打开，将景观延伸进入建筑组团内部，不仅丰

一期内全景鸟瞰

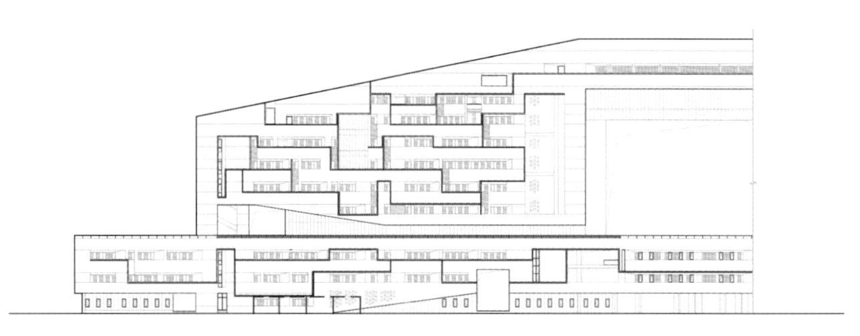
一期立面图

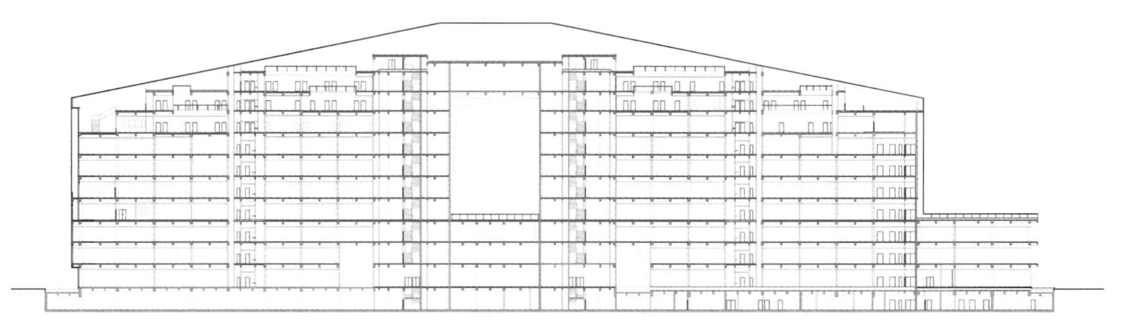
一期剖面图

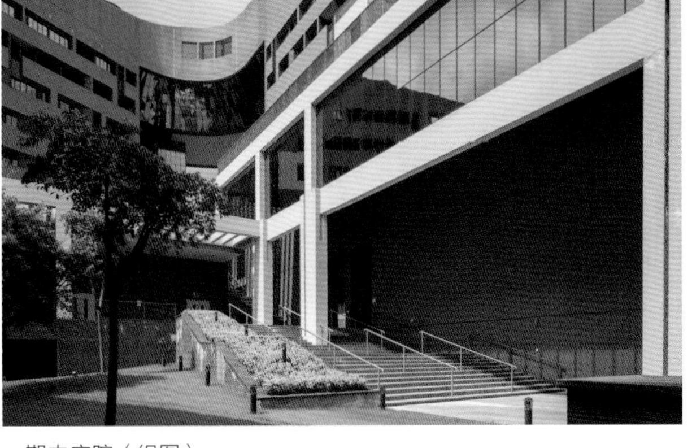

一期内庭院（组图）

富了建筑组团内部的视觉空间，也使校园的景观主轴得到延展从而更加完整。围合的院落向不利朝向封闭，向主要人流经过的景观朝向开敞。每幢建筑都因此获得最大的景观展开面，具有良好的日照及通风。沿建筑标高不同的坡状屋顶及底层金工实验室的顶面布置有坡状绿化。这些草坡不仅将金工实验室及重型机械实验室掩盖在其下，避免在底层出现巨大的体量，同时将山水相宜的自然景观引入院落，延续了老校区依山起伏、外海内湖的生态景观，使师生们对此产生熟识感和亲近感。由于学生的人数多、流量大、人员密集，因此将学生实验室布置在建筑下部的一到六层。教师行政办公部分则布置在建筑上部的七到九层，利用垂直分区合理安排人员密度。通过在三层的位置布置架空层，将人活动的层面提高到了三层的位置上，相当于将一个高层化解为一个多层。

二、背景故事

项目的设计团队带着对美好校园的憧憬和对高密度建筑环境的思考。在高密度校园空间中，尝试着去处理高

二期建筑立面（1）

耸闭塞、有些令人生厌的高层建筑体量，内心追求一个柔软的结果。最终，方案在众多高手云集的投标中脱颖而出。在深圳大学南校区的整体规划建设中，二期先于一期完成设计并建成使用。两者拥有着同样的基因，但又各有不同。无论是二期的卧龙盘旋，还是一期的高山平湖，设计师努力将两者建立起一个关系的聚合，并置的同时，又相互对峙、彼此牵连，共同营造深大校园“入画境”的景观。当时的深大校长评价，这个建筑，展现深大新一代的风采，让人耳目一新。

二期建筑立面（2）

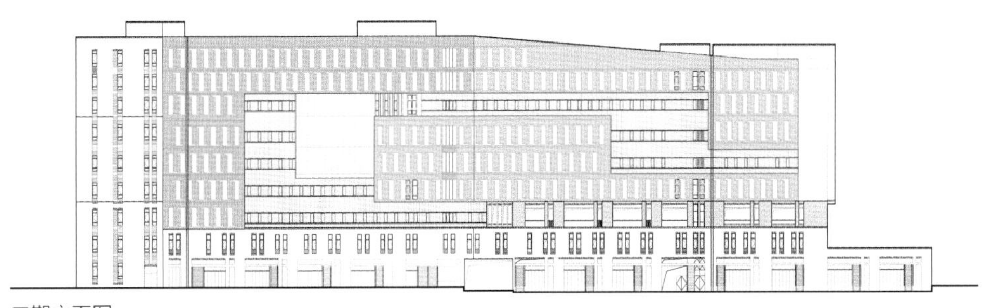

二期立面图

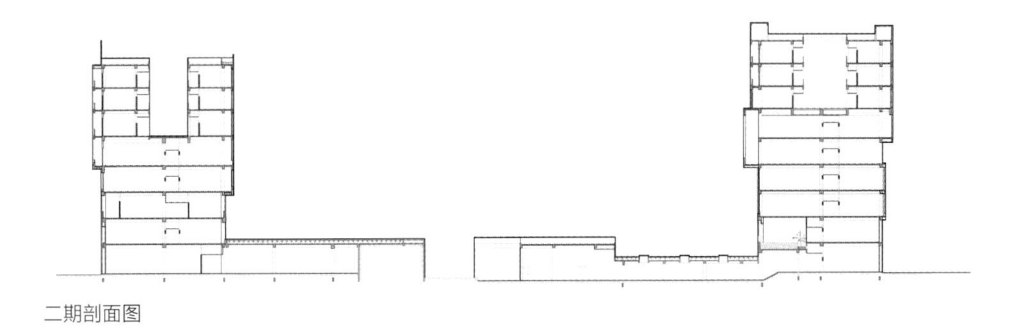

二期剖面图

二期檐下空间

二期内庭

东莞松山湖长城世家

Changcheng Shijia, Songshan Lake, Dongguan

项目地点　东莞市 · 松山湖区
建筑面积　55 000 平方米
业主单位　长城地产
主要设计人员　林　毅　黄宇奘　司徒雪莹　刘　全　李一峰　李得胜　梅利军　杨　玲　王永群　王　恺　刘连景　吴志清　陈石海　李　斌　于桂明
设计时间　2006 年
竣工时间　2010 年

澳洲度假风情高端住区

一、设计理念

随着生活水平的逐步提高以及生活观念的不断更新，人们对居住的要求更为趋于舒适和享受，居住的休闲和度假色彩日益浓厚。丰富的空间层次、亲人的建筑尺度、良好的生活服务配套与迷人的依山滨水外部生态环境成为度假生活区的价值标杆。为达到“度假性”的目标，设计中的追求有以下几点：① 放眼松山湖片区整体规划特质与现有资源，注重将新的社区有机融入原有的空间体系和城市肌理，避免孤立地设计社区本身，最大化利用基地周边有利资源。② 度假社区内涵的物象表达是设计的难点，“度假性”的阐释是设计团队关注的核心，并辅以澳洲人文风情蓝本。③ 商业业态追求多元化，风情主题化，与泛会所有机结合，致力于使其成为片区炫目的亮点。

度假生活区的规划追求自然、层次丰富和利用地形。本规划依形就势，通过空间的“一长带三组团”进行组织，营造舒适、亲切、各具情态的组团空间。商业和住宅各自成区，相得益彰。方案将小单元住宅放置于基地东南侧，大户型产品放置于景观资源更好的正对松山湖口的部位，商业区与湖口结合设计形成展示场，三者间通过水景相隔，互不干扰，自然分区。功能分布是对基地资源整体分析的结果，设计试图让各功能块自成一体的同时，相互间亦建立起整体提升价值的有利关系。一号地块内住宅形成多样化产品，以小高层为主体；商业主要布置于松山湖对基地打开的豁口部位，形成正对水面的集中风情主题商

沿湖立面

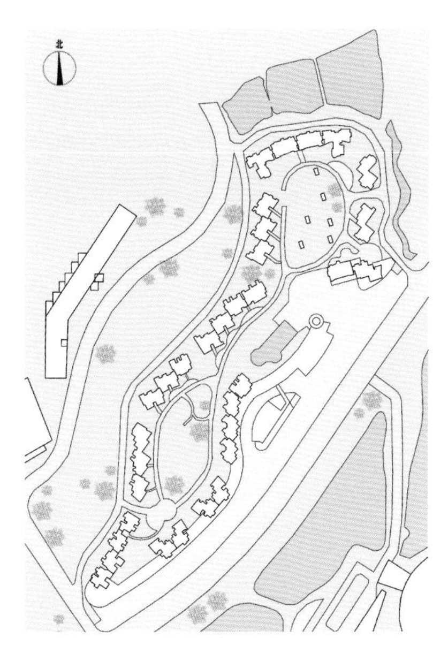

总平面图

展示中心

业街区空间，为社区销售提供良好的卖场区域。商业业态追求多元，沿街商铺与主体商业街结合布置，同时与泛会所的结合，保证档次的同时增强了商业区对市场的适应性。方案对松山湖水景的利用采取正对湖面形成折线形景观带，注重直接观看纵深水景的品质，一线景观面数量占总住宅的65%，二线景观面占15%，而其余部分亦能观看内湖和湿地公园，做到户户有景、户户迎湖。

建筑立面（1）

二、背景故事

松山湖是位于东莞市大朗镇境内的一个大型天然水库，后被政府部门以湖泊为中心，将大岭山、寮步和大朗三镇靠近松山湖的部分边缘地带划分出来与湖泊区域重新组合形成新的国家级高新技术产业开发区。松山湖景色优美宜人，基地临近湖边，天气好时亦可沿湖边绿岛骑行，近距离与自然接触。华艺通过投标设计了松山湖项目，当年的住宅建筑较为流行带有色彩，是一种潮流与趋势，在松山湖的设计中设计团队也沿袭了这一做法，项目不仅采用了新潮多元的色彩，同时每个区域都做了不同程度的变化，有各自的特色。木质材料的选用也使得建筑更具家的温暖感。屋面吸取闽南建筑架空的特点，适应了当地气候。在设计过程，设计团队与业主的配合非常好，业主对于设计团队的理念、想法及选材都非常认可，这也促成了松山湖项目的成功。回顾这一历程，每个阶段的设计都是随着时代的变化而变化，有各自时代的建筑语言、做法。松山湖项目周期的住宅产品体现了深圳及大湾区住宅设计的独特理念，是当时较为流行的做法。

建筑立面（2）

建筑立面与环境

内庭院俯瞰

厦门厦航商务办公楼

Office Building of Xiamen Airlines

项 目 地 点	厦门市 · 湖里区
建 筑 面 积	80 600 平方米
业 主 单 位	厦门航空投资有限公司
主要设计人员	鲁 艺 敖 翔 白艺晖 魏雅丽 宋容光 姜祥元 黄鹤鸣 刘 俊 曾文兵 傅勇平 雷世杰 李雪松
设 计 时 间	2007 年
竣 工 时 间	2017 年

创新产业园办公基地

一、设计理念

项目地处厦门岛东北角的高崎国际机场附近。方案设计主要有以下几个特点。① 围合式的庭院布局，依靠自身成“势”吸引市场，弥补周围地区开发不足的劣势。采用围合式将二、三期建筑体量进行分解和重组，形成一个小型建筑群体。围合式的布局形成内敛、平静的氛围感。② 连续与内聚，塔楼体量相互错分，各自充分迎向南北向景观资源；裙楼在保持连续的情况下，进行围合、起伏、退台，丰富空间节奏，让底部界面形成多个围合、半围合的立体内院，步移景异。③ 切分与生长，一、二、三期顺序“生长”，保证后期建设的协调与融合，交通系统纳入统一体系中，共同形成服务于整体项目的流线体系。④ 灵活单元划分重组，设置灵活的办公单元面积划分和重组模式。以最经济的交通组织，获得以小面积单元为主，不同面积规模皆备的灵活性办公模式，最大限度地适应多样的市场要求。⑤ 经济价值性能，依地势采用半地下停车、架空停车和地下停车组合方式，有效缩减车库的建造费用，以低成本方式为基地内提供立体园林。从总体布局设置与单体灵活设置两方面使建筑物对灵活多变的市场需求保持足够的敏感性及灵活性，以确保项目在未来的市场竞争中具备足够的潜在竞争优势。

二、背景故事

项目设计的过程中，设计团队研究了

沿街立面

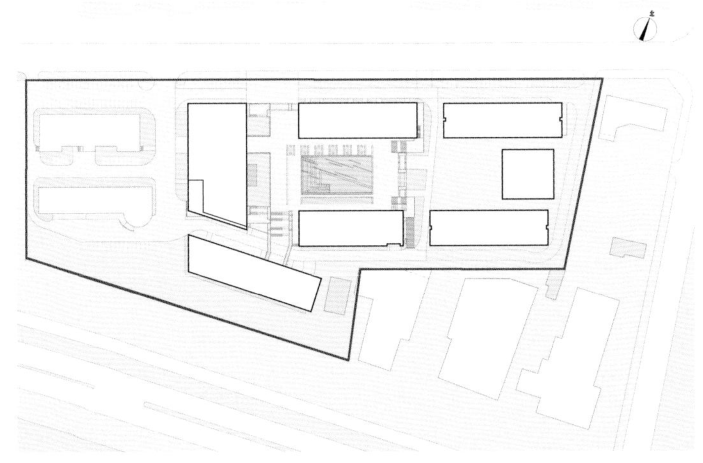
总平面图

当下的集中式写字楼，发现其普遍存在着交通拥堵、环境质量下降、公共资源分配不均等问题。业主往往追求更能彰显企业地位、更具识别性、空间更灵活、环境更宜人的办公场所。

众多企业为谋求发展，存在扩大办公面积，让生产、研发、管理中心分离设置等市场需求，全新的经济发展特征正逐步显露。与此同时，许多发展商在城市边缘地区购置的土地不宜建设住宅和酒店等类型的建筑，他们纷纷转向产业园办公区的开发。这些因素为促成现代化企业总部、产业办公园区的建设与发展，提供了全新的机遇和平台，将成为城市建设的一支新潮流。厦门航空商务广场便孕育于这股浪潮中。在这样的思潮影响与研究下，设计团队在创作中为项目设计了多处与自然接触的绿道、景观，晴雨间，小踱几步，即可触及草木，瞥见蔚蓝水天。

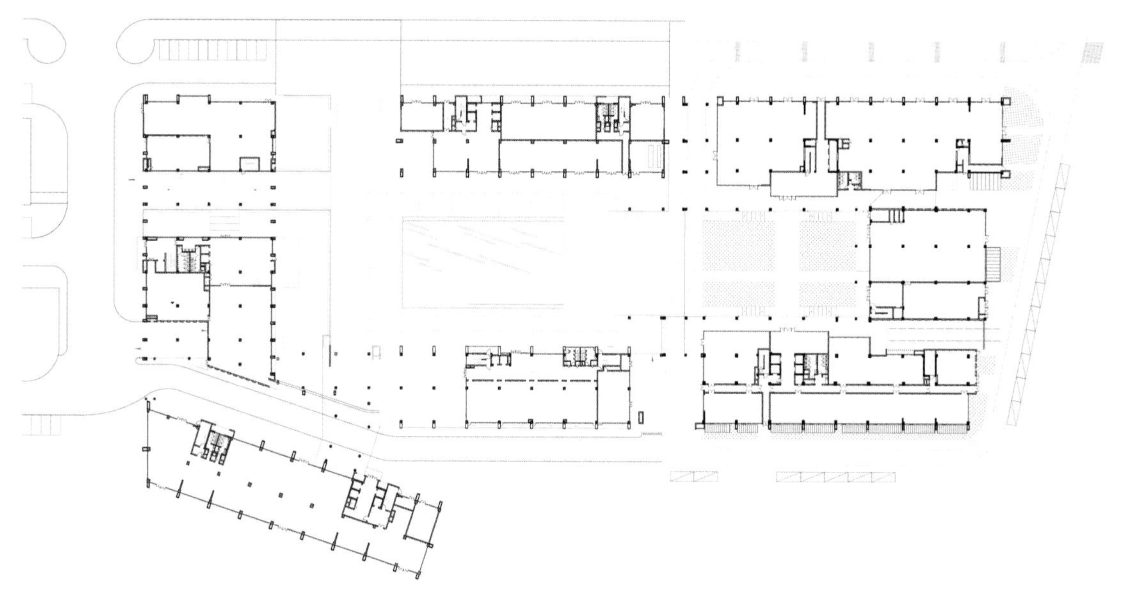

一层组合平面图

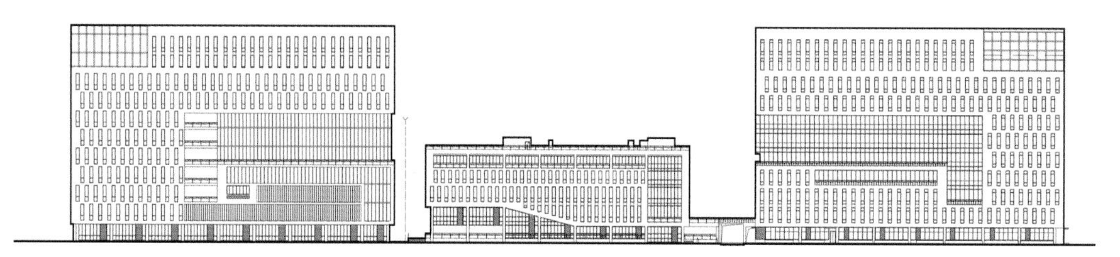

南立面图

建筑局部（组图）

建筑局部

庭院景观

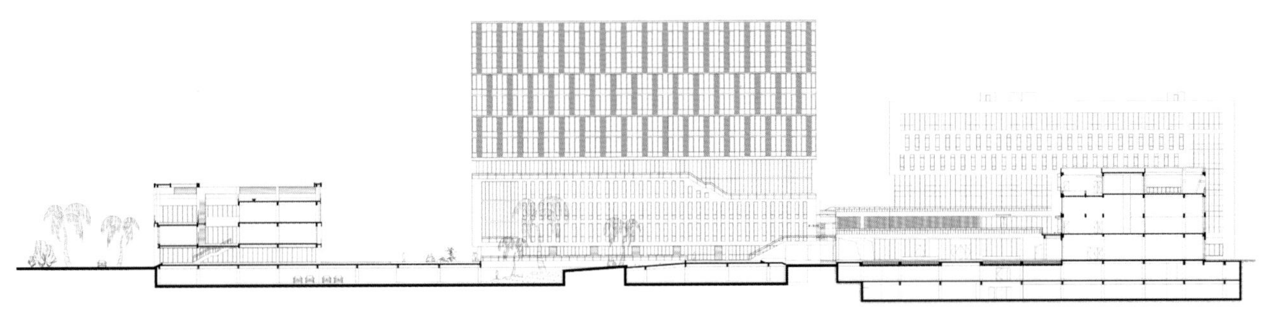

剖面图

深圳莱蒙水榭春天

Laimeng Waterside Pavilion Spring, Shenzhen

项目地点	深圳市 · 龙华区
建筑面积	100 000 平方米
业主单位	深圳市水榭花都房地产有限公司
主要设计人员	林 毅 黄宇奘 钱 欣 周 新 夏 熙 李一峰 胡 绮 马 跃 张苏明 胡 涛 彭 鸣 刘连景 傅勇平 邓国才 杨 琳 都海军
合作单位	深圳市立方建筑设计顾问有限公司（住宅方案设计）、香港王董国际有限公司（住宅方案设计）
设计时间	2008 年
竣工时间	2015 年

深圳大型高端社区典范

一、设计理念

深圳莱蒙水榭春天用地位于深圳龙华二线拓展区，距轻轨 4 号线、5 号线红山站约 300 米，距规划中的深圳火车客运站约 1 200 米。基地北临城市主干道人民路，东临富国路，西侧紧临城市绿化带，南侧为城市生活干道。周边配套齐全，交通便利。小区分多期建设，产品类型丰富，布局多样。例如，一期采用板式小高层住宅，塔楼以长短板连接布置成流动的线形，小区入口空间通过错位布置自然生动；其余用地采用 100 米高层住宅塔楼，板点结合的规划布局，收放有秩，落落大方。既彰显出品质型豪宅社区的霸气，又不失婉约灵动的生活气息。

同时规划布局合理地利用朝向和市政绿化带的优势，将城市噪声干扰降到最低，并有效将城市景观与小区花园景观结合，营造出三位一体的绿地花园景观。立面设计采用现代典雅的风格，迎合都市白领的生活品位，以白色为基调，配合深色 low-e 玻璃幕墙，虚实对比一气呵成。楼盘整体采用分期开发策略。如一期开发沿人民路一侧的中高层住宅及幼儿园、配套设施、底层商铺。此开发部分，既能形成沿城市主干道的良好城市形象，又能快捷推向市场，实现以较少的投入启动项目，形成低开高走的局面。对于二期开发区间路以北的高层住宅，设计使之与一期中高层住宅形成一相对完整的小区形态，同时兼顾了住宅产品的多样性。三期开发区间路

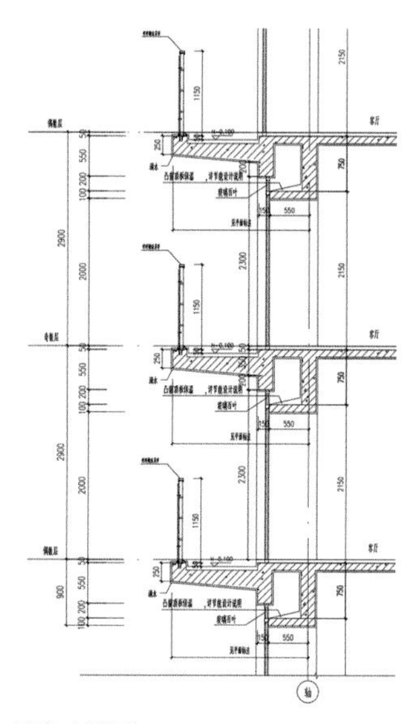

墙身大样图

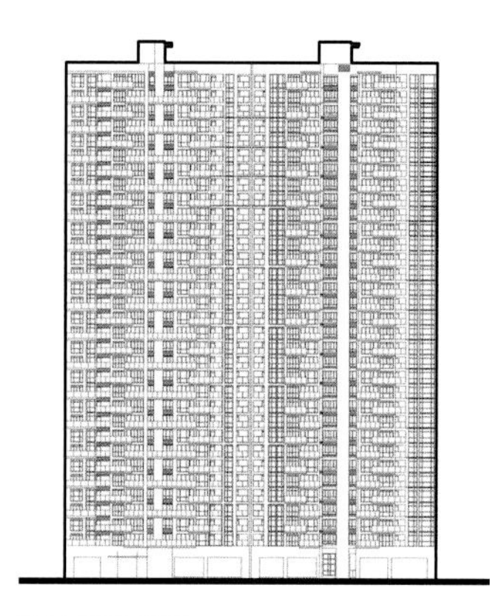

8 号楼立面图

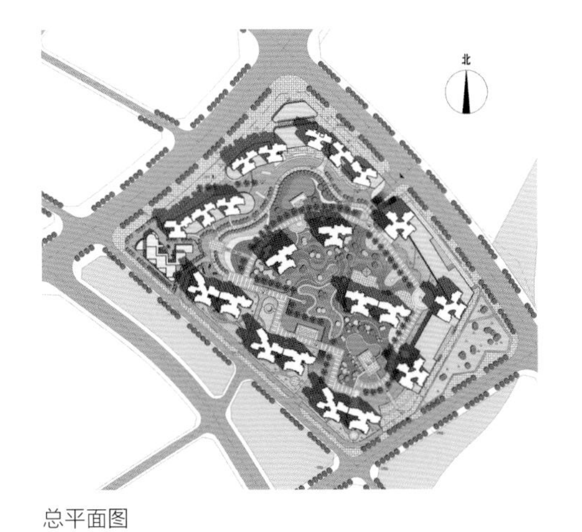

总平面图

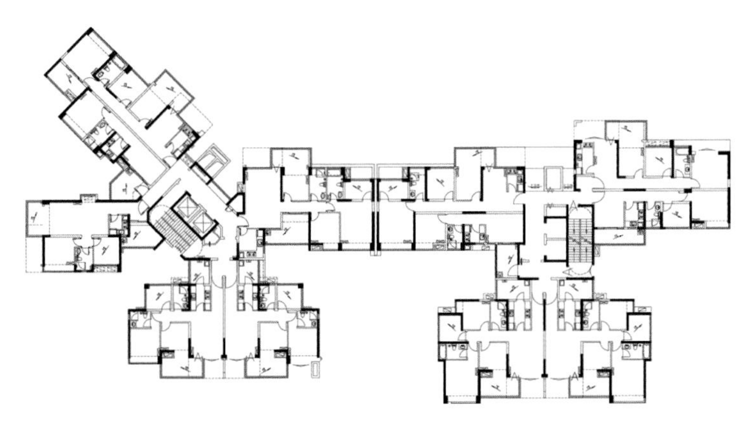
8 号楼 3~31 层（奇数层）平面图

建筑环境

以南的高层住宅及两万多平方米的商业，在总体布局上形成小区完整的平台大花园格局。同时，商业的开发也与周边物业的开发时期相匹配，使商业运营有良好的市场支撑。

二、背景故事

莱蒙水榭春天项目的建筑面积总共达70余万平方米，从2008年完成02号地一期至2013年完成六、七期，设计时间历经大约5年之久。整个项目风格现代简约，注重建筑的群体感，造型利落、配色干净，立面造型结合功能性元素塑造简洁美观的建筑形象。首先，技术创新为脱颖而出的立面创造了条件。项目在阳台的结构设计上选用了变截面上反梁的结构形式，大大削减了阳台的厚度（边缘厚度仅250毫米），使得整体造型更加轻快纤巧。第二，项目立面材料成本并不高，采用了“假幕墙”和100毫米×50毫米小面砖，精细的立面设计对把控项目的完成度和最后

建筑环境

建筑沿街立面

展示中心

展示中心近景

效果起到了非常重要的作用，一期仅仅墙身节点就出了 39 张施工图，排砖分缝设计也细致到位，确保立面效果得以实现。同时，通过将空调位等功能性构件设计在建筑侧面、后面的凹槽中等技术手段，得以保证南侧和沿街干净的立面效果。此外，由于项目场地较大并存在一定高差，如何处理及利用地形也是设计的一大难点。项目设计因地制宜，采用台地、缓坡、斜板地库等方式解决高差问题，借助高差配置了大型商业出入口和下穿通道，将居住与购物人员、商业货运垃圾通道有效分流。

楼盘建成后去化很快，实景照片甚至比效果图更加出彩。虽然项目已建成 10 余年之久，但其与周边近年的住宅比肩却鲜有岁月的痕迹，这是把控细节的设计团队和注重施工效果的业主的一次完美合作，是共同雕琢打磨出的经典作品。

深圳星河时代花园 & COCO Park

Galaxy Era Garden & COCO Park, Shenzhen

项 目 地 点	深圳市 · 龙岗区
建 筑 面 积	458 706 平方米
业 主 单 位	深圳星河房地产开发有限公司
主要设计人员	林 毅 陈日飙 钱 欣 司徒雪莹 周戈钧 刘文玉 孙 华 刘飞海 黄 伟 张 侃 严力军 肖 泰 雷世杰 沙卫全 王 腾 吴志清 李雪松 文雪新 张苏明 乔国婧 蒲 兴 刘弟辉 徐志昌
合 作 单 位	Benoy Limited(HK)（COCO Park 方案设计）
设 计 时 间	2009 年
竣 工 时 间	2012 年

深圳第一个配置 shopping mall 的大型综合高端社区

一、设计理念

本项目地块位于深圳市龙岗中心城南端，大运会主场馆东侧，容积率 1.69。项目以 18.2 万平方米大型集中商业综合体为龙头，集合 17 万平方米别墅、洋房及高层住宅以及小学幼儿园等综合配套。规划布局可归纳为“一区三带”：“一区”是指一个景观化的中心多层区；“三带”是指“公建带”“景观环带”和“高层带”。“景观环带”在中心多层区外围，通过绿化、水体、铺地，坡地分隔三个功能区，形成中心丰富的环行景观带。整个项目集合商业地产与城市豪宅为一体，已经成为龙岗区中心城首屈一指的高端社区。

星河时代是星河集数年中心区开发经验，汲取星河 · 丹堤、福田 COCO Park、星河中心、星河丽思卡尔顿酒店等多业态综合运营经验倾情打造的沉淀力作。星河时代是集临湖双拼、水岸联排、湖景叠墅、时代领墅、墅级官邸、超 10 万平方米顶级商业 COCO Park 山姆会员店、深圳实验学校星河小学和幼儿园等多种都会业态，于最珍稀的城市中心造就的时代墅级都会综合体。

二、背景故事

华艺设计跟星河一直以来都保持着良好的合作关系，星河时代便是两家单位又一次合力打造的精品代表项目。项目包含住宅部分和商业部分的 COCO Park，商业中也引进了深圳为数不多的山姆会员店。当时星河的

全景鸟瞰

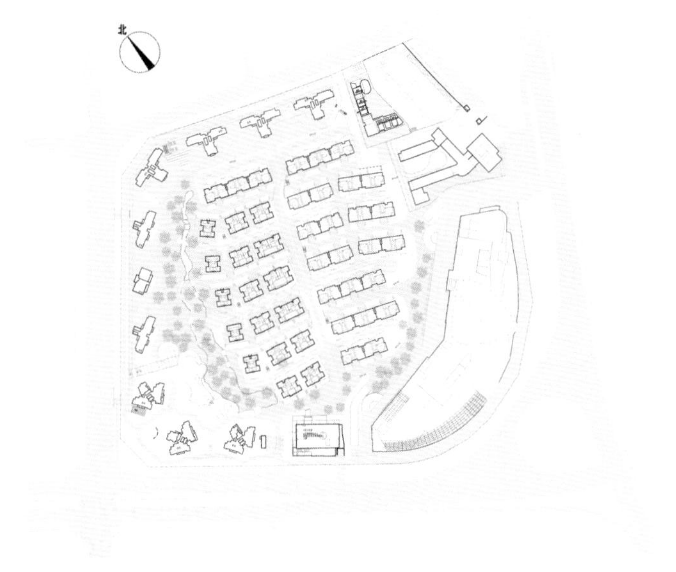

总平面图

建筑沿街立面（1）

建筑沿街立面（2）

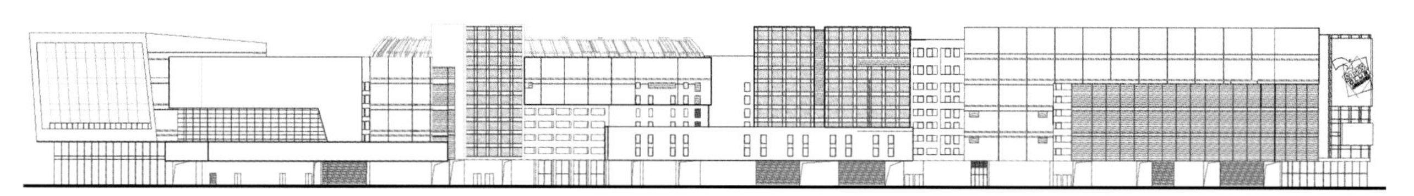
商业立面图（1）

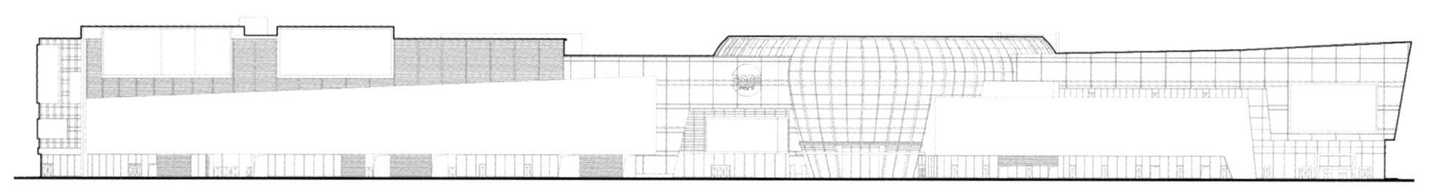
商业立面图（2）

商业主入口

商业局部

设计管理团队非常敬业，对这个项目也非常重视，在合作的过程中与华艺的设计团队发生了很多故事，有争执也有欢笑，也是通过这个项目，双方建立了更加充分的信任。华艺的商业团队在设计过程中展现了极高的专业性，对整个项目的前因后果、方案的设计、规范的运用都能轻松应对；住宅的设计团队则通过这次合作，将设计经验研发成了《地下室设计流程》规范，也开始对新入职的员工进行专业的设计培训，号称“种子计划”。在工程设计快结束的时候，业主希望地下室可以开洞，设计团队便借鉴了之前香域中央花园的做法，将地下室开洞的技术经验运用在星河时代，同时在地下室进行了绿化设计，呈现出了很好的效果。

商业外景

北川羌族自治县行政中心

Beichuan Qiang Administration Center

项 目 地 点　　绵阳市 · 北川羌族自治县新县城

建 筑 面 积　　58 856 平方米

业 主 单 位　　北川新县城指挥部

主要设计人员　　陆　强　陈日飙　付玉武　苏　涛　林　波　张毅坚　马　军　乔国婧　刘飞海　蔺炜萍　李秀明　龚　莹　王鸿宇　凌　云　雷世杰

设 计 时 间　　2009 年

竣 工 时 间　　2011 年

灾后重建的现代羌风行政办公建筑群

一、设计理念

本项目是北川新县城四套班子和直属机关组成的办公建筑群，位于四川省绵阳市新北川县城。行政中心占地约6.5 万平方米，总建筑面积约 6 万平方米，是新县城规模最大的单个项目。用地被道路分隔为南北两个地块，北地块三面环山，南北高差 20 米，建设包括 1.5 万平方米的四套班子办公楼及 1 万平方米的局级办公用房；一路之隔的南地块较平整，南临永昌河景观带，同时被中轴线上 100 米宽的城市广场景观带分隔成西区和东区，西区是 1.5 万平方米的政府垂

局部沿河道立面

局部鸟瞰

管部门和局级办公；东区北面是 1.1 万平方米的政法部门，东区南面是 1 万平方米的民生大楼以及 0.46 万平方米的档案馆。

设计团队本着的一个不变的原则就是“尊重羌文化，化繁为简，立意亲民”：总平面顺应场地高差形成院落式布局；体量上强调建筑群的整体大小搭配与和谐之美，强调亲切感；主楼体量采用分散式建筑体量，尊重地形依山而建，自然形成高低错落、具有连续性的多层级院落空间模式，错落的天际轮廓线与背后山地融为一体；舍弃偏藏式语言，考虑到历史沿革中川式民居对羌族建筑有很大的影响，羌汉式民居经常可见坡顶与木构吊脚楼与羌式碉楼的结合，在单体设计中大量采用平坡屋面结合的手法，形成具有典型羌汉式风格的造型；细部设计

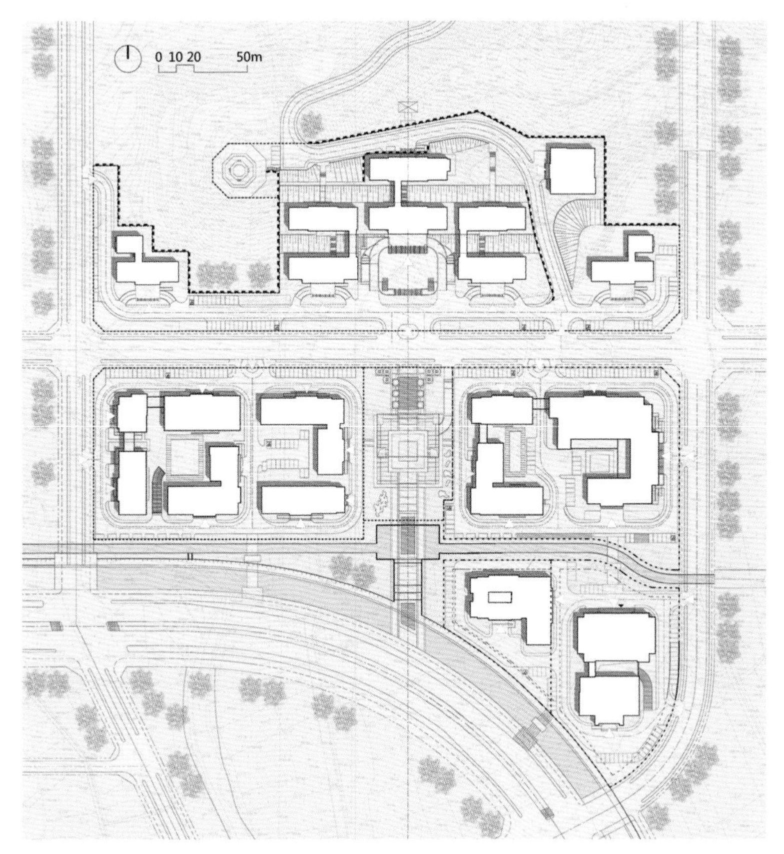

总平面图

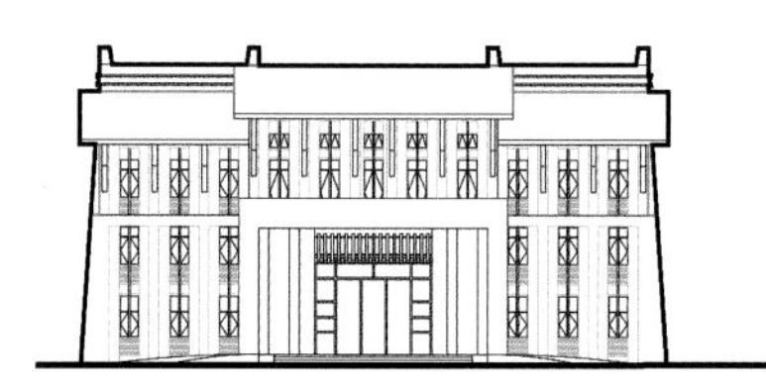

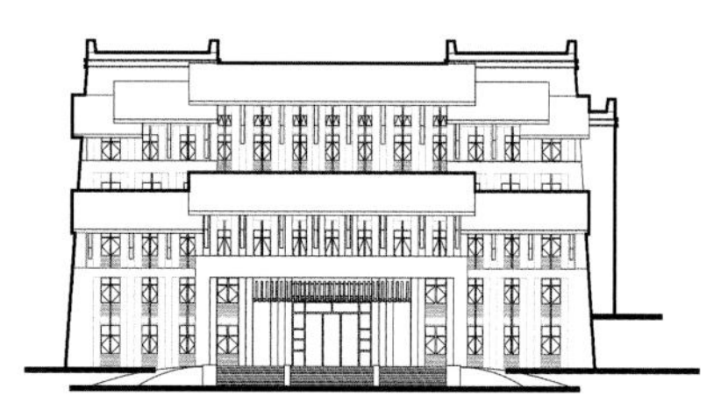

建筑立面（组图）

用现代的手法形成简朴的风格且便于快速施工。

二、背景故事

2009 年 5 月汶川地震灾后一周年之际，华艺公司积极响应报名参加北川新县城公共建筑方案全国征集竞赛中的 3 个项目，设计团队很快就赶赴北川新县城工地踏勘地形。经过若干轮头脑风暴以及各种纠结与自我否定后，设计团队最终确定了方案的群体布局和造型设计，采用现代简洁的手法让建筑从群体关系、场地关系和立面设计的处理上都体现羌文化的精髓。6 月份第一轮评标，其他对手的方案有些非常现代，有些又过于传统，华艺的方案现代感和羌风特色兼备，而且功能等技术问题解决合理，最后幸运地被评为第一名。正当设计师认为项目进展顺利的时候，由于灾后重建工作的政治重要性，中央领导同志在重建现场考察时提出：新县城的城市风貌必须高水平地体现地域特色，要求住建部和四川省政府邀请全国高

局部鸟瞰

建筑与环境

升旗仪式

项目回访（1）

项目回访（2）

建筑局部立面（1）

建筑局部立面（2）

水平专家共同协商。2009 年 10 月底，北川新县城规划建设推进协调会在绵阳市召开。会议邀请周干峙、邹德慈、张锦秋、孟兆祯、江亿、张杰 6 位院士及 31 位建筑界大师和专家，对当时正在进行中的所有建筑单体方案都进行了仔细研讨和给出具体的修改建议。针对华艺设计的行政中心项目，专家提出“原方案建筑体量偏大，过于张扬，要化整为零，增强亲民性、开放性”。其后经过近十版方案的推敲，最终修改后的定版方案基本颠覆了原方案而成为一个新的设计。最终修改后的方案得到了有关专家和县里的认可，被认为既满足了政府机关的形象要求又蕴含了羌族的文化记忆。项目在 2011 年整体竣工，10 月各机关开始迁入启用，据县里后来的反馈意见，机关干部群众等使用者普遍对功能和外观等反应良好。在《建筑新北川》一书中，中规院院长李晓江对北川羌族行政中心有这样的评价：“整体上大气庄重，不夸张、不浮华，追求羌族建筑文化的有机传承与创新，在尺度、比例、材料和色彩上精益求精。”

北大汇丰商学院

Peking University HSBC Business School

项 目 地 点　深圳市 · 南山区
建 筑 面 积　约 60 000 平方米
业 主 单 位　北京大学深圳研究生院
主要设计人员　陆 强　郭艺端　周戈钧　覃东晟　夏 熙　朱高栋　喻 强　陈石海
汪 洋　龚 莹　吴志清　杭 俊　李雪松　文建良　谢 华
设 计 时 间　2009 年
竣 工 时 间　2013 年

全球首个 LEED EBOM V3 铂金级认证、中国教育领域首个 WELL HSR 认证项目

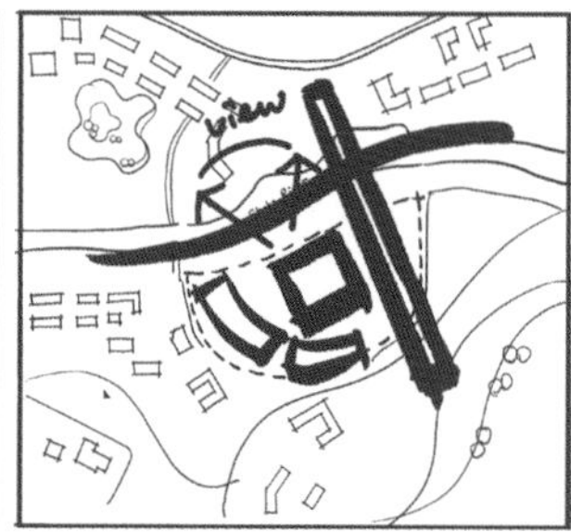

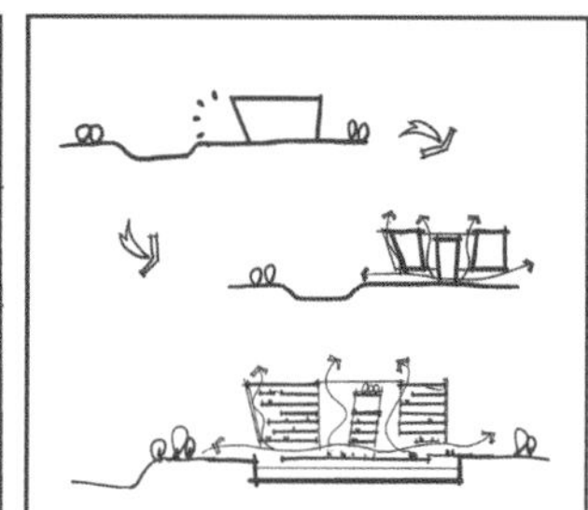
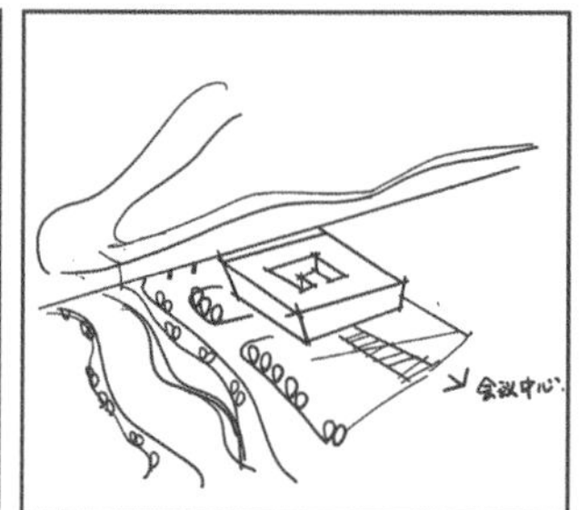

设计生成分析图

一、设计理念

在深圳塘朗山公园与西丽水库之间，沿着大沙河，北大、清华、哈工大各自独立而建，构成深圳大学城组团。本项目的用地与深圳市科技图书馆、深圳大学城会议中心就位于整个大学城的中心位置，地理空间上的中心位置赋予建筑承担区域组团的标志性作用，统领整个区域。

北京大学汇丰商学院以创世界一流商学院作为建院目标，集沉稳与严谨、热情与激情于一身。开放、交流、融合、国际、现代，与时俱进、兼容并包的教学理念贯穿始终。因此，我们提出以“大”“领袖气质”“强化交流空间”“形式国际化、内涵民族化”作为方案设计的指导理念，将所有空间整合为独立、简明、完整的体量，用通体深蓝灰色玻璃幕墙覆盖，以表现

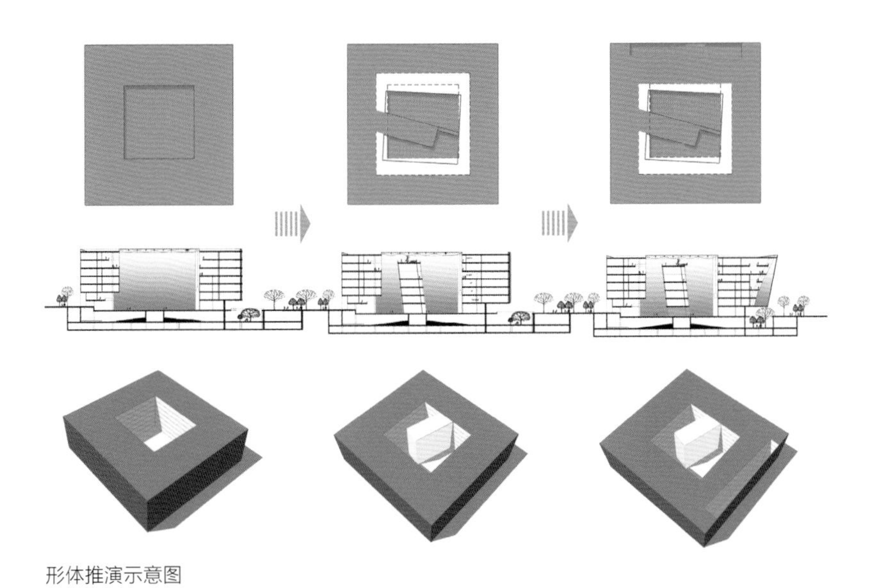

形体推演示意图

建筑局部（组图）

建筑沿街立面

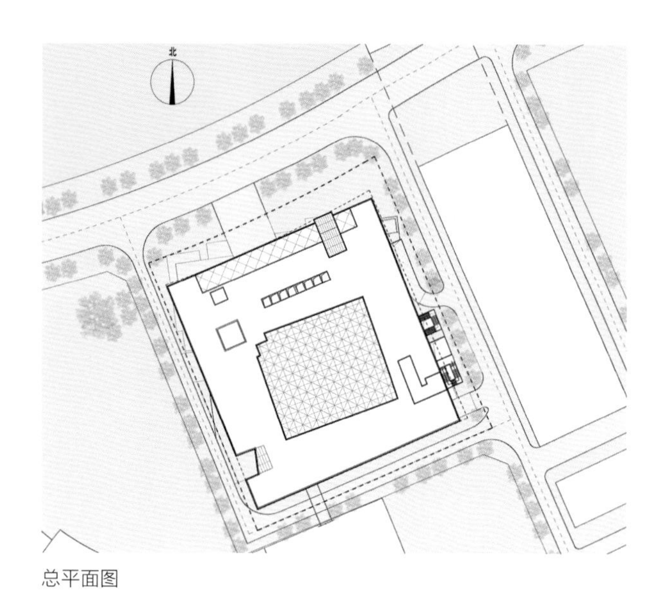

总平面图

一层平面图

其独立的个性，中庭式布局解决场所和容量条件的限制。底层架空，通风合理，增加灰空间及交流休闲场所。建筑形体向北倾斜，与大沙河产生对话，亲水亲民，打破方形的单一，创造具有地标性的动感形体。

商学院的经济、金融、管理等专业都具有注重“交流沟通”的学习共性。因此，设计的重点是如何创造交流空间，建筑应该有形态多样的交流空间来满足学生、老师的沟通需要。结合南方多雨、多晒、气候炎热的特点，室外交流平台的实用性远远不及内部中庭空间的使用率，在设计上引导教学、娱乐、交流、休憩、思考、观察等各种活动围绕中庭展开，让中庭成为充满灵魂气质的交流空间。

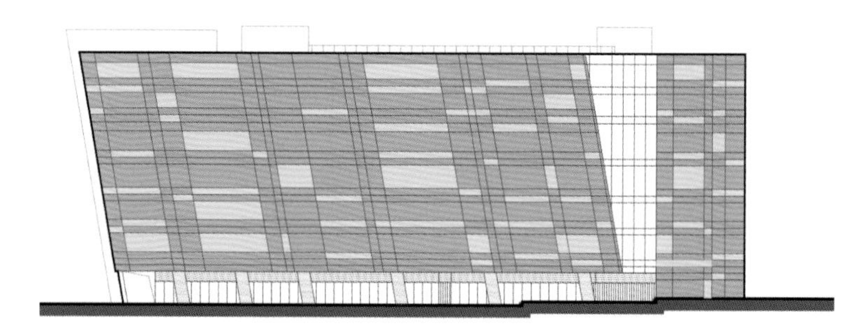
西立面图

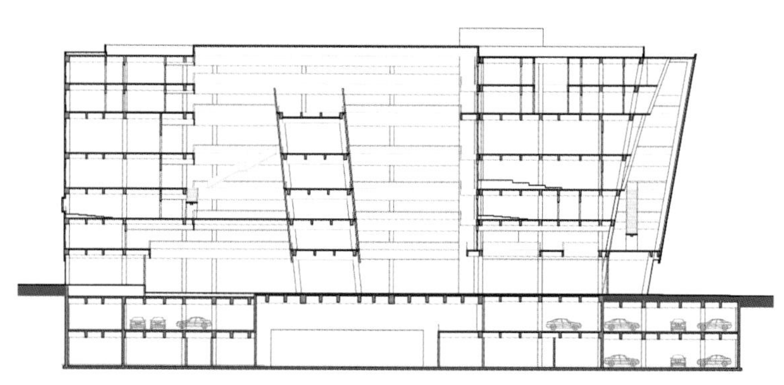
剖面图

建筑中庭

全景鸟瞰

局部立面

建筑中庭

建筑中庭（组图）

二、背景故事

项目的完成得益于北京大学副校长、北大商学院院长海闻教授鼎力相助。作为业主、管理者及主要出资方汇丰银行的独立董事，海教授与北大同人和设计、监理、施工各方努力配合，顺利地完成了项目的建设。

在厘清了设计的前提之后，应委托方的邀请，设计团队代表随行团参观考察了美国东海岸多所“常春藤大学”的商学院建筑，近距离接触和感受了如沃顿、哈佛、耶鲁、麻省理工、普林斯顿等世界一流学府商学院，为方案构思、优化、调整、落地提供了很多建设性的参考。这一建筑的整体风格是现代的，功能的设定、设备的配置是高标准的、国际化的，具备国际一流商学院必备的硬件条件。设计隐含的构成哲学却是中式的，整个建筑的呈现是中西合璧。

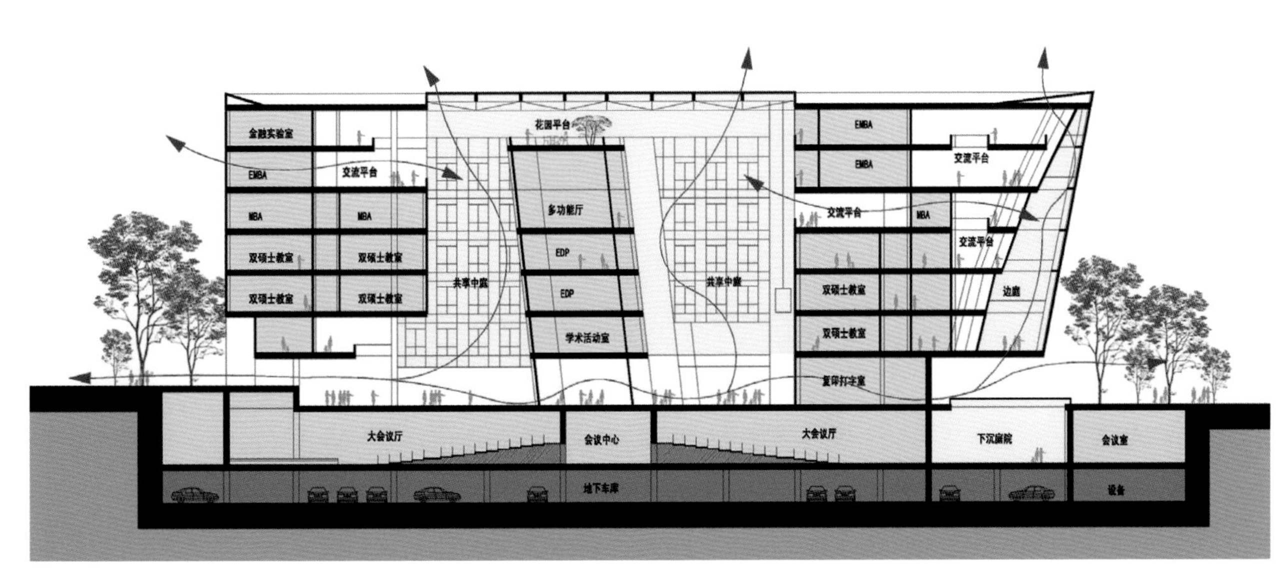

剖面分析图

三亚三美湾珺唐酒店

Juntang Hotel, Sanmei Bay, Sanya

项目地点	三亚市 · 天涯区
建筑面积	18 000 平方米
业主单位	三亚三美湾珺唐酒店
主要设计人员	陆　强　陈日飙　王　沛　陈　旭　钱　欣　赵　强　郑　敏　邵琪瑞 钱宏周　李　斌　赵文斌　龚　莹　王晓云　唐志国　庄志强
设计时间	2009 年
竣工时间	2013 年

融于山海的高端精品酒店项目

一、设计理念

三亚三美湾酒店项目总建筑面积约1.8万平方米，建筑主体高5层，集成了海景客房、会议、餐饮、康体度假四大功能，场地位于海边的一个山坳，山坳南面面海，三面环山，场地内生态植被茂盛，具备得天独厚的环境优势。建设场地位于山坳北部的平坦区域，从场地到沙滩，由北向南分为3个台地，高差40余米。“如何利用这片得天独厚的自然环境，将建筑与自然融为一体”是建筑师的首要难题。

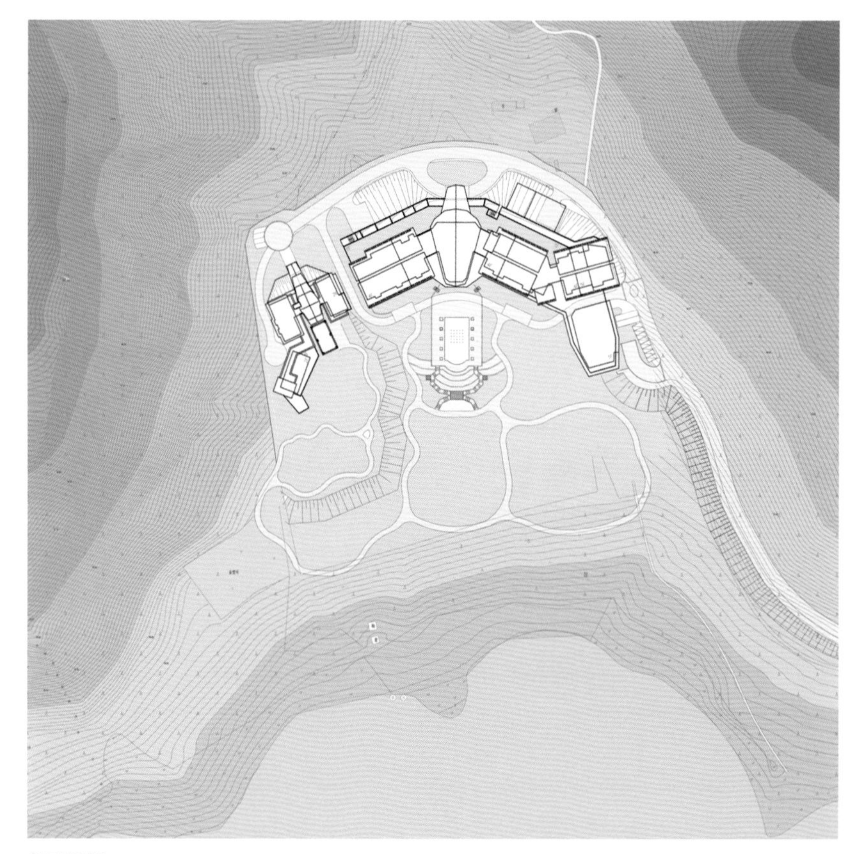

总平面图

建筑师希望庞大的建筑体量能够“藏于自然，融于山海”，使建筑群与自然环境达到最大的融合，让建筑从自然中来，到自然中去，营造融情于景的度假氛围。建筑的布局独具匠心地

建筑局部

一层平面图

采用了“一字、折线形”布局，使得南面房间全部正视海景。庞大的体量分散成若干个较小的体量，隐没于树丛中，每个建筑体量通过敞廊连接，保留了由山到海的视线通廊，形成了海风穿越的通廊。“散而不乱、合而不僵”的建筑形态，好似一只海鸟正张开双臂，拥抱自然，飞向大海，保留了山、海、建筑的亲切对话。

建筑的立面并没有刻意模仿东南亚热带建筑的符号，而是力求将现代技术与自然特点结合，提炼出新海滨建筑的特点。设计过程中，建筑师从海边、半山不同的角度反复推敲山体与建筑的轮廓，使得屋顶轮廓顺应东西山体的走势，把建筑植入环境，建立了建筑与环境“看”与“被看”的双重关系。

面海立面

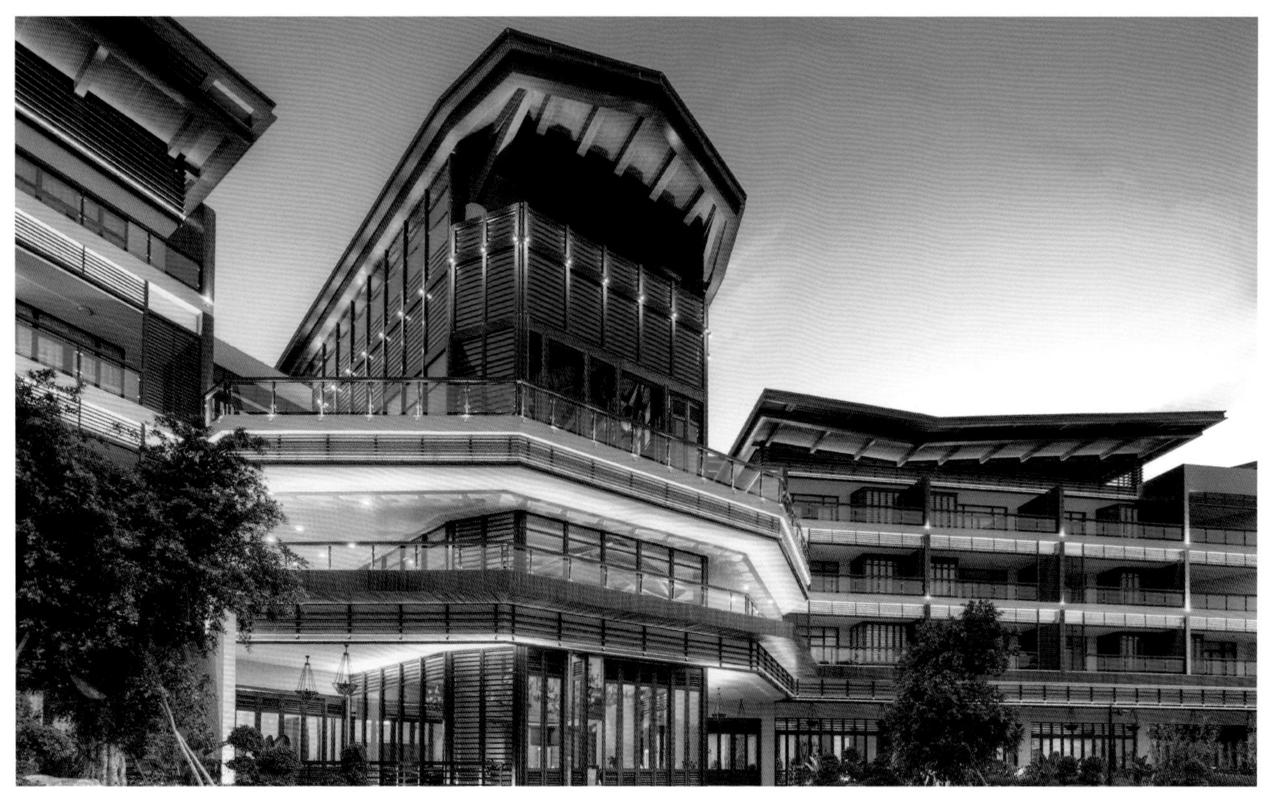
建筑外景

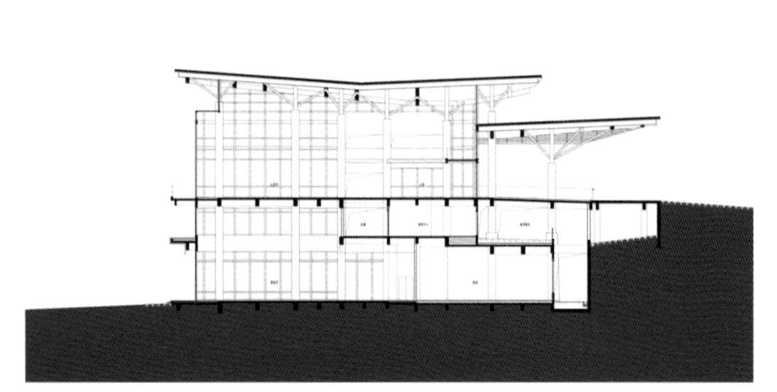

剖面图（组图）

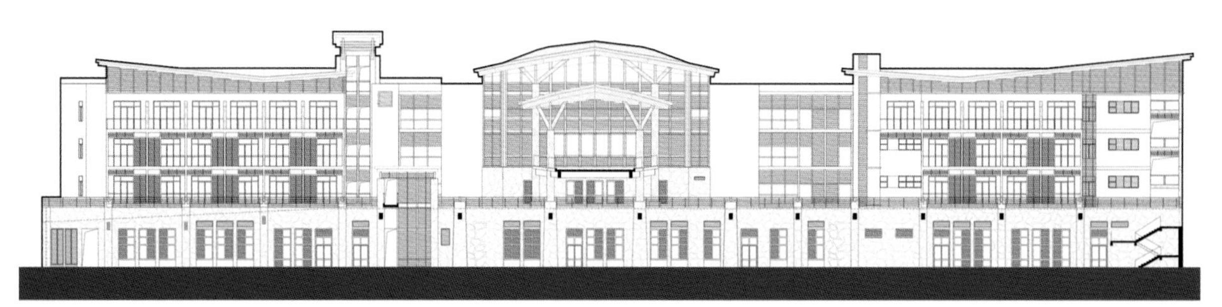
立面图

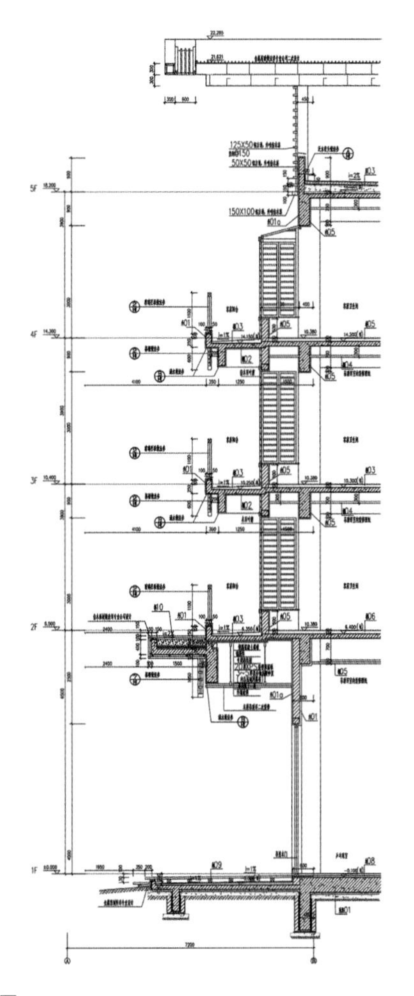

节点详图

建筑大堂

二、背景故事

历经 4 年，三亚三美湾珺唐酒店项目落成运营。若对照方案效果图和最终建成照片，会发现基本没有发生太大变化。这一高完成度首先源自设计师与方案自身的成熟设计，其次是施工图过程坚持“再设计”。“再设计”全过程借助 Sketch Up 三维模型作为辅助工具，将建筑、结构专业图纸结合建模，完成较精确的定位。这一方式便于多个专业公司协同参与建设。

这一项目是华艺设计的原创作品。项目的建筑设计并没有艰深晦涩的理论背景和标新立异的造型，建筑师用清晰的构思和简约的形式语言，完成了建筑与环境的对话，探索了热带滨海地区酒店建筑的设计新方法。

深圳大鹏半岛国家地质公园博物馆

Dapeng Peninsula National Geological Museum, Shenzhen

项目地点	深圳市·大鹏新区
建筑面积	8 123 平方米
业主单位	深圳城管局大鹏半岛管理处
主要设计人员	林 毅 黄宇奘 赵 鑫 付玉武 杨 恺 马 军 陈石海 汪 洋 雷世杰 刘连景 傅勇平 唐志国
设计时间	2009 年
竣工时间	2012 年

深圳第一个国家地质博物馆

一、设计理念

项目位于深圳市东部大鹏半岛中南部龙岗区南澳大鹏半岛国家地质公园管理范围。园内的古火山遗迹、海岸地貌和生态环境，是探索深圳地质演变发展的天然窗口和实验室，是体现深圳生态、旅游、滨海三大特征的主要载体。项目建成后，形成以博物馆为形象展示窗口，地质研究综合楼、科教教研基地为技术支持，各管理站综合布点服务的大鹏半岛地质公园接待管理平台。

在大鹏半岛地质博物馆的设计中，场地中的自然性要素和地质演变中的时间性要素构成了系统。大鹏半岛地质博物馆三面环海，七娘山以及长势良好、高覆盖率的森林植被是场地给人的第一印象，山、海、林的相互交织构成了关注的焦点，建筑的介入方式力求与环境融合，设计团队将建筑体量切分，分散化放置到基地当中，减少对环境的粗暴介入。设计通过对 U 形体量进行切割，形成多面斜切的形体关系，让建筑如同大鹏半岛的岩石

建筑局部

全景鸟瞰

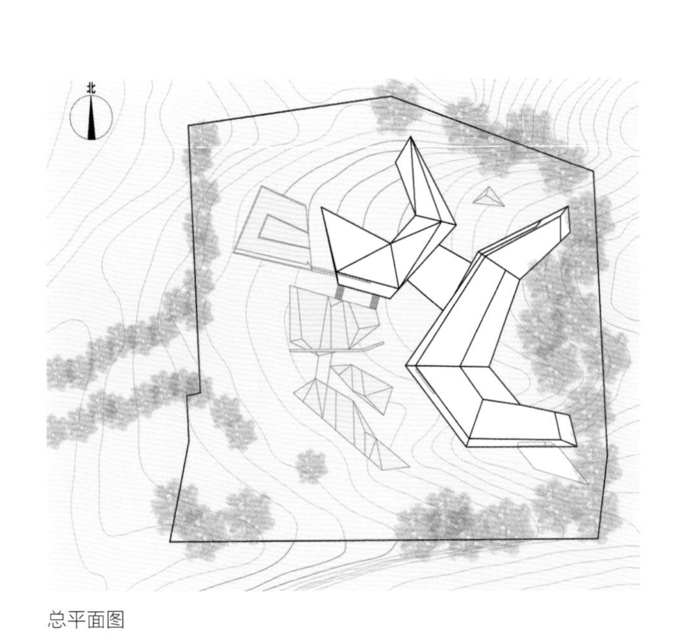

总平面图

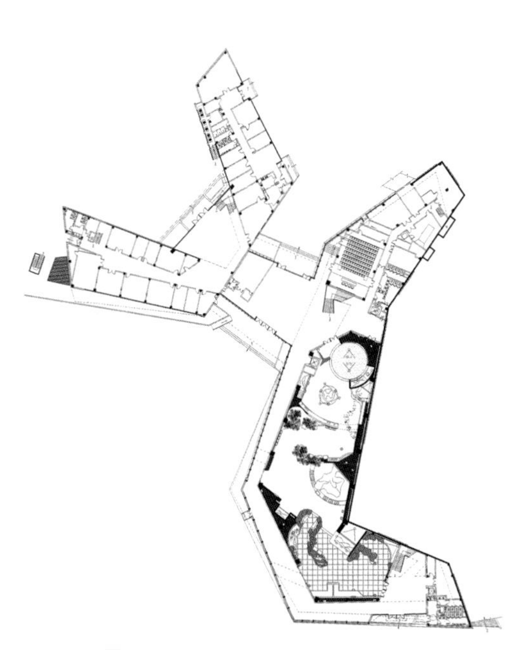

一层平面图

一样，形状自然 。建筑放置到场地中，使之有一种如同自然的力量对其进行打磨后的效果，整体造型充满雕塑感，使博物馆本身成为一种重要的地质展品，塑造“你站在桥上看风景，看风景的人站在楼上看你”的场景意境。当地火山岩喷发的岩石表面具有多孔的特征，其所带有的地质质感使天然性的多孔石材在整体上具有统一性特征，近处观看又如同刻画在石头上的一幅幅地质图案，这种差异的丰富性让建筑也自然产生了生命，持续地激发人们的感官，当地石材的地域性也让建筑更好地融合于自然环境之中。

建筑与环境

二、背景故事

深圳大鹏半岛国家地质公园位于深圳东部自然环境资源丰富的山林中，地质特色是 1.45 亿年至 1.35 亿年前晚侏罗纪到早白垩纪多次火山喷发作用形成的中生代火山地质遗迹和 2 万至 1 万年前形成的典型海岸地貌景观。整个地质公园由北林苑负责景观设计，华艺负责博物馆及配套设施的设计，LMA 则作为顾问单位，参与公园整体设计的讨论。

在博物馆的设计中，设计团队结合地形地貌及火山岩的特性设计了整个方案，建筑宛如一块置于山林中的火山岩，立面的开窗也是根据了火山岩在显微镜下的分子结构而定。前期方案的立面设计非常丰富，但由于工期原因，表皮的效果最终未能实现，这成了设计团队的一大遗憾，虽然建筑表皮只做了简化处理，但博物馆整体效果依然呈现出了设计团队的设计意图，也获得了业内的认可。

在建筑回访时，设计团队根据结构构建的设计效果，认为在南方的气候环境下，如果结构构建可以更加轻盈，则更能展现建筑的地域性与在地性，如果每个项目都能在时间充裕的设计条件下，各专业能加强协同，优化设计，定能找到建筑的最优解。

博物馆建成后成为深圳青少年教育基地，华艺公司的员工也经常带着自己的孩子到博物馆及大鹏半岛地质公园参观和学习。

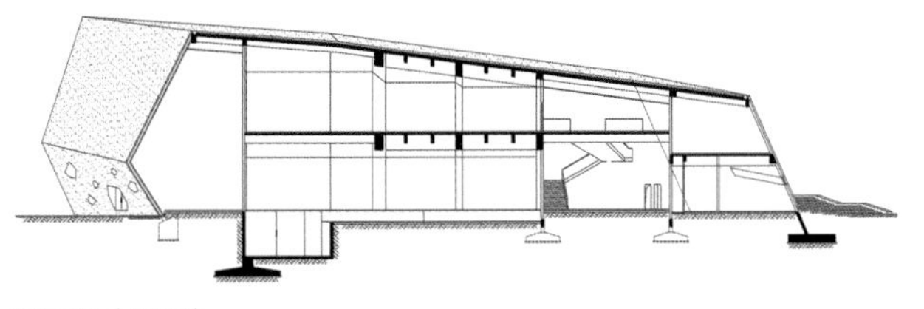

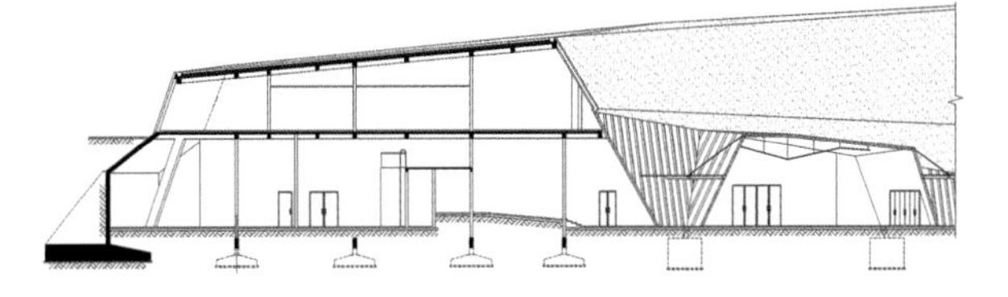

剖面图（组图）

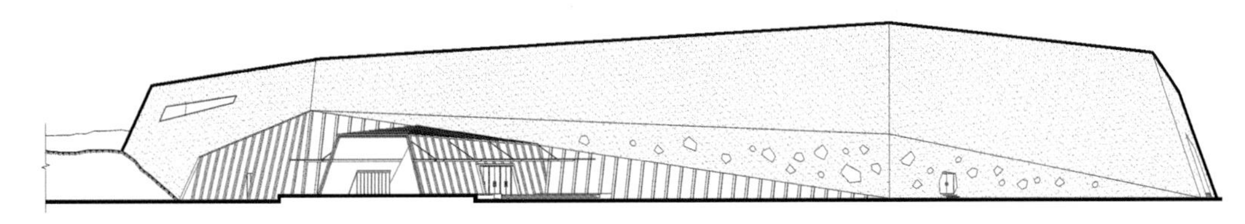

立面图

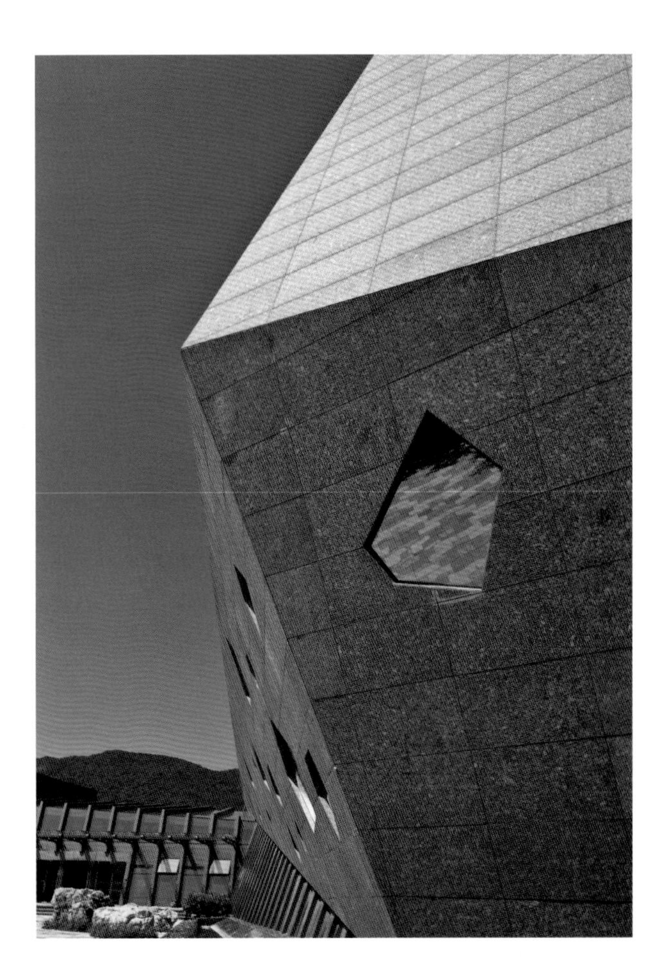

建筑局部（组图）

深圳中海油大厦

CNOOC Building, Shenzhen

项 目 地 点	深圳市 · 南山区
建 筑 面 积	250 000 平方米
建 筑 高 度	200 米
业 主 单 位	中国海洋石油总公司
主要设计人员	林 毅　黄鹤鸣　钱宏周　杨 帆　刘 俊　张 伟　李雪松　雷世杰 傅勇平　吴志清　陈石海　倪 贝　刘智忠　付金为　陈 晖
设 计 时 间	2009 年
竣 工 时 间	2016 年

深圳后海企业总部超塔标杆

一、设计理念

中海油大厦作为央企中海油南方总部的办公基地，坐落于深圳市南山后海中心区。项目由南北两块用地组成，方案采用 200 米的双塔布局，南北对称布置于基地内，有机融入城市发展肌理之中。双塔形象遥相呼应，增强了大厦的形象记忆，凸显了企业总部形象。塔楼采用六边形，兼顾城市多视角的标志性，也可避免塔楼自身的视线干扰，保证了办公区景观视野的通达性。大厦裙房将南北两座塔楼连为一体，通过大跨设计，建筑横跨中部城市道路，形成底部建筑形象的中心感。在功能及空间上，将公共共享功能布置于裙房，配备了员工餐厅、会议中心和企业文化展厅，两座塔楼

建筑外景

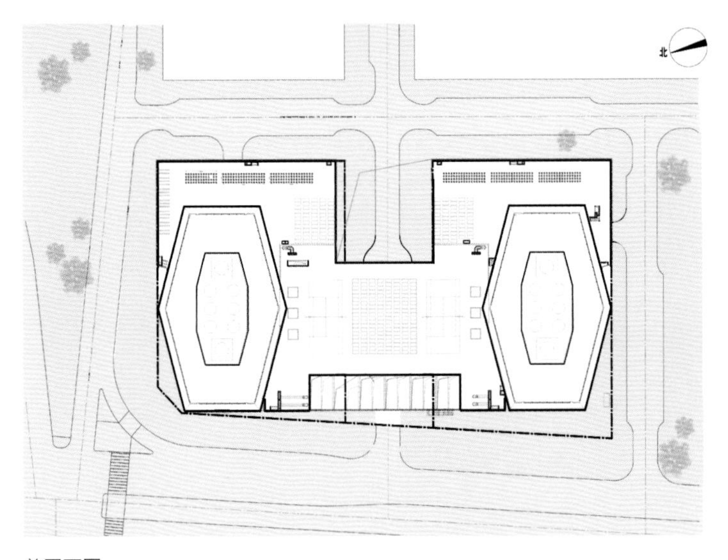

总平面图

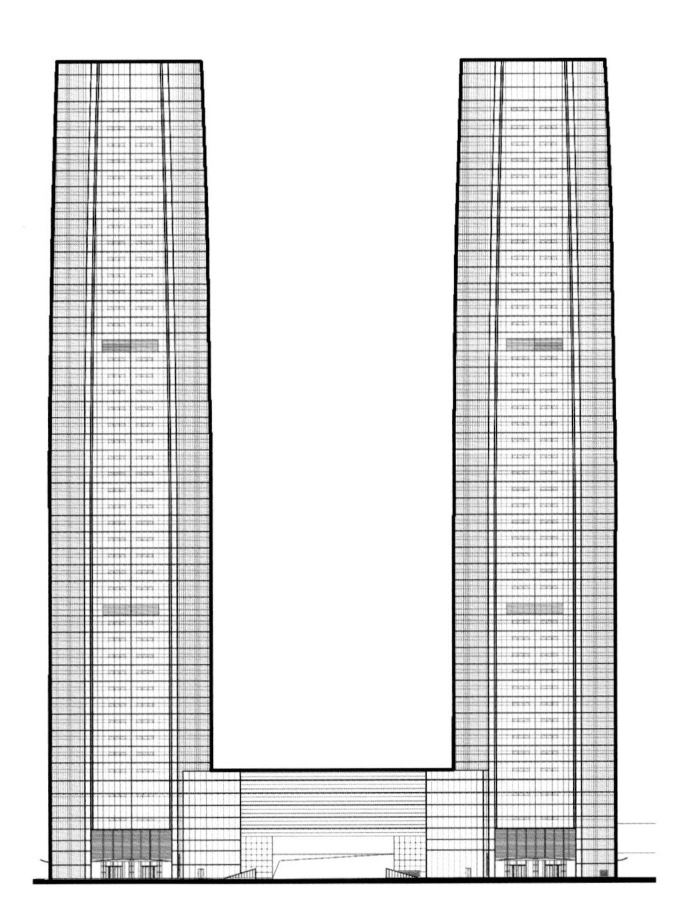

立面图

通过裙房相连，使员工在此开展更多的交流活动。共享楼层中引入大小不等的庭院及采光中庭，提升了裙房楼层的内部品质感，同时也将自然光引入底部架空层。大厦的落成标志着中海油这座满载荣誉与辉煌成绩的企业巨轮全新起航，成为深圳后海湾区的新标杆。

二、背景故事

中海油大厦是一个涵盖办公、商业于一体的一项超高层综合体项目。项目虽然涵盖两个地块，但是对于这样庞大体量的建筑来说，用地还是有些紧张，尤其对于地下室的设计来说。当时甲方对地下室控制得比较严格，为了让地下室的使用感更佳，设计团队不断调整地下室流线、排布车位的方式，一点一点研究地下平面图纸，不断优化地下的设计指标，以例会的形式每周与甲方沟通、调整设计，最后方案终于得到甲方的通过与认可。因为当年的后海还没那么多建筑，所以华艺设计团队也是将这个建筑当作新地标进行了设计，倾注了非常多的心血，遇到了很多困难，也接受了很多挑战。项目建成后也得到了各界比较好的反响，在一段时间内这栋建筑也确实成为深圳后海湾区的新标杆。

沿街立面

架空空间

内庭仰视

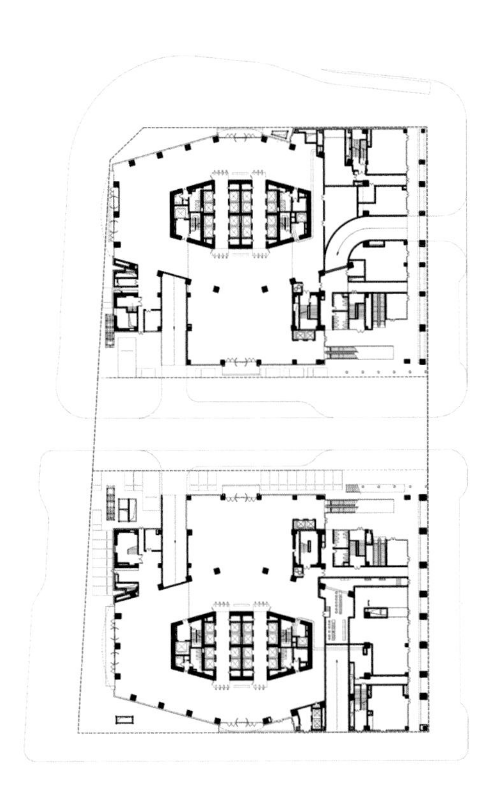

一层平面图

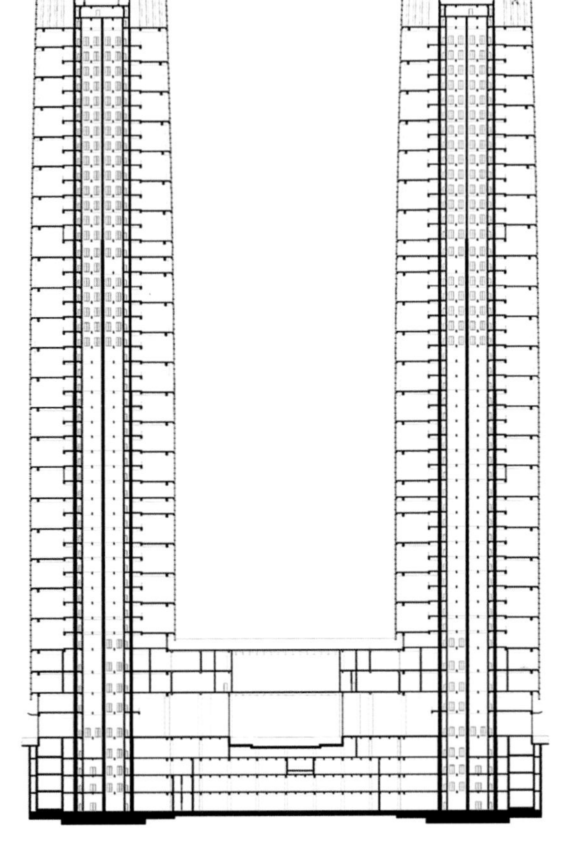

剖面图

珠海富华里中心

Fuhuali Center, Zhuhai

项 目 地 点　珠海市 · 香洲区
建 筑 面 积　328 989 平方米
建 筑 高 度　200 米
业 主 单 位　珠海市永福通房地产开发有限公司
主要设计人员　陆 强　李冬冰　郑棣升　陈明涛　钱宏周　汪 洋　卢文汀　傅勇平　王国明
倪 贝　陈石海　张 浩　罗明荣　彭 颖　罗惠强　陈 晖
合 作 单 位　巴马丹拿集团国际有限公司（香港）（商业街方案及初步设计）
设 计 时 间　2009 年
竣 工 时 间　2016 年

都市开放式商业街区经典之作

一、设计理念

项目本着“和谐共生，以人为本”的设计思路，着力打造以具有珠海地域特色的风情街为主导，以办公楼为标志的新型复合物业，给珠海市带来一种全新的商业、办公、居住的生活模式。其规划特点是把高层建筑分别沿用地的东边、南边、西边布置，其中地块东边布置两栋超高层办公楼，南边布置住宅，西边布置超四星级酒店；商业则主要沿用地北面及中心布置，从北面和西面向城市开放，高层建筑作为商业空间的背景，对商业街呈现拥抱的姿态。商业街的北侧和西侧空间打开，让城市空间与商业空间互相渗透，为城市居民提供宜人的商业环境。两栋超高层办公塔楼，在九州形成城市地标，立面造型简约现代，和精巧的细节完美结合，创造出优雅的外形，以沉稳内敛的气质和城市关系相协调。建筑表皮在两种不同的肌理中产生多种界面；商业部分采用型材、玻璃等现代建材加强重点部分选材和细节处理，精致且时尚。

二、背景故事

富华里是中海地产集团打造的综合体品牌，也是珠海首个“三旧”改造项目。这个项目由华艺设计及国际设计公司共同设计完成，其中巴马丹拿集团国际有限公司（香港）主要负责项目的商业部分的方案设计，华艺则负责整体规划、商业初设、施工图及酒店和办公楼的全过程设计。在项目的设计过程中，华艺设计团队理解了城市运

全景鸟瞰

商业街景

建筑与景观

营型商业的定位及理念对商业综合体项目的重要性，明晰了自己的设计优势。比如总图优化中，弱化后勤人流与车流对项目的影响，又如在细节处理方面，在处理水管、地下出地面的风井对建筑立面的影响这一问题上，华艺尝试了多种可能性，最终取得较好的结果，也得到了甲方的肯定。当然，在项目回顾过程中，设计团队也给自己提出了更高的要求，认为办公楼的设计可以进行更加大胆的尝试，在造型方面还有可优化的空间，提升富华里这一综合体的地标性。

总平面图

商业街景（组图）

商业街景（组图）

深圳有线枢纽大厦

Youxian Hub Building, Shenzhen

项目地点	深圳市·福田区
建筑面积	45 364 平方米
业主单位	深圳广播电影电视集团
主要设计人员	林 毅 邹宇正 解 准 刘宏科 范 畴 梁莉军 张 浩 曾德光 谢 华 陈 露 李雪松 高 龙 刘连景 马腾跃
设计时间	2010 年
竣工时间	2017 年

创新型高层总部办公楼

一、设计理念

项目位于深圳市福田区彩田路西侧、莲花支路南侧，是深圳广电集团和天威视讯的办公场所。基地周边东北、东南和西南三个方向均为城市公园，景观资源极佳。建筑设计通过引入数码组合的概念，体现数字时代的特征和企业文化与精髓，让建筑成为时代特征、企业文化的集合体。由于项目用地紧张，空间局促，设计采用底层架空的方式来有效地缓解场地拥挤所带来的压迫感。架空区域结合阶梯状的景观处理，不仅消化了基地东西两侧的高差，使空间更为流畅通透，更为人们提供了一个交往、停留、信息交互的场所。建筑内部设计从使用空间的舒适性出发，中心区域创造一个纯粹开敞的办公区，并在对角方向的

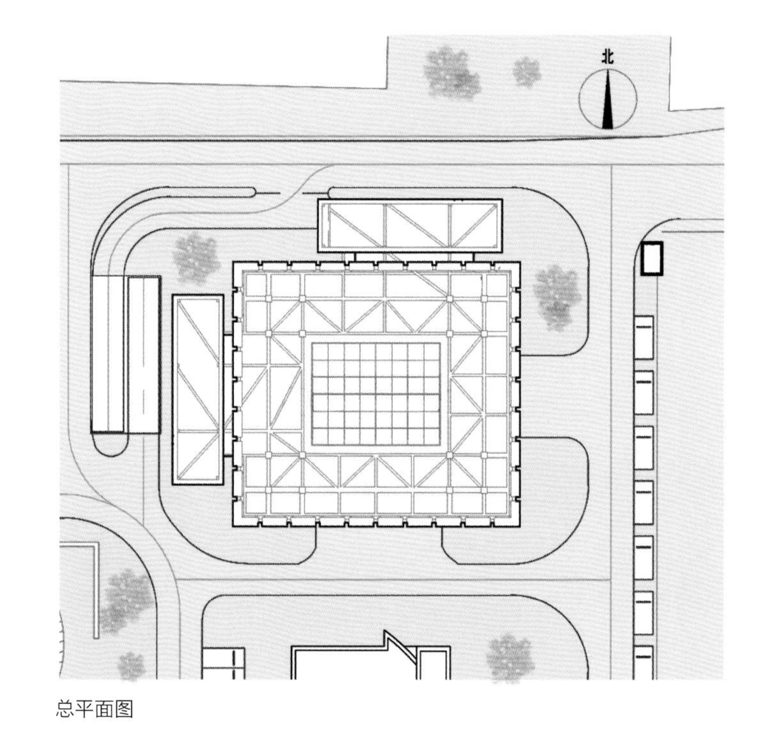

总平面图

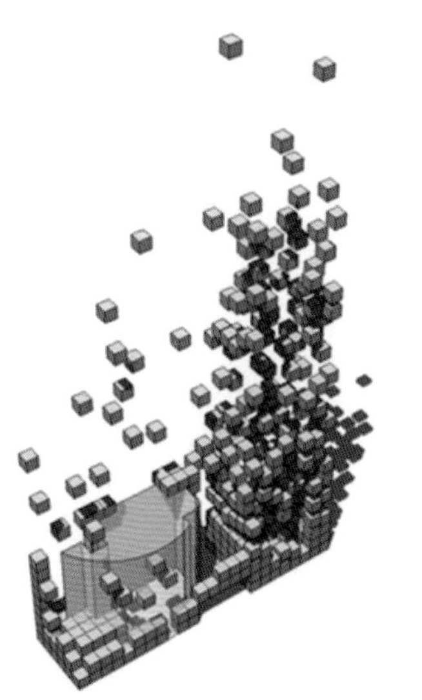

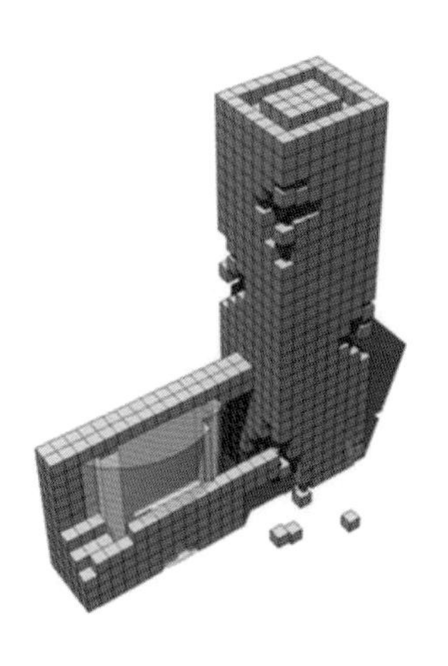

立面推演示意图

立面局部图

交通核内布置其他辅助空间。纯粹的大空间办公模式，不仅拉近了人与人之间的联系，使信息的传递更加便捷高效，还保证了办公空间的灵活性。建筑立面设计运用标准化立方体堆砌的方式，如同数码组合一般简单而富有变化，盒子与盒子之间的抽空形成了趣味空间，成为建筑内部与外界信息沟通的窗口。深圳有线枢纽大厦光洁、现代，具有极强的可识别性，建筑暗合着数字信号的特征，流动、延伸、蔓延至基地周边。建筑形体在自然光的照射下，实与虚、光与影，显示出无穷的变化，绽放出独特的魅力。

二、背景故事

这是一个投标项目。最早业主的想法是把新建的办公楼和原有较矮的技术楼在造型上进行整合。而原有的技术楼是汤桦建筑事务所的作品，展现出大师在方形和弧面相结合的立体构成手法。新旧建筑之间如何产生对话，是设计团队面临的一大挑战。最后，设计团队运用了数码魔方这种可以自由生长的元素包裹了原有技术楼的方形体量，并通过空中连桥实现了与新建办公楼的连接，使两个建筑成为一组有机的整体。可惜的是，后来因为经费的原因，甲方放弃了这样的想法，仅仅建造了新的办公楼，而没有将数码魔方向外延伸。也许未来有一天，当老楼面临外立面更新的时候，原本设计的设想还能继续得到实施。

设计团队最初采用了钢结构的设计，气候在初步设计概算中发现钢结构的造价是普通钢筋混凝土结构造价的两倍，因此对结构体系进行了调整，并且在办公的大空间中增加了结构柱。

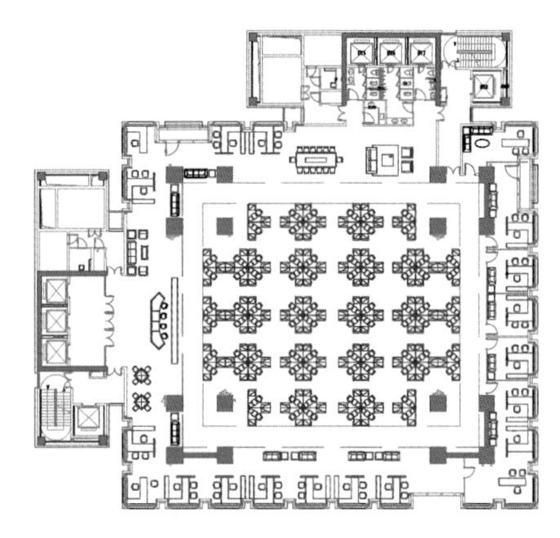
八层平面图

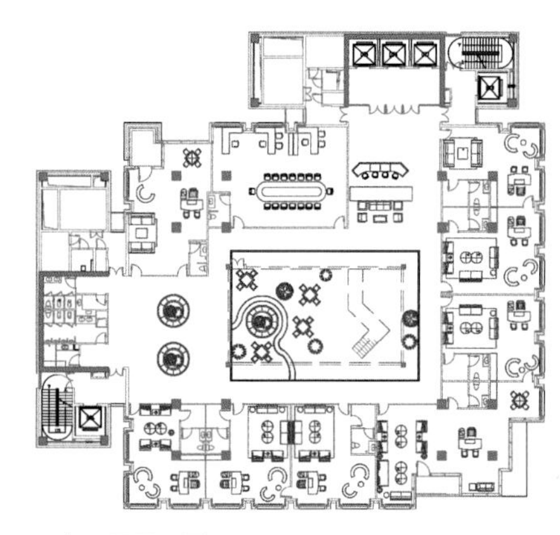
二十二层平面图

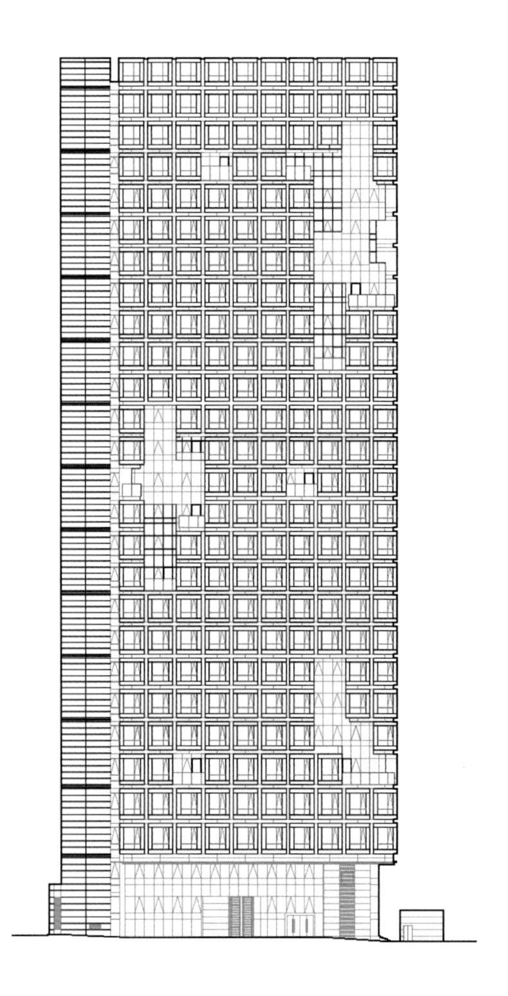
立面图

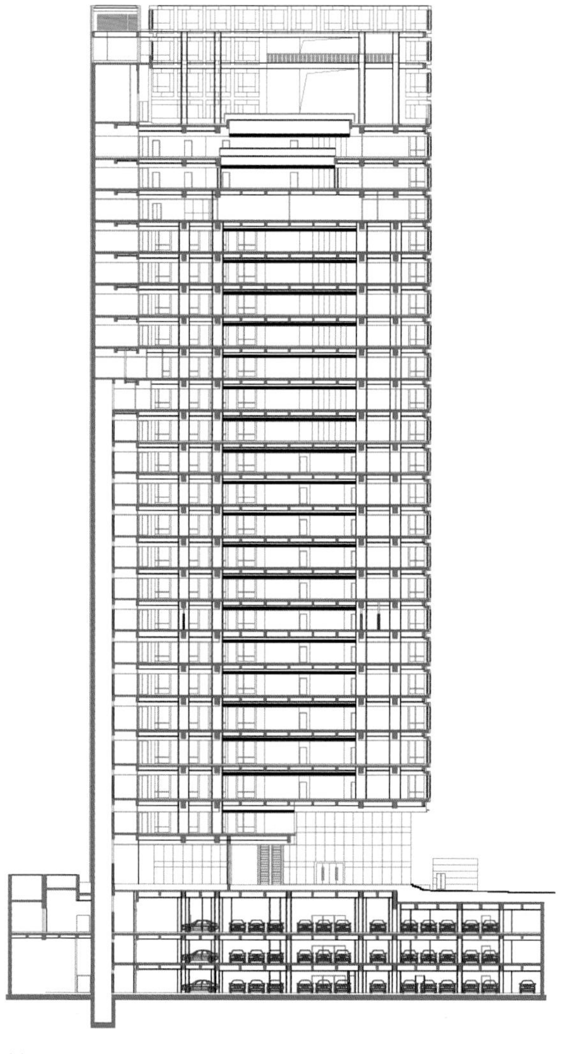
剖面图

建筑沿街立面

江西武宁三馆

Third Museum of Wuning, Jiangxi

项 目 地 点	九江市 · 武宁县
建 筑 面 积	37 324 平方米
业 主 单 位	武宁县城乡规划局
主要设计人员	陈日飙 侯 菲 孙 华 陈艳芬 赵 鑫 邓一梅 程 玲 陈孙宝 常毅敏 曾文兵 谢 莉 杨芳泉 谢 华 沙卫全 凌 云
设 计 时 间	2010 年
竣 工 时 间	2012 年

华艺第一个剧场博览文化综合体

一、设计理念

项目位于江西省九江市武宁县，武宁县历史悠久、人文荟萃、资源丰沛、物产富饶。其境内浩瀚百里、绿岛如莲，有被誉为“江西万岛湖”和“庐山西海”的生态柘林湖；有峰峦叠翠、沟壑流泉、悬崖怪石的武陵岩森林公园；有“江南地下水晶宫、亚洲水路最长的天然溶洞”的鲁溪洞等风景名胜，旅游行业逐渐发展起来。武宁县近年来的城市建设步伐迅猛，城市建设日新月异，城市发展结合山水园林、旅游城市、养生城市的定位形成了自身独特的生态城市特色。武宁三馆作为武宁城市发展的重要展示建筑，是武宁的标志性名片，对外形象展示的重要窗口。方案设计将三馆整合设计，3 个分馆可独立管理，东侧布置剧院，西侧布置规划展览馆，南侧布置博物馆，三馆通过中心庭院广场连接，形成“一核三空间”的空间序列。整个中心广场通过 3 个大开口直接连接城市干道，同时在建筑外围形成了 3 个分馆独立的小广场。 方案强调建筑标志性作用，展示城市新形象。按照现代设计要求，建筑方案、道路交通、绿化景观、公共设施、市政设施均按高标准设计，使之能适应城市建设不断发展的需要，体现时代特征，并融合地域文化，体现人文关怀，展现地域旅游文化特色。华艺统筹设计、合理利用、挖掘经济运营价值，遵循生态设计，提倡生态设计，体现节能环保意识。

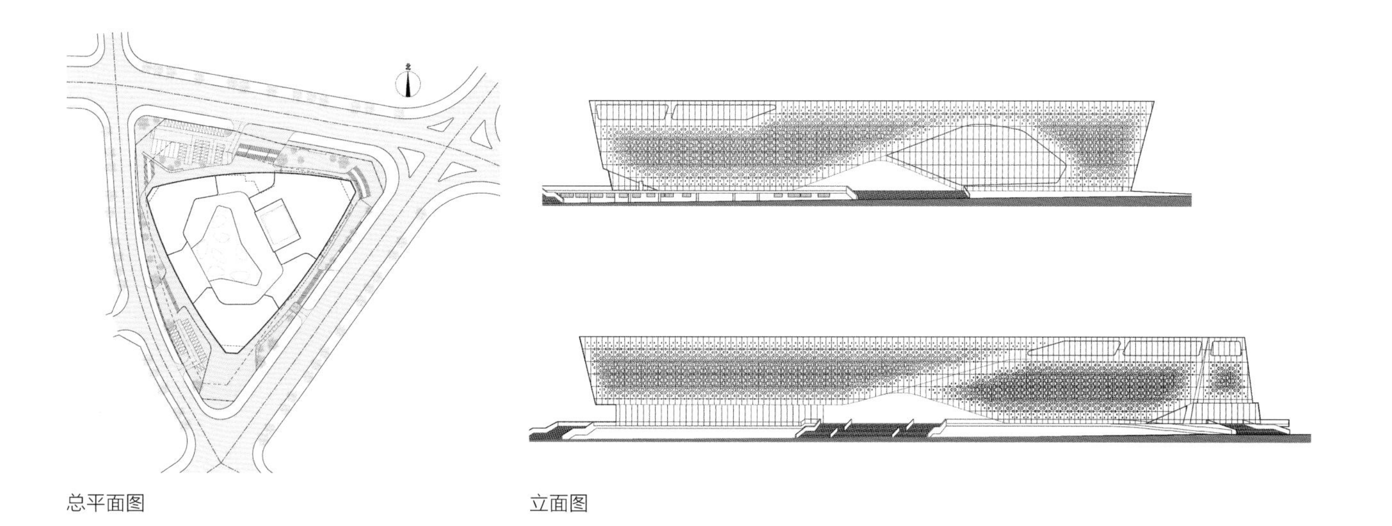

总平面图

立面图

建筑外景

建筑与环境

全景鸟瞰

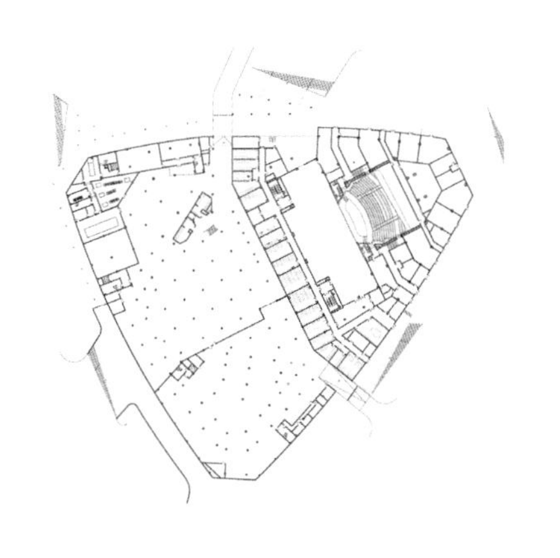

一层平面图

二层平面图

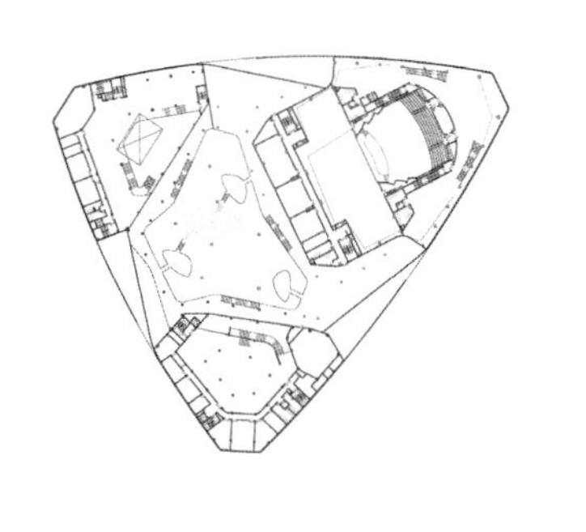

三层平面图

二、背景故事

武宁三馆是江西省武宁市政府开发建设的项目。武宁旅游资源丰富，而该项目是城市扩展新城区的重要建筑节点。项目将规划馆、博物馆、剧院三馆功能整合为一，体量较大，其中剧院设置 1 000 个座位，为国内较大规模的剧院，承接本市和周边城市的重要会议及演出。由于剧院的规模较大，声学要求高，需要复杂的声光电等舞台设备支持。华艺作为项目设计总包，组织业主参观了供应商工厂的现代化舞台系统（如机械升降舞台、中央控制系统、声光电等舞台设备），并走访了国家大剧院、上海规划展览馆、浙江规划展览馆、湖州大剧院等项目，充分介绍与分析了这些优秀项目的特点与难点，业主对我们公司的专业能力给予了高度赞扬和肯定。项目落成后因其造型独特、功能完善，周边地区的参观者络绎不绝，来访者对于外观和使用效果都给出很好的评价。但项目也留下来一个小小的遗憾——白色铝板幕墙，由于项目设计建成时间较早，当时所用的白色铝板材料很难清洁，如果能用上近几年市场新出现的高科技自清洁型材料，效果可能会更好。

建筑局部

深圳湾科技生态园四区

District 4 of Shenzhen Bay Science and Technology Ecological Park

项目地点	深圳市 · 南山区
建筑面积	404 543 平方米
建筑高度	249.95 米（A 座）、235.90 米（B 座）
业主单位	深圳市投资控股有限公司
主要设计人员	陆　强　黄宇奘　万慧茹　宋云岚　杨　帆　孙永锋　乔国婧　张雯燕　丁　通　曲　鹏　梁莉军　傅勇平　李雪松　雷世杰　江　龙　李鑫荣　王国明　刘智忠　文雪新　高　龙
合作单位	Tate Snyder Kimsey Architects Ltd.(TSK)（投标合作）
设计时间	2011 年
竣工时间	2018 年

创新科技园超塔标杆

一、设计理念

本项目位于深圳市南山区高新技术产业园区南区，作为 2011 年深圳市政府重点打造的“国际一流高科技企业总部服务平台”——深圳湾科技生态园区标杆项目，由两栋超高层塔楼和多层裙房组成；是一座集办公、酒店、商业、会议中心等复合功能的都市综合体。项目以“绿之舞步”为设计原点，通过塔楼上下形体微妙错动，与裙房形成自然连续的有机整体，建筑造型一气呵成，犹如踏歌而来的探戈舞者，迈出灵动的步伐，奏响了飞扬激昂的城市旋律。立面表皮采用模数化幕墙单元，通过微妙的收分处理，形如风中起舞的百褶裙，与舞动的建筑形体相得益彰，为城市带来优雅

入口悬挑空间

有活力的视觉感受。裙房通过引入生态中庭，巧妙化解大体量建筑通风、采光的不利因素；西北角 35 米大幅度架空悬挑处理，勾勒出建筑群鲜明大气的主入口形象；与城市空间积极对话，创造出引人入胜的标志性城市空间新体验。

中庭仰视

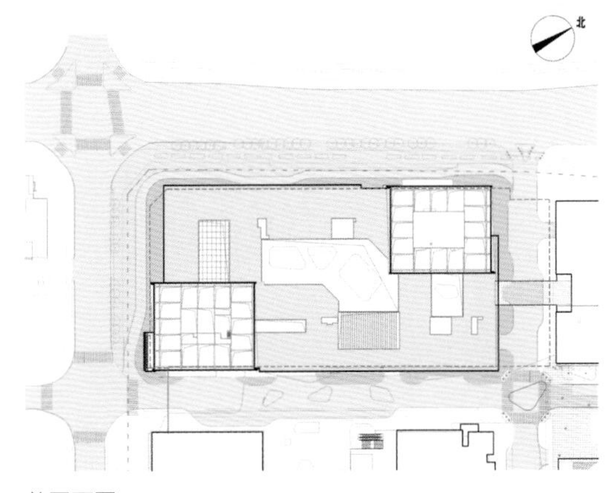

总平面图

建筑鸟瞰

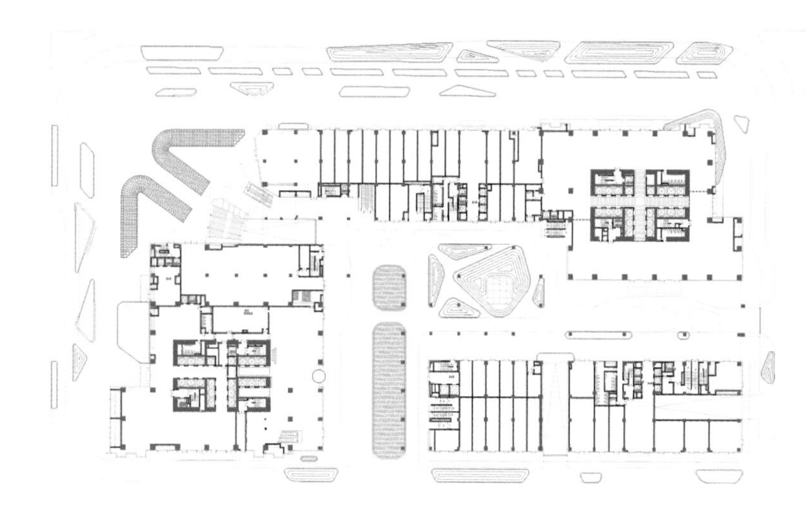

一层平面图

二、背景故事

深圳湾科技生态园四区项目经历了两次投标，第一次由华艺设计联合TSK 共同完成了投标方案，遗憾的是，方案未被选中。其后，业主单位组织二次投标，虽无标底，但华艺设计团队依然坚定地独自参与了二次投标，并在此次投标中获得前三，其后经历了各种方案汇报，最终被选定为中标方案。项目的中标正是设计团队坚持匠心精神，对设计不懈追求与努力的回报。

后来，华艺公司更是在机缘巧合下将办公地址搬到了项目对面，设计团队便每日站在窗前，看着项目一点点拔地而起，日新月异。如今项目的落成，标志着深圳湾科技生态园蓄势待发，扬帆起航。同时也见证了 35 年华艺在深圳的又一力作，书写着华艺人在这片热土上不断追寻的赤子情怀。项目从设计到落成经历 7 年之久，承载了无数建设工作者和华艺设计师们的辛勤付出。

入口悬挑空间

COURTYARD

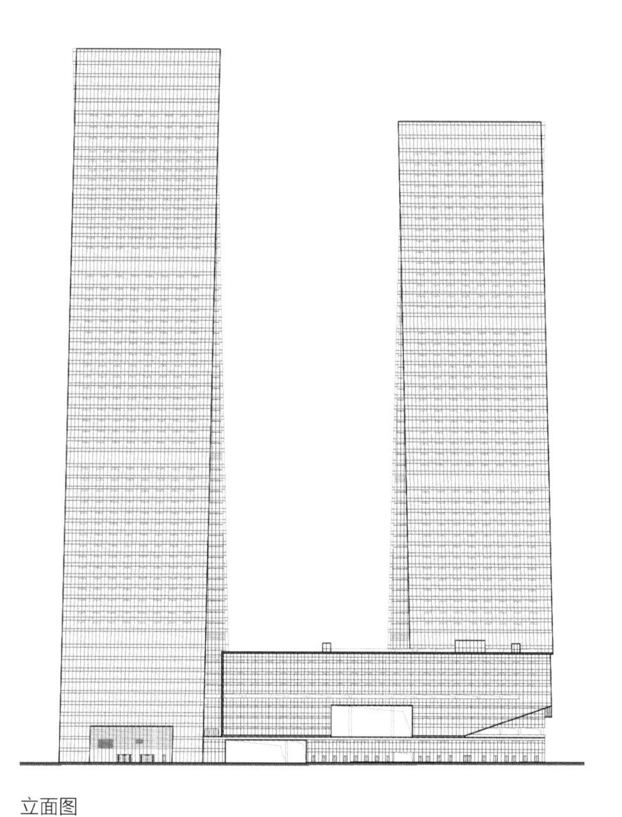

立面图

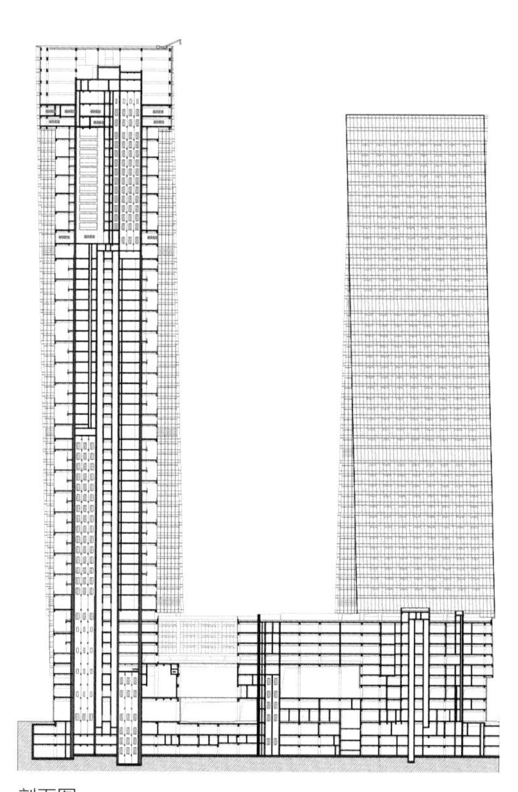

剖面图

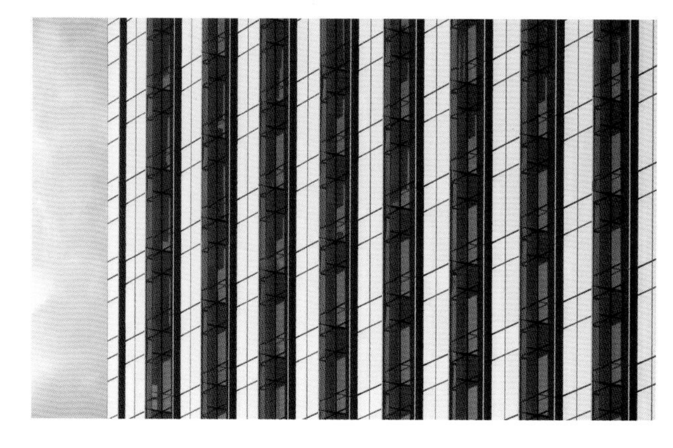

立面构造局部（组图）

建筑仰视

建筑局部

建筑夜景

华艺设计团队施工现场合影

建设过程图

广州南沙星河丹堤花园一期

Phase I of Xinghe Dandi, Nansha District, Guangzhou

项目地点	广州市 · 南沙区
建筑面积	413 971 平方米
业主单位	星河集团
主要设计人员	钱 欣 黄 伟 韦五湖 张 侃 林 波 张晓英 彭建虹 敖 翔 刘婷婷 常毅敏 陈慧贤 李瑞杰 龚 莹 吴志清 贺子丹
设计时间	2011 年
竣工时间	2013 年

大型山地高端居住社区

一、设计理念

广州南沙星河丹堤花园项目位于南沙区中部，黄山鲁森林公园东侧，南面临近虎门高速，东面是沟通东莞方向的虎门大桥。用地周边为丘陵山地，植被茂盛，中部凹地为流水井水库，北部有一条市政道路（登山路）横穿用地，东部分别有 110 kV 高压线及 220 kV 高压线南北向穿越用地。小区用地性质为住宅，为高层、多层及低层住宅产品相结合的混合社区，项目采用分区建设，工程分为会所、幼儿园、A1–G4 共 15 个分区。本工程为山地住宅项目。在总图布局方面，通过合理的高差及高度处理，在不影响森林公园的前提下，依山就势，打造一个舒适、宜居的生活空间。同时，富于文化品位及浪漫气息的外立面，同周围优美的自然景观相映生辉。住宅户

别墅区鸟瞰（组图）

全景鸟瞰

型方正、实用，探求住宅设计的精髓，追求“返璞归真”，摒弃复杂的设计手法，以恰当的空间尺度、合理的区域划分以及层次分明的流线组织，给住户带来尊贵、稳重、大气的居住感受。立面造型设计方面，根据南沙当地特点，采用大挑檐坡屋面，整体造型比例和谐恰当，立面线条的运用，通过光影及材质变化传达出浓厚的文化品位及浪漫气息。以红色与黄色为主体色调，辅以白色和灰色加以装饰，明朗而不失尊贵，使之成为南沙一道亮丽风景。

二、背景故事

2010 年，深圳市星河房地产开发有限公司计划在广州市南沙区黄山鲁森林公园中开发一个以居住、度假和休闲为主题功能的低密度高端住

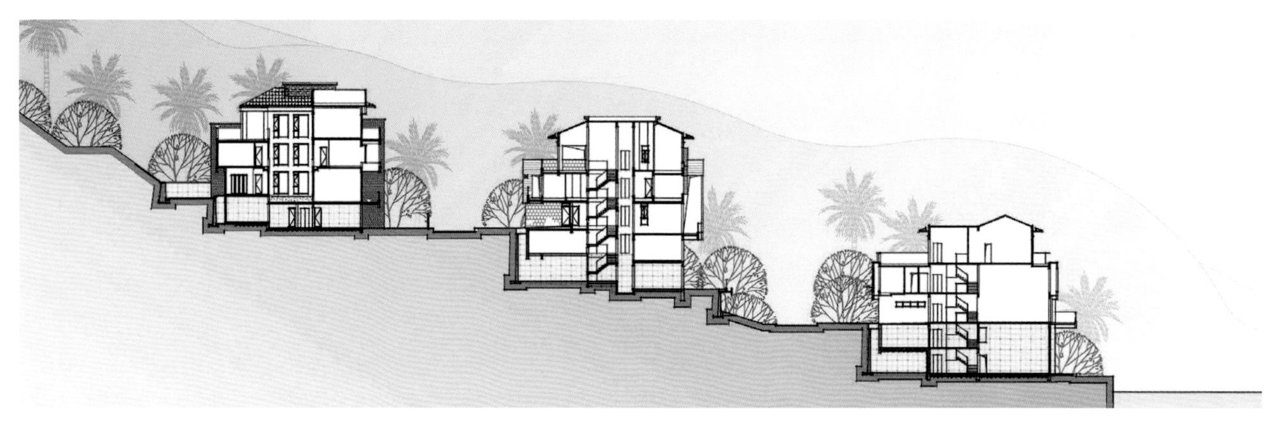
剖面分析图

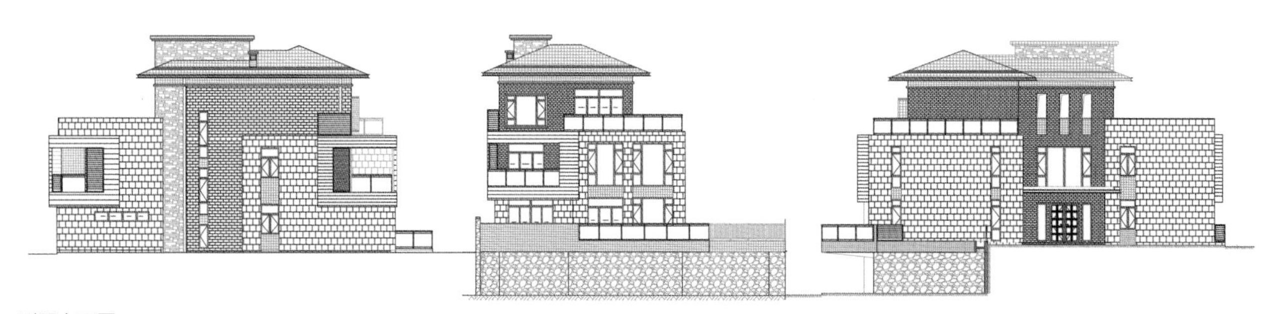
别墅立面图

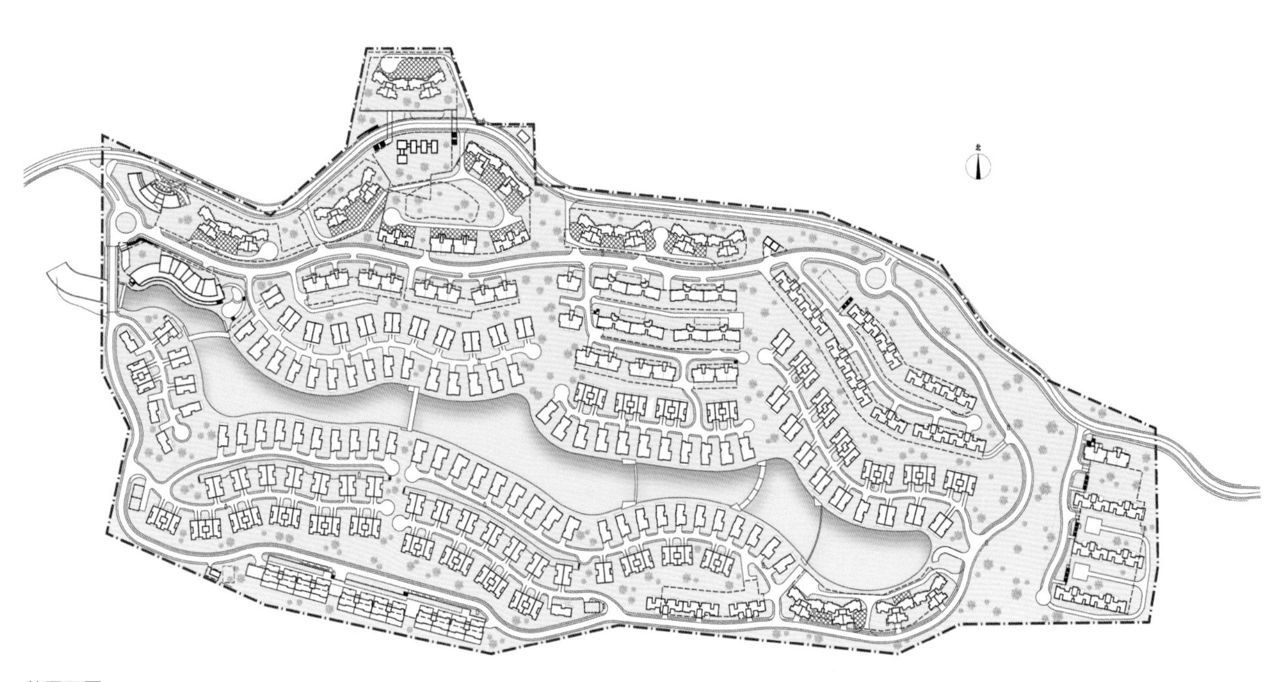
总平面图

宅区，项目位置处于森林公园谷地，四周群山环绕，起伏连绵，中部区域为水库，环境依山傍水，是一块自然天成的风水之地。

经过公开招标，华艺从与多家设计大院的激烈角逐中脱颖而出，以中标单位的形式获得设计委托。森林公园处于自然保护区，森林和水资源的保护在设计中都需要兼顾，传统的破坏性开发将折损其核心价值，如何依山就势融合于其中，呈现自然之姿，是业主方要求设计团队作出的解答。

对于得天独厚的自然资源，削山成台的方式将导致植被消失和森林损毁，带来山体塌方的风险，同时也失去山地建筑高低错落的景观特质，产品将趋向平民化。华艺设计团队在摒弃这种设计思路后，采用依山就势的方式让每栋建筑都具备独立标高，随着山体起伏，建筑也随山而就，既不改变山形地貌也不影响山势，将建筑化整为零，融入自然地生长。

最终，华艺“以自然的姿态构筑一个山地居所”的信念和“不辜负一片山林”的初心，既满足了业主方的个性化产品诉求和对自然资源的保护，也为山地建筑设计策略描上浓墨重彩的一笔。

局部鸟瞰（1）

局部鸟瞰（2）

建筑沿水景立面

襄阳图书馆
Xiangyang Library

项目地点　襄阳市·东津新区
建筑面积　54 289 平方米
业主单位　襄阳市文化新闻出版局
主要设计人员　陆　强　杨　洋　付玉武　黄　伟　孙　涛　曾德光　雷世杰　曹　平　杨芳泉
郑文国　文雪新　傅勇平　王　腾　梁永超
设计时间　2012 年
竣工时间　2020 年

城市文化地标

建筑外景

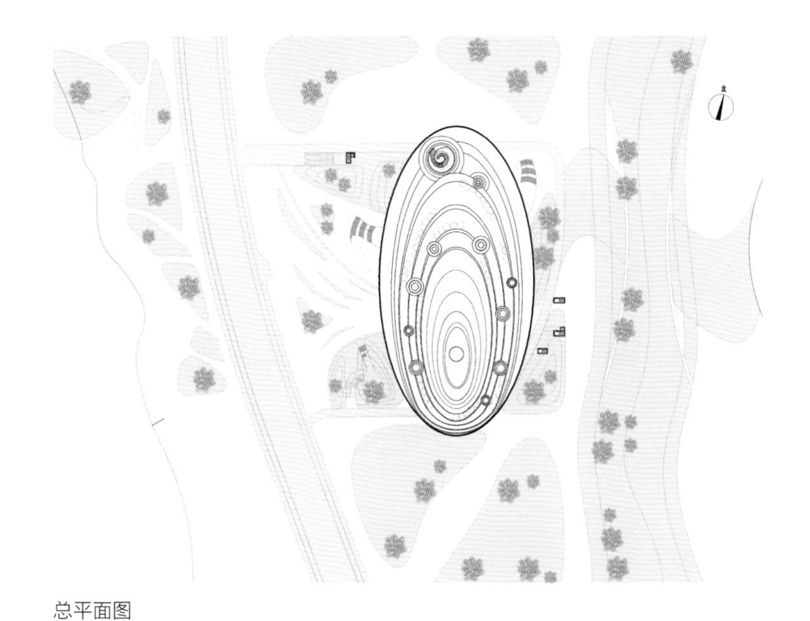

总平面图

一、设计理念

项目处于中心新区规划轴线的关键节点上，与市民广场和政府大楼遥相对应，地理位置极其重要。规划上营造流动的空间，寓意新区发展源远流长。图书馆位于中央景观轴的端部，与东侧的科技馆相呼应，西侧为美丽的汉江，景观资源丰富，位置适中、交通方便、环境安静。设计的出发点一是打破传统图书馆闭塞的形象，创造一个开放、自由的交流空间；二是改变原有图书馆集中式的布局，使各种功能可以独立使用，灵活便捷。图书馆不仅只

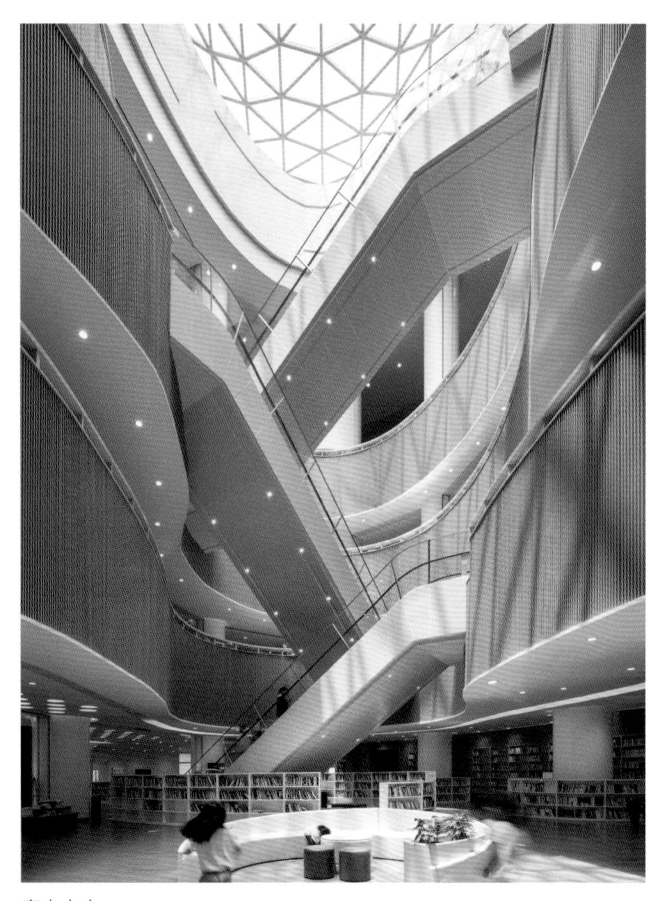
室内中庭

建筑与环境

室内局部

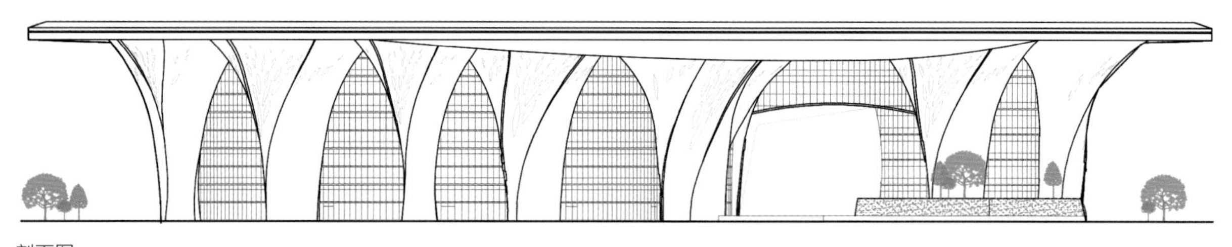
剖面图

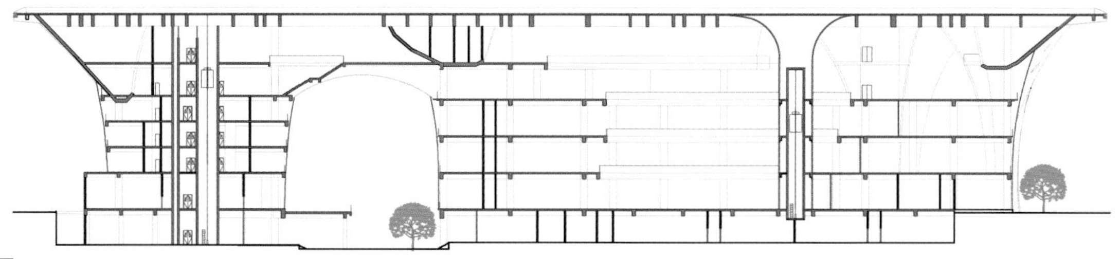
立面图

是一个供阅读和沉思的安静场所，也可以是一个令人愉悦的、生气勃勃的、能激发想象力的多义空间。建筑平面布局力求各功能分区明晰合理，建筑主体分为南北两个体量，其中南侧为主楼，北侧为副楼。公共图书区和会议、办公及培训区，分别置于两个相对独立的体量中，在地下及五层平面连成整体，使两大功能区相对独立而又互相联系。整个造型流畅、自然、刚强、完整，寓于柔韧之中，形成巨大的庇护场所，给公众提供安静、自由的氛围。

二、背景故事

项目设计之初有个有趣的故事，成为本项目设计的灵感来源。襄阳位于汉江中游，是汉江流域的中心城市，是有名的山水之城。设计团队在现场调研时发现襄阳地区有一种特殊的石头，一种中间有着自然孔洞的卵石，这种卵石经过滔滔汉水长年累月冲刷而成，名为“穿天石”。当地相传，这与《诗经 · 汉广》中描写的汉水女神有关，经千百年流传，汉水女神的形象成了千万汉水女儿美丽、善良、聪慧、高贵的象征。在襄阳独特的民俗节日穿天节里，人们沿着汉江捡拾穿天石，用丝线穿起来佩戴在身上，以祈求吉祥幸福，来表达对美好爱情与幸福生活的追求。穿天节为襄阳本地特有的集文化、经济为一体的传统节日。这在后来的方案创作中也有所体现：通过人行天桥将两个建筑形体连接起来，中间形成类似“穿天石”的孔洞。

全景鸟瞰

深圳绿景虹湾花园

Lvjing Hongwan Garden, Shenzhen

项目地点	深圳市 · 福田区
建筑面积	367 000 平方米
业主单位	绿景集团
主要设计人员	林　毅　沈　利　司徒雪莹　余　滟　彭　颖　严力军　何　涛　段利文　王国明　吴静文　凌　云　高　龙　刘连景　马腾跃　吴志清
合作单位	Benoy Limited（商业合作）
设计时间	2012 年
竣工时间	2015 年

大型复合超高层商住综合体

一、设计理念

项目位于深圳市福田区梅林片区，南临北环路，西靠梅林路，东为梅华路，用地呈倒“T”形，周边社区成熟，交通便捷，地理位置极佳。项目北侧远眺梅林水库，东南远望莲花山公园，南侧可观香蜜湖片区及高尔夫球场，具有优质的景观资源，及建设超高层的景观优势。

在规划上，着重满足高密度条件下超高层住宅的基本条件：视野、朝向、日照，通风；“以人为本，注重景观与建筑朝向的关系，并尽可能地减少外部噪声源对住区的干扰”，旨在“创造优美的生态人居环境”。住宅采用单排布置，最大限度获得优质朝向和景观，解决住宅间的相互对视。保证在南北向及东西向各自获得深远的视野，实现户型景观的合理分配。商业、住宅塔楼沿梅林路和北环大道大幅后退，结合公交广场，让出商业广场并通过连续的裙房展示浓烈的商业氛围。绿地采用集中布置，在建筑的四层设置大面积架空屋顶花园，为大部分户型提供丰富的绿化景观。绿化种植以自然生态与人工艺术交相辉映，配合彩色铺地、花坛、庭院灯具等环境小品，共同构筑了丰富而生动的室外活动空间。

二、背景故事

绿景虹湾是华艺设计通过投标中标获得的项目。投标时的基地规划条

商业沿街立面

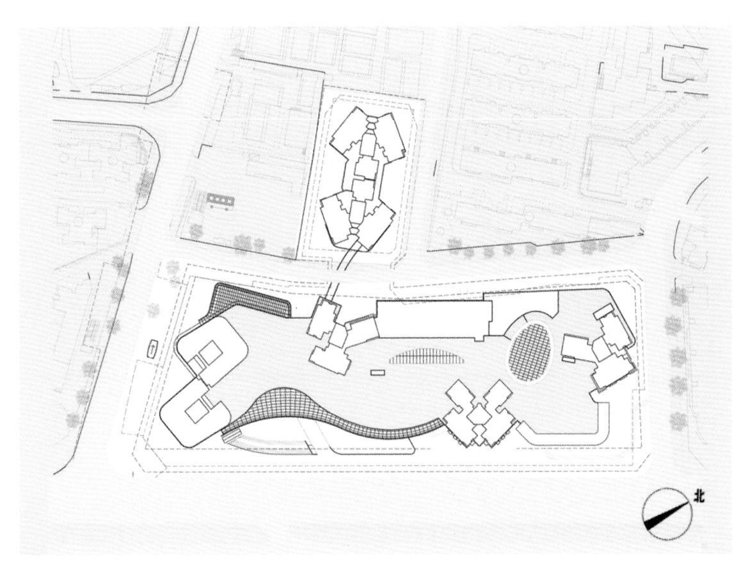

总平面图

全景鸟瞰

商业屋顶花园

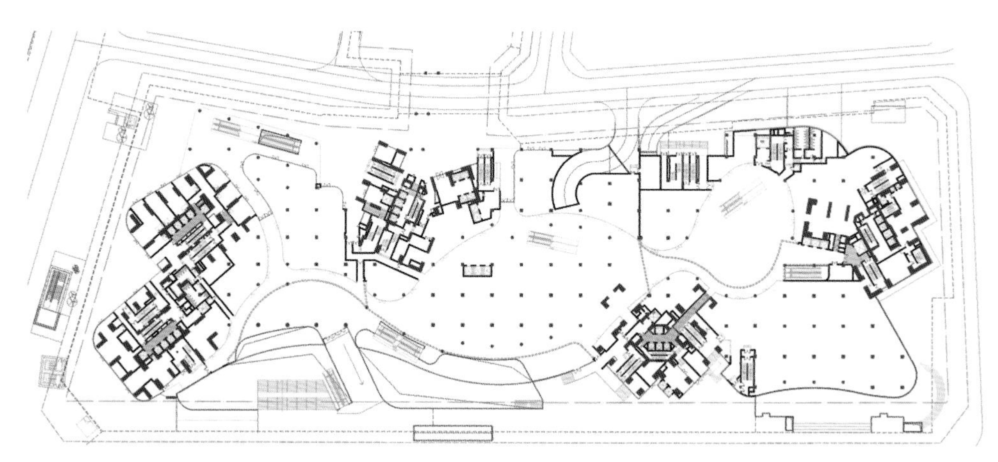
商业一层平面图

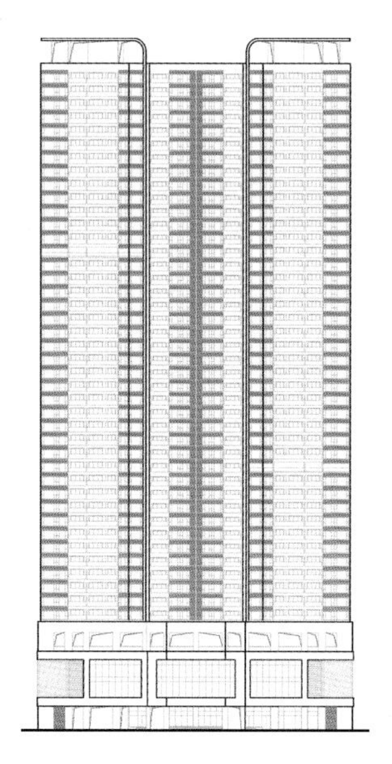
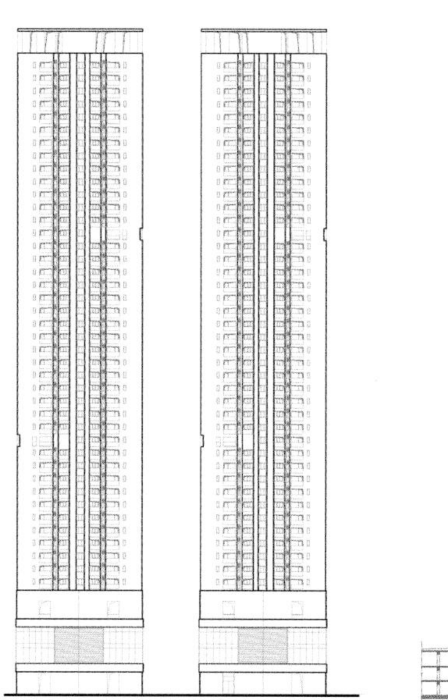
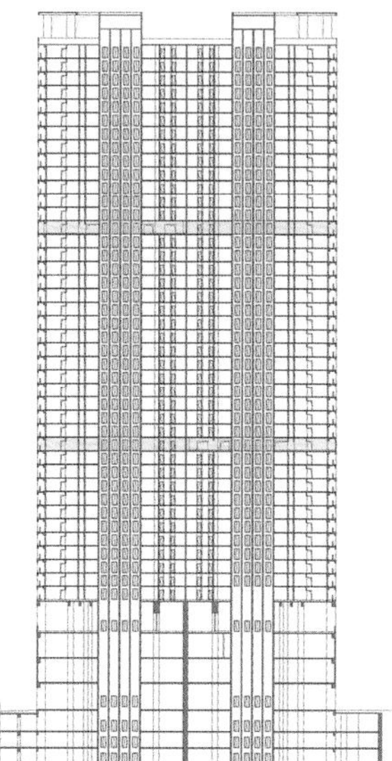
立面图、剖面图

商业下沉广场

件建筑限高为 100 米，中标之后，设计团队对场地的交通、配套、地理位置、周边环境进行了进一步的分析，并认为本项目中景观资源是需要处理的重中之重。项目地处福田区，临近龙华区，上可俯瞰梅林水库、下可遥望莲花山公园。在此基础上，若将建筑限高提升至 150 米，不仅可以缓解基地的紧张布局，提升整个项目的品质，同时可利用周边景观资源为每户创造良好的景观视野。基于此考虑，设计团队极力与业主单位沟通，最终说服业主与规划局协商将建筑限高调到 150 米，这样设计师才能为每栋住宅量身打造专属朝向，发挥景观资源的最大优势。此项目的设计也令设计团队反思，在特定的环境下，规划条件下的方案不一定是最优解，设计师应站在专业角度，为整个项目的设计提出更适合的设计方案。

zoll 佐阾虹湾

商业入口

建筑外景

中央庭院

深圳天健创智中心

Tianjian Chuangzhi Center, Shenzhen

项 目 地 点　深圳市 · 南山区
建 筑 面 积　224 767 平方米
业 主 单 位　天健集团
主要设计人员　林 毅　黄宇奘　邵 帅　司徒雪莹　余 滟　张雯燕　尚 慧　劳玉明　龙 颜　林建灵　张 伟　徐 静　王国明　倪 贝　文雪新　刘相前　黄超宇
设 计 时 间　2012 年
竣 工 时 间　2018 年

城市中的“生态矽谷”

一、设计理念

项目位于南山区北环大道和广深高速交会处东南面，在区域上隶属于大沙河走廊之侨香路总部商务产业带及安托山片区两个区域之间。项目用地位置及周边现状决定了项目的特殊性，通过从项目交通、噪声、景观视线、生态绿色空间等方面的逻辑化解读，形成本项目方案设计的四大策略：①交通决定广场的布局策略；②半围合式空间的减噪策略；③立体花园塑造生态矽谷；④“立体幕墙”彰显时尚。

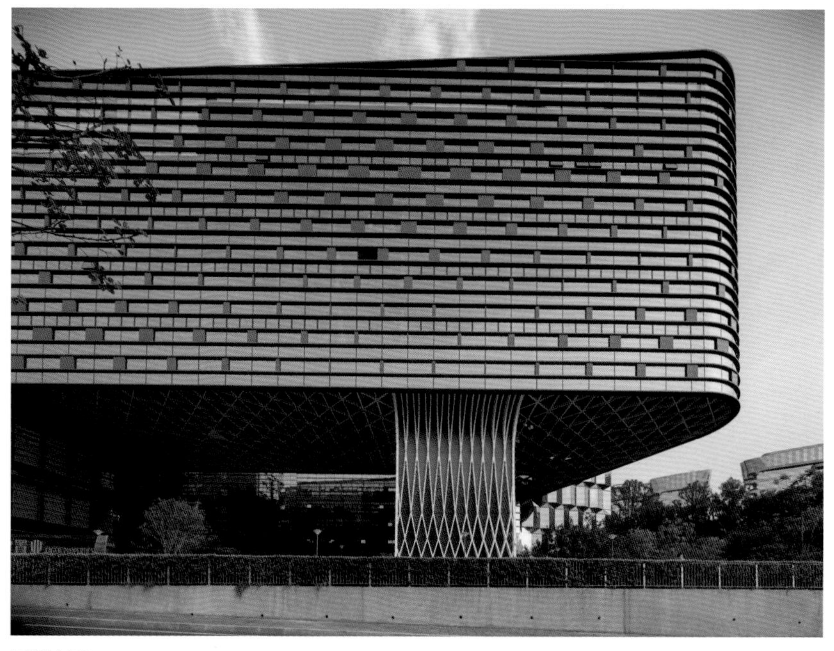

局部立面

整个项目的景观设计，结合场地外及场地内的景观视线组织，外围设计最佳景观朝向，使北楼主要面对塘朗山方向组织景观视线，南楼主要面对欢乐谷方向组织景观视线。建筑以“绿带”平台为核心统领，将地面、休憩交流空间、漫步道、草坡、采光井、建筑屋顶、阳台等连为一体，营造了一个舒适的步行共享环境，创造出一种建筑景观艺术，丰富了项目的生态化品质，使整个项目形成极富趣味的“企业绿洲” 与“生态家园”。

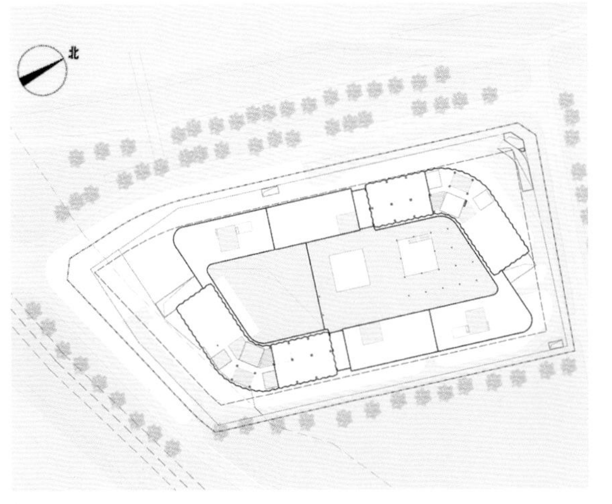

总平面图

建筑中庭（1）

建筑中庭（2）

架空空间

立面构造局部

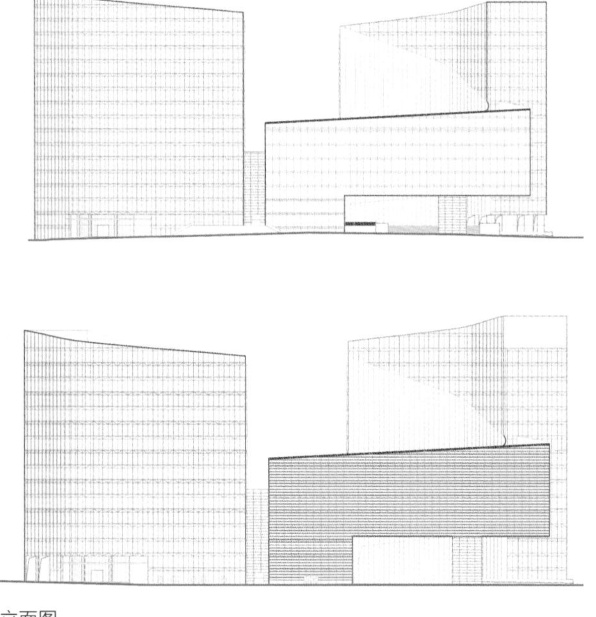

立面图

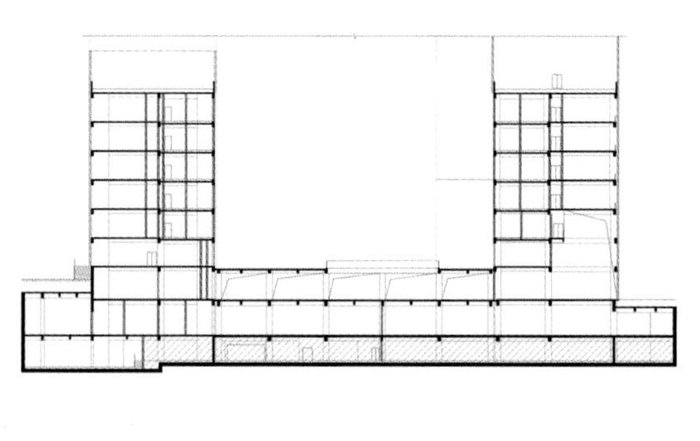

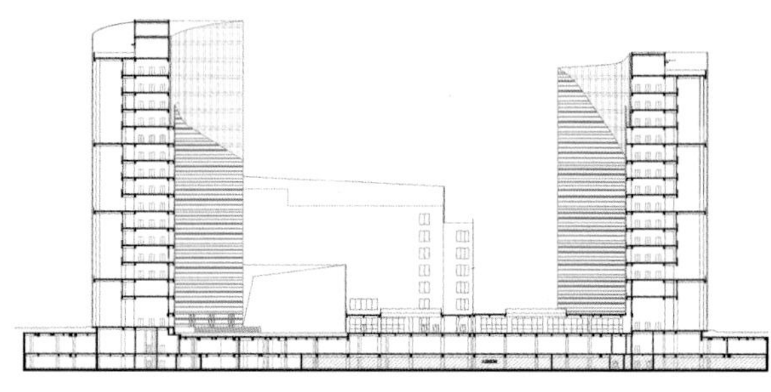

剖面图

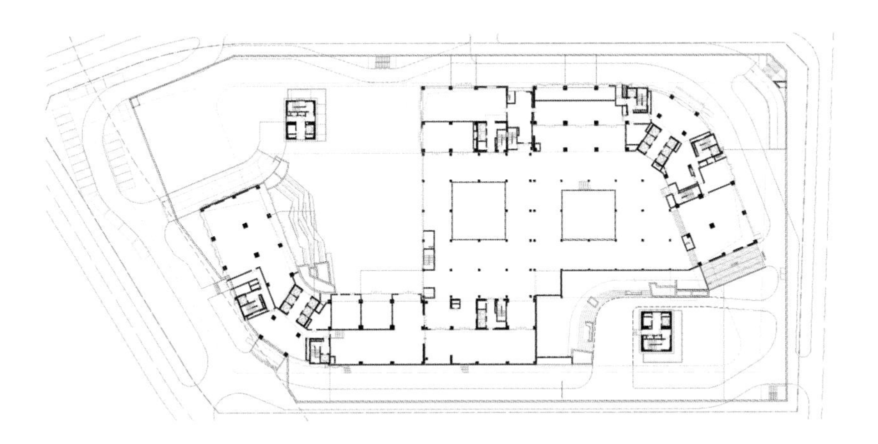

一层平面图

建筑外景

二、背景故事

得益于华艺公司之前在天健大厦设计上的优秀表现，天健与华艺之间的合作也就延续到了天健创智中心的继续设计上。天健创智中心最初的中标方案是两座 100 米高的塔楼形成的半围合体，采用弧线立体幕墙形式，在光的作用下建筑的立面形象变化多样，其优美的弧线立面变化，塑造出简约、时尚、动感的建筑形象，从环境中脱颖而出，成为该片区的标志性建筑。从方案设计到施工图的设计都十分顺利，2013 年 8 月方案报建成功，2014 年仅用了两个月就顺利完成了施工图的设计。但在如此顺利的设计过程中，项目也一直存在问题，立项时项目容积率只有 3.0，甲方投标任务书要求按 4.2 的容积率设计，甲方表示申请提高容积率的工作很快会取得结果。就这样，在等待中，设计工作继续进行，方案深化一初步设计一施工图完成，然而，由于种种原因直到工地开工，提高容积率的申请还是没有结果。华艺设计团队和甲方都很担心不能在竣工前取得提高容积率的批文，曾经商议做一些规避措施，做了一轮修改方案保证一座塔楼 100 米的高度，但业主高层还是希望维持原方案，同时加大修改容积率工作的力度。最后在没有结果的期待中工程竣工了。遗憾的是降低了 20 多米的高度，最终建筑高度只有 60 多米，无法在北环大道上被直接看到了。

深圳中海九号公馆

Zhonghai No. 9 Residence, Shenzhen

项目地点　深圳市 · 宝安区

建筑面积　285 300 平方米

业主单位　中国海外集团有限公司

主要设计人员　一期：陆强　周新　隋楠　蓝俏俏　杨琳　罗观保　翁乐伟　于桂明　赵洋　王腾　李雪松　谢华　杨芳泉　刘飞海　于丽霞　邓国才

二期：陆强　周新　隋楠　翁时波　何洁　罗观保　徐基云　翁乐伟　曹东辉　于桂明　王腾　黄超宇　邓国才　高春艳　杨芳泉　刘飞海　于丽霞

三期：陆强　孙永锋　孙华　张宝文　钱福兵　李世勇　王霖杰　王腾　黄超宇　邓国才　谢华　高春艳　杨芳泉　于丽霞

合作单位　梁黄顾建筑设计（深圳）有限公司（立面设计）

设计时间　2013 年

竣工时间　2016 年

深圳山地豪宅标杆代表

一、设计理念

深圳中海九号公馆位于深圳市宝安区西乡街道铁岗片区，东面临近已开发成熟的高档社区曦城（1~5 期）的高尔夫球场，南面为市政道路龙辉路，隔路即为曦城 6 期及未开发的规划居住用地，西侧为规划九年制学校和市政用地，北靠尖岗山，周边还有未经雕琢的天赋自然景观资源——铁岗水库、西丽水库、企龙山、岭下山、大井山、平峦山等六山两水。中海九号公馆在繁华都市的一隅，遵循中国古人依山筑景、与自然共生的人居策略，规划顺应基地山体自然地形变化，低层住宅依照山势以南北向 3.3 米左右的高差叠台分布，从共用“街巷”到私属院落，层层递进，营造良好的景观视野。高层产品成“一”字形布置在用地北处，尽揽铁岗水库景色；规划引入南北、东西向的多条景观通廊，创造和谐的人工与自然组合空间，使山体景观开敞面最大化。建筑立面采用 19 世纪英式古典风格，高耸的尖塔与山花、八角形悬凸窗及粗大的烟囱等设置，以现代的建筑手法演绎英式古典的简洁脱俗，寥寥几笔便勾勒出 19 世纪的皇家经典，打造经典、高贵、优雅的建筑空间。设计独创三重独立院落，强调从外部自然景观 — 小区公共景

别墅沿街立面

建筑局部立面（1）

建筑局部立面（2）

观一组团间景观一宅景观一户内前中后庭院的入户感受，结合地形创造地上地下复合拓展空间。建筑与院落相互融合，院墙为每一户都划分出庭院空间，实现“有天有地”的墅式生活。

立面图

二、背景故事

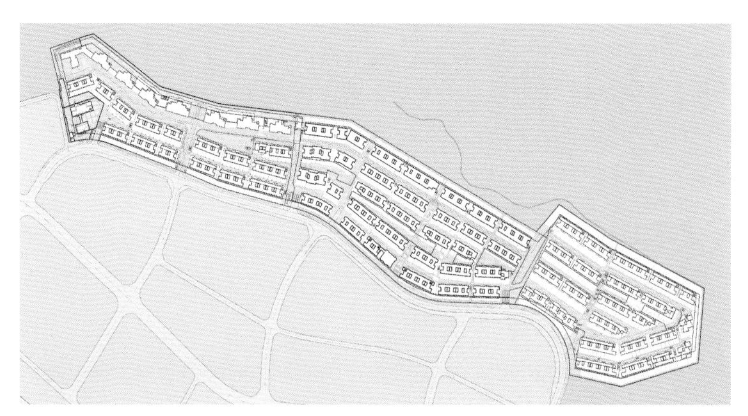
总平面图

华艺设计团队在时间紧、任务重、品质要求高的压力下，迅速投入工作。项目地块南北高差 18 米，背靠尖岗山铁岗水库，自然条件优越但设计条件复杂。团队攻坚克难，在极短的时间内，迅速解决因场地高差及复杂的地质条件带来的设计困难，完成了依山就势、因地制宜的设计方案。2013 年 5 月完成桩基施工图项目开工，6 月完成一期样板区施工图，8 月完成一期全套施工图。2013 年 11 月中海九号公馆一期别墅开盘，在基本没有营销活动的前提下，短短 3 小时售罄，一举吸金超 20 亿元，创下了深圳年内别墅市场入市当天的成交套数、成交金额的最新纪录，整个前海半山片区的价值也因此到达一个新的高度。同时，本项目一期也创下了当年拿地、设计、建设、销售的四个开发目标。随后的二期、三期，也分别在 2014 年、2015 年完成设计，并分别于 2015 年、2016 年竣工。

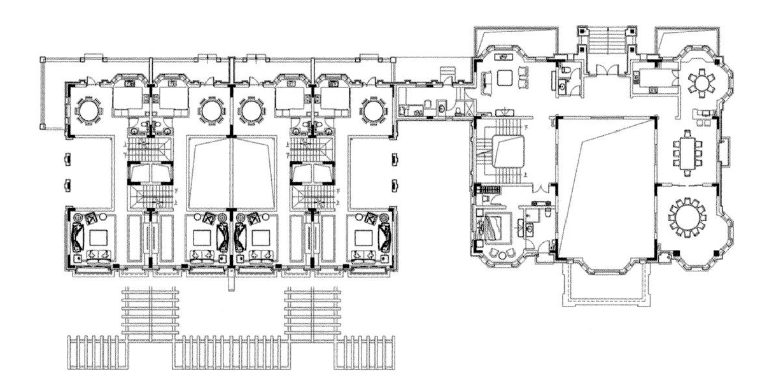
别墅一层平面图

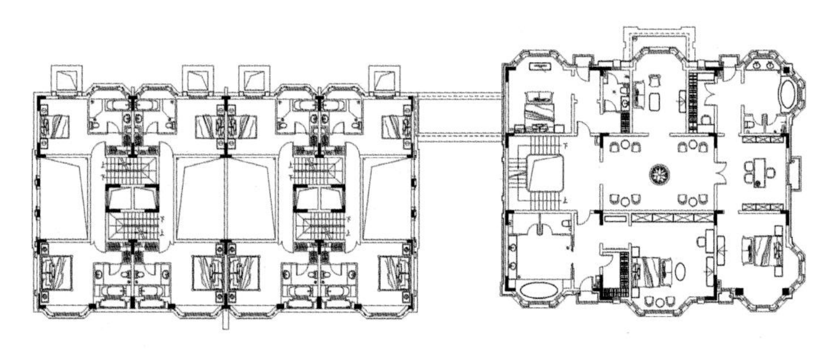
别墅二层平面图

安宁城市文化中心

Urban Culture Center, Anning

项目地点　安宁市 · 大屯新区
建筑面积　98 700 平方米
业主单位　云南省安宁市宁湖新城管理委员会
主要设计人员　陈日飙　魏　纬　杨　洋　侯　菲　孙永锋　贺思海　李　芳　申　杰
张雯燕　张　宁　梁莉军　曾德光　江　龙　陈少林　韩文宏　刘　勋
设计时间　2013 年
竣工时间　2021 年

城市地标性文化综合体

一、设计理念

安宁城市文化中心项目，位于安宁市大屯新区核心地带，属于城市新地标。项目功能高度复合，有体育中心、文化中心、青少年活动中心三大主体功能，囊括了游泳馆、溜冰馆，图书馆、文化馆、规划展览馆，科学馆、活动中心等主要功能。

设计亮点一：流动空间、多义空间。设计建构有机动态的空间网络，提高大众群体的参与性及体验感，项目整体打造为一处面向城市开放的、万象共融的公共活动平台。通过多维联系的广场及平台，对复杂的用地高差进行有序的梳理和整合，将多变不利的场地高差，转化为稳定的多首层平台，使得各馆相对独立的同时，促进了彼此之间立体相融。

设计亮点二：山水之城、效法自然。用地向西远眺宁湖，向北群山环抱，环境秀美。项目升华了用地特有的自然地貌，植入“山水之城”的理念。借山水之形意，转化成建筑群体蜿蜒起伏的屋顶形态、灵动流转的建筑场地。运用“效法自然”的设计手法，消解了生硬的建筑体量，打破了建筑与环境僵化的边界，使其与场地的高差变化紧密结合，赋予了建筑由地而生的生命气质，同时匍匐连续的建筑形态根植于自然山水，创造了更为亲切熟知的外在形象，引起当地市民的共鸣。

设计亮点三：创新模式、以馆养馆。为打破传统文化建筑的消极生存现状，创造多维社会效益和价值，项目将休闲商业引入并与文化产业相结合，在功能上不仅是各个场馆很

全景鸟瞰

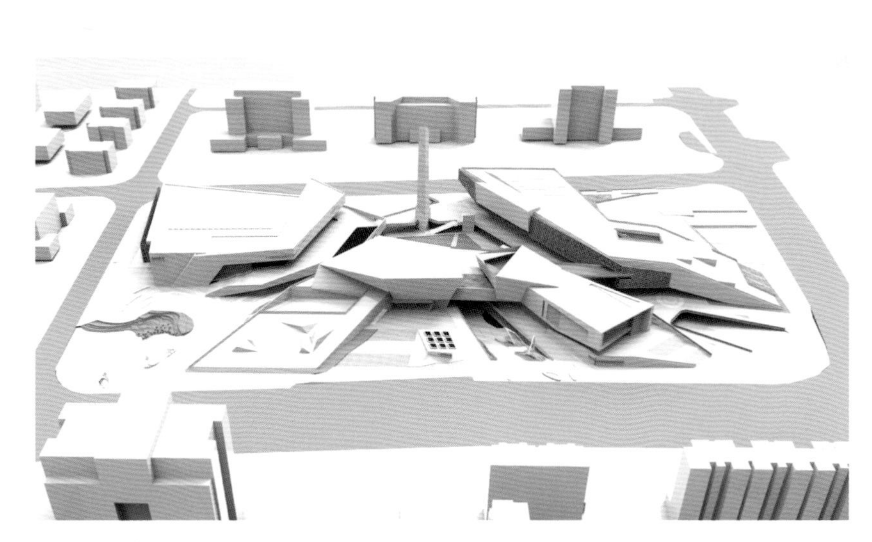
体量关系分析

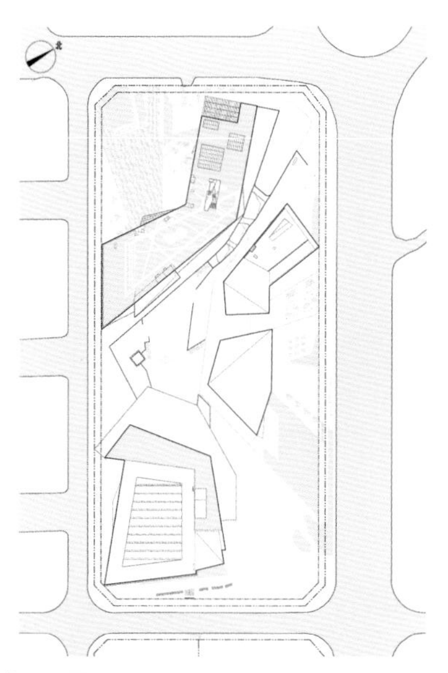
总平面图

建筑沿街立面

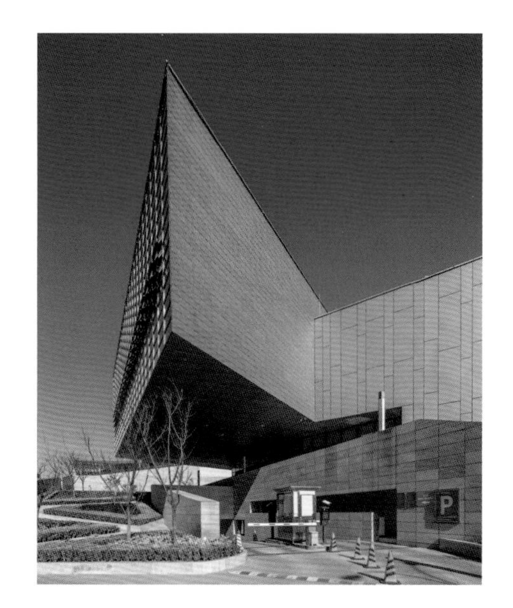

建筑局部（组图）

好的延伸和补充，同时创造性地解决了以馆养馆的难题。经过运营评估，项目运作初期便可以实现收支平衡，实现以馆养馆的可持续性发展目标。

二、背景故事

2013 年 10 月，根据项目规模及类型情况，本项目需要进行云南省抗震专项审查。但是由于工期紧张，甲方临时跟专家组沟通，特意为本项目临时组织了会议。华艺结构专业加班加点，终于在开会的当天凌晨完成上会材料，乘坐当天一早的飞机赶至昆明汇报。会上专家组对建筑方案的复杂程度以及对结构的挑战性非常惊叹，当看到结构采用两个国外软件、1 个国内软件多角度分析结构方案的合理性后，对整体设计啧啧称赞，夸赞本项目虽然是一个县级市的文化中心，但是从设计理念、设计效果看完全可以作为云南省馆，也期待本项目早日落成。项目建设过程中，建设单位希望给景观塔同时赋予钟塔的功能，但是国内的钟塔钟表大多都是复古风格，跟建筑风格格格不入。为了达到协调统一，建筑师跟国内知名钟表厂协商表盘样式，但是多轮沟通仍不能达到理想效果。建筑师就亲自动手设计，当起了钟表设计师，最终钟表厂商完全按照建筑师的设计生产出了钟表。项目建成以后，已经成为当地的地标，成了当地最具人气的公共场所。

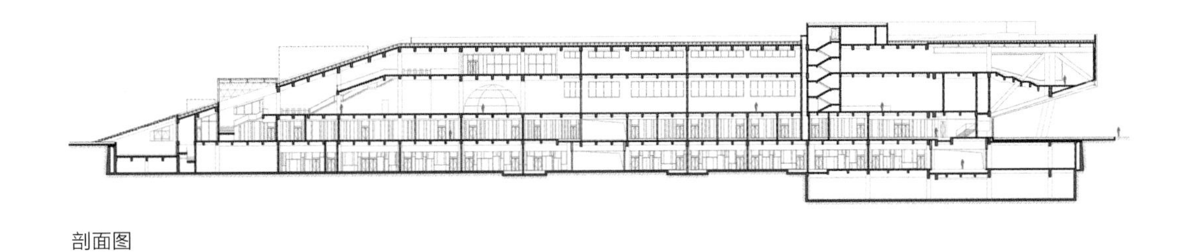

剖面图

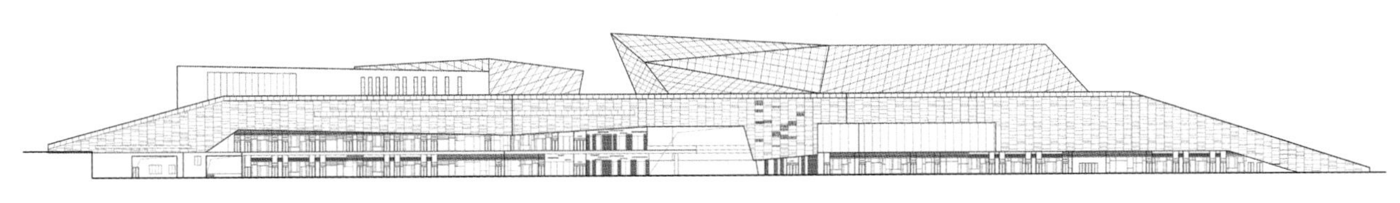

立面图

一层平面图

建筑局部

立面材质局部

局部室内空间

建筑夜景

建筑局部（1）

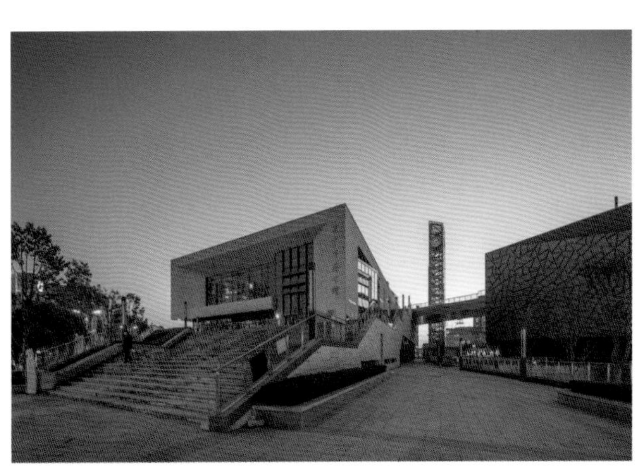

建筑局部（2）

北京国际俱乐部大厦

Office Building of Beijing International Club

项 目 地 点　北京市 · 朝阳区

建 筑 面 积　75 726 平方米

业 主 单 位　北京国际俱乐部有限公司

主要设计人员　陆　强　万慧茹　钱宏周　杨　帆　黄婷婷　张　涛　肖　泰　严力军　雷世杰　郑文国　额尔登巴图　刘连景　吴志清　何　雁　龚　杭　魏延超　陈　露　傅德辉

设 计 时 间　2014 年

竣 工 时 间　2019 年

新旧融合的城市更新经典项目

建筑沿街立面（1）

建筑沿街立面（2）

国务院原副总理万里先生为北京国际俱乐部题字

网球场室内

一、设计理念

北京国际俱乐部项目是重要历史建筑改扩建工程。该俱乐部始建于1972年，初次建设内容包括网球馆及老办公楼，并于2007年被列入《北京优秀近现代建筑保护名录（第一批）》。在20多年的经营发展中，原有建筑规模、功能配比及局部设施标准已经不能满足其所担负的外交服务使命，因此项目在原有俱乐部建筑组团基本格局不变的前提下，在现状网球馆及停车场位置改扩（新）建一栋综合楼作为外事服务用房，复建网球馆提升其设施功能，保持原有建筑风貌，同时与项目主体结构的西侧相连。

项目因是历史建筑改扩建工程，着重考虑了对原有建筑的保护及新老建筑的衔接问题，对国际俱乐部地块进行整体统筹。在规划上延续俱乐部一、二、三期的合院式理念，在原样复建网球馆西、南、东三侧原状外部立面的前提下，对网球馆进行内部功能重塑，并充分考虑利用其地下空间；在功能上与原有建筑形成互补，巧妙地处理与旧建筑的关系，体现北京国际俱乐部文化、艺术、科技等方面的精神内涵。

在方案设计上，项目以先保护后利用为原则，保留原网球馆外观，将功能重塑，并提出传承、融合的设计理念。立面设计以简洁明了的建筑形体，体现对原有建筑的尊重；以干净利落的竖向肌理，形成对原有建筑的呼应。

老网球场复建的外立面部分充分尊重原有施工图的图纸，力求保持长安街沿街形象的延续性，同时也适当结合新楼功能以及现代工艺，对此处立面的部分材料和构造做法作了微型调整。原项目外墙装饰采用面砖，旧改更新项目宜保留外墙建筑风格，故本外墙延用原建筑工程做法，采用面砖，以保留原有建筑风格为主，并与原北京国际俱乐部外立面相适应。

室内局部（组图），本案办公楼室内设计由深圳易道创和设计顾问有限公司完成，宴会厅室内设计由 CCD 香港郑中设计事务所完成

二、背景故事

北京国际俱乐部由多家单位参与投标，由于地块较小，在设计任务书的要求下，倘若将容积率做满，建筑体量则显得较为臃肿。在此前提下，华艺的设计团队另辟蹊径，放弃将容积率做满的想法，大胆地将建筑功能、形体作为首要设计条件，规划了适度的建筑体量，在投标中一举中标，脱颖而出。

复旧设计是本项目设计的重点与亮点，在老俱乐部拆除之前，项目组专程赴北京，实地测绘、详细记录建筑的各个细节尺寸及做法，为后期复旧设计做好准备。因年代久远，方格砖、立柱水刷石等现已无法找到相同的工艺方法，且以前的工艺也无法满足现代建筑的设计要求。项目组另辟蹊径，用现代的手法工艺复原以前的效果。对复旧设计的各个关键点进行逐个击破后，最终重建项目实现新旧统一。

另外，建筑建设过程中保留了很多有纪念意义的物品，如万里先生题字的国际俱乐部网球馆牌匾，被完好地保留下来，放置回新建的俱乐部网球场中。

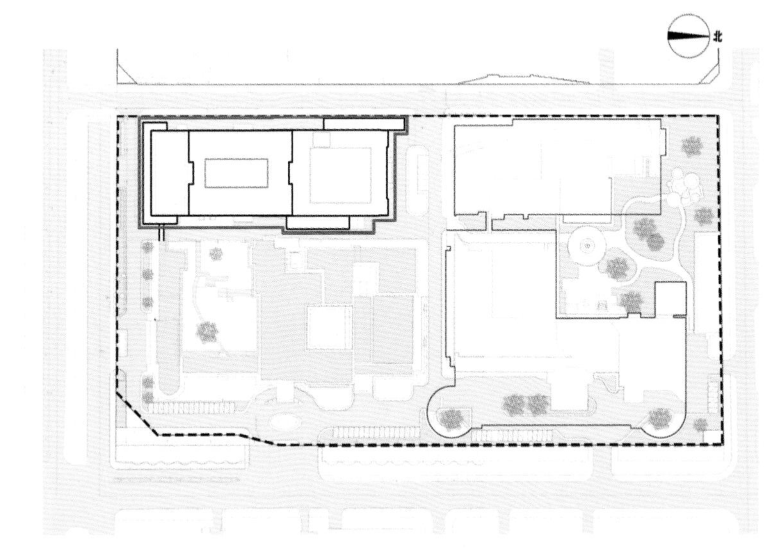

总平面图

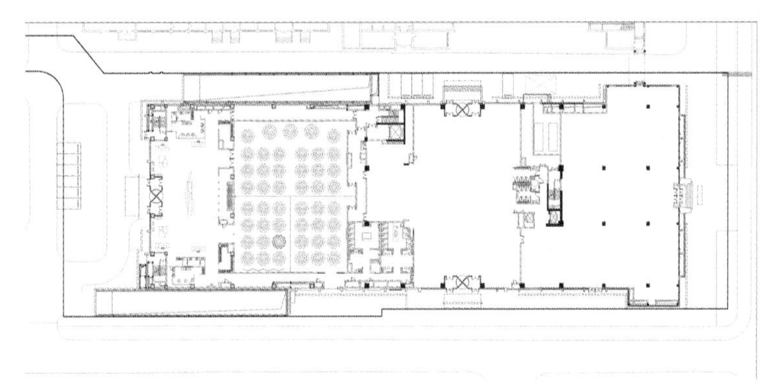

一层平面图

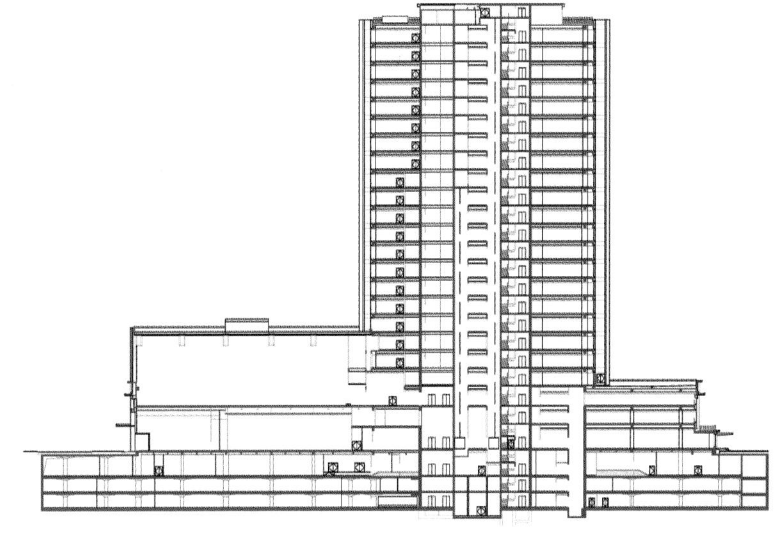

剖面图

裙楼立面

宴会厅入口

建筑立面局部（组图）

崔愷院士给予方案设计指导意见

深圳深港国际科技园

Shenzhen-Hong Kong International Science and Technology Park, Shenzhen

项目地点	深圳市 · 福田区
建筑面积	231 688 平方米
业主单位	深圳深九国际物流有限公司
主要设计人员	陈日飙　夏　熙　彭建虹　袁　悦　孔卫磊　雷　音　周新欣　姜　巍　李淑娟 张　伟　赵广镇　陈正敏　高　龙　李会会　唐兆平
设计时间	2014 年
竣工时间	2019 年

深圳科研产业园桥头堡项目

一、设计理念

深圳深港国际科技园位于深圳福田保税区，在深港科技创新合作区河套范围内，属于候鸟栖息带，为多元立体绿化区。项目位于候鸟栖息带上，限高 50 米，容积率 5.0，整体以生态办公为主体。项目底层采用架空花园、地景式立体绿化，打造近人尺度生态休闲场所，提供可憩、可赏的地面空间；在塔楼中则打造空中花园，为研发办公人员提供平层生态休息场所；同时打造屋顶第五立面，将生态花园、慢性步道等融入屋顶，使屋顶也成为生态休闲场所之一。整个项目从底部到顶部生态空间的打造，实现了建筑与生态融合、与自然融合；项目匹配最优结构，创造人性空间。为保

全景鸟瞰

证项目实现 5.0 的高容积率，方案通过无梁楼盖技术，压缩办公楼层层高，使得相同高度内可增加一层面积，从而释放出地面空间，人们行走其中更为舒适，架空空间的打

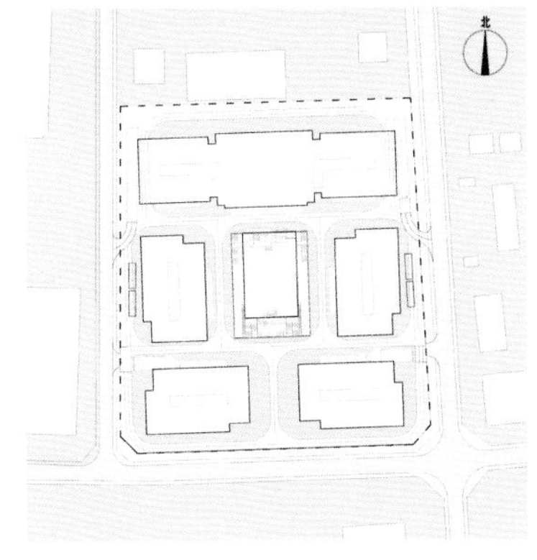

总平面图

造也使园中之人感觉置身于自然之间，打造了高容低密的德系生态办公群。立面采用石材、铝材、玻璃三者组合，金属铝材与玻璃的组合让整个园区充满科技感；石材的运用则增加了整个建筑的厚重感；严谨的几何比例划分，使园区富含科研氛围。

二、背景故事

本项目为城市更新项目，项目原址包括一个单层厂房和几栋多层办公楼。随着智能化的多重应用兴起，深圳发展一日千里，逐渐成为“中国硅谷”。临近香港的独特区位优势让业主方先知先觉地预感到此地将迎来重大发展，于是业主便于 2013 年开始着手这个项目的更新计划。业主独特的眼光在未来的时光中得到了验证。随着深港科技创新合作区政策的落实，深港国际科技园成为深港科技创新合作区中福保—河套区域最高端的科技研发聚合体。项目优质的园区环境，富

园区内景

含科技与现代感的外立面效果吸引了香港、国际重大科研项目和创新型企业项目落地。深港国际科技园已引进香港大学病毒学研究所、国际电子显微镜基础设施项目、大湾区生物医药创新研发中心、南开大学—牛津大学联合研究院（深圳）、香港大学—清能院联合研究中心、国际先进材料与增材制造创新研究院、粤港澳大湾区创新药物研发暨转化医学研发中心、深港智慧医疗机器人开放创新平台等多个国际顶尖的科研项目。

园区内景（1）

园区内景（2）

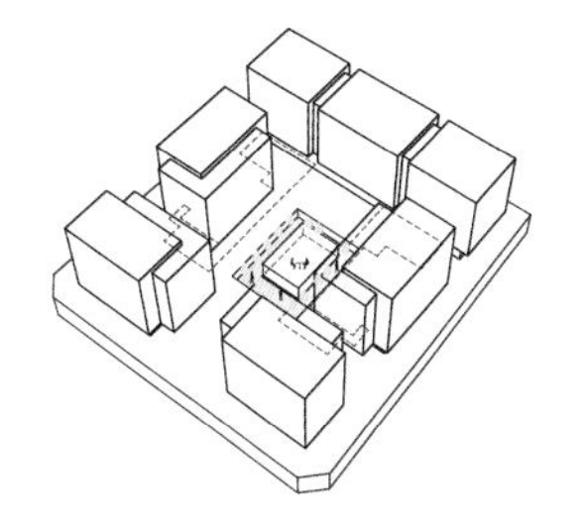

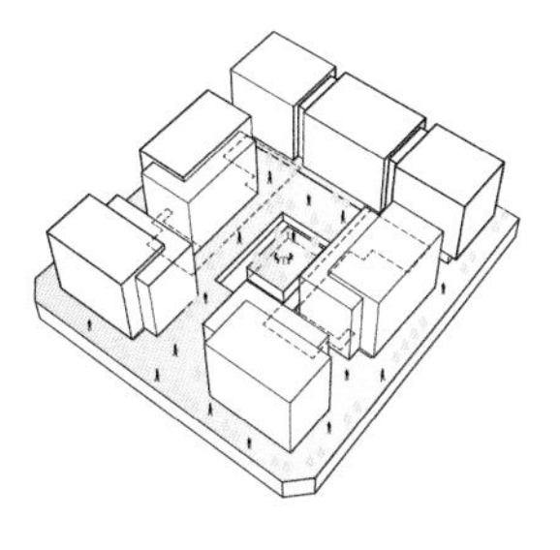

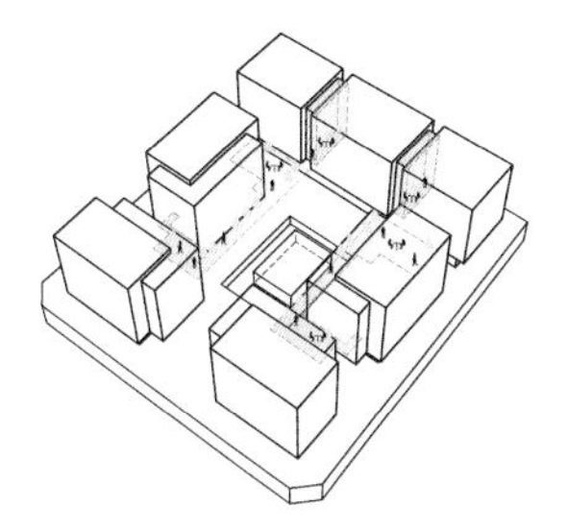

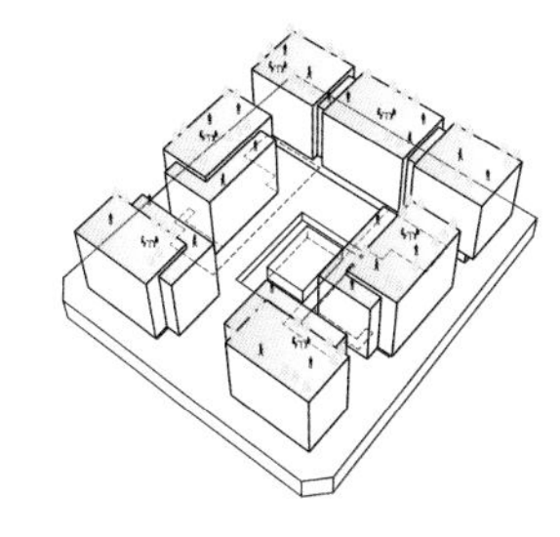

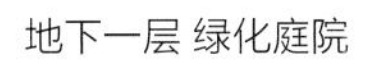

地下一层 绿化庭院

首层架空绿化水体绿化

高台地景

屋顶花园

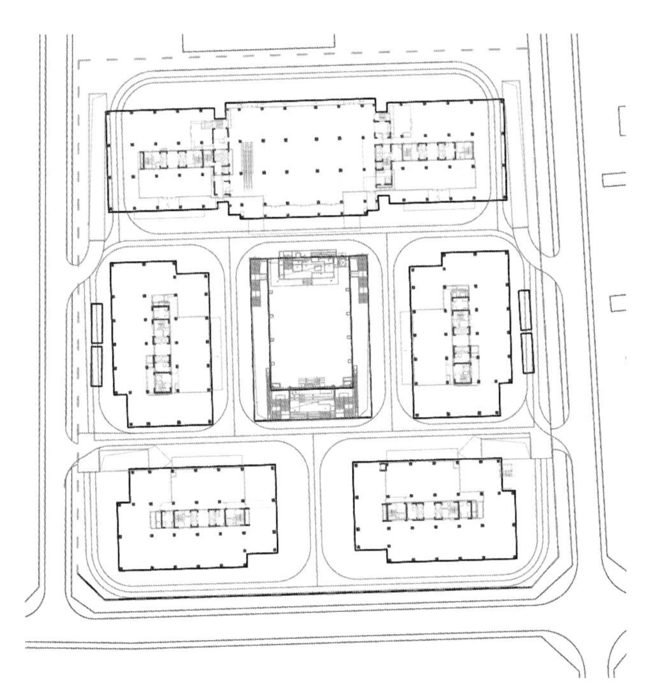

一层组合平面图

建筑顶视图

建筑沿街立面

架空休闲空间

宁夏中卫沙坡头游客服务中心

Shapotou Tourist Zone, Zhongwei, Ningxia

项目地点	中卫市 · 沙坡头区
建筑面积	32 900 平方米
业主单位	港中旅（宁夏）沙坡头旅游景区有限责任公司 宁夏沙坡头旅游产业集团有限责任公司
主要设计人员	陈日飙　付玉武　张才勇　夏　敏　陈慧贤　刘智忠　文雪新　龚　莹 常毅敏　吴浩然　陈乐慧　江　静　俞歆晨　何祥伟　陈正敏
设计时间	2014 年
竣工时间	2017 年

原创地域文旅公共建筑

一、设计理念

宁夏沙坡头游客中心作为当地沙漠特色旅游区的重要门户场所，包括游客服务中心、快捷酒店、沙漠博物馆、交通换乘枢纽及主题商业街区。主体建筑灵感来自沙坡头景区独特而最富有标示性的连绵似海的沙丘，连续的弧线表皮构成建筑舒展的沙丘形态，绵延出丝绒般柔美的金黄轮廓线，同时自然地把不同功能包裹其中，匍匐延伸的体量也象征自然界“悠长宁静”的生命特征。中心整体以欢迎的态势环抱整个景区门户，开门见山般地形象传递着沙坡头独特的沙海景色魅力。服务中心和博物馆的高低错动如相互簇拥起伏的沙浪。中心如秘境般浮空的绿洲，进一步激发游客移步探索的好奇心。在沙丘般迷人的曲线后，是层层扶摇而上的生态绿地，汇集在圆环状中心，簇成浮在空中的沙漠绿洲，寓意沙坡头月亮湖中心绿洲，沙海、湖水相依相映，构成沙坡头独特的景区特色元素。 功能布局上，流动的两座大小“沙丘”分别为游客中心与沙漠博物馆，“V”字形平面使得各单体建筑前均有导向明确的集散广场，通过周边停车场和公共交通启停站引导客流，构成主体服务区中心景观。圆形平台在二层连通，游客可自由往返室内外空间游憩和观赏。与景观台相连的架空风雨廊，与主体相呼应的平面布局直接连接至交通换乘中心，与中心建筑无缝接驳构成换乘集散区大尺度的架空空间作为全天候的室外空间，灵活满足各类活动的组

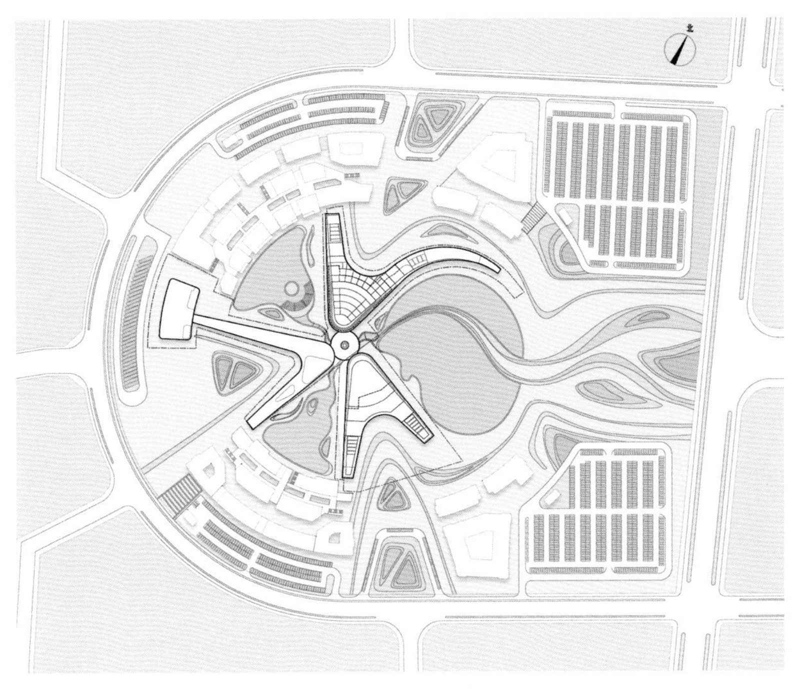
总平面图

全景鸟瞰

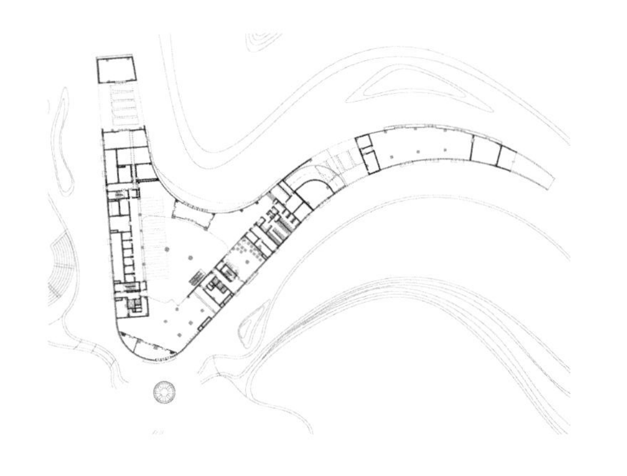

一层平面图

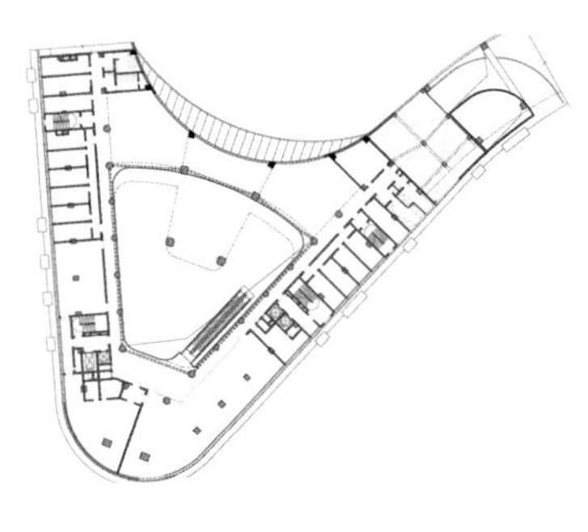

二层平面图

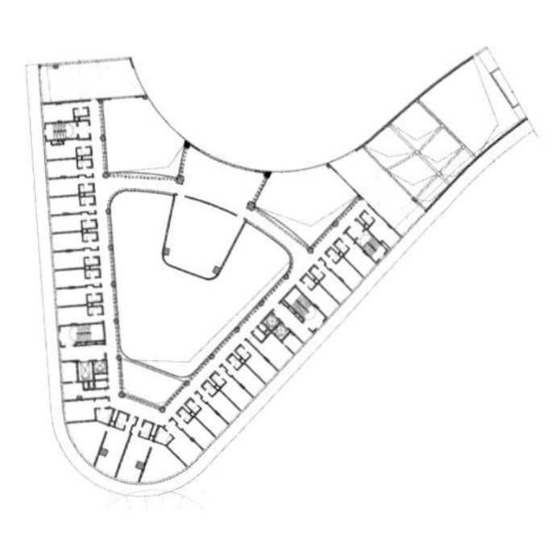

三层平面图

建筑与环境

建筑中庭

建筑外景

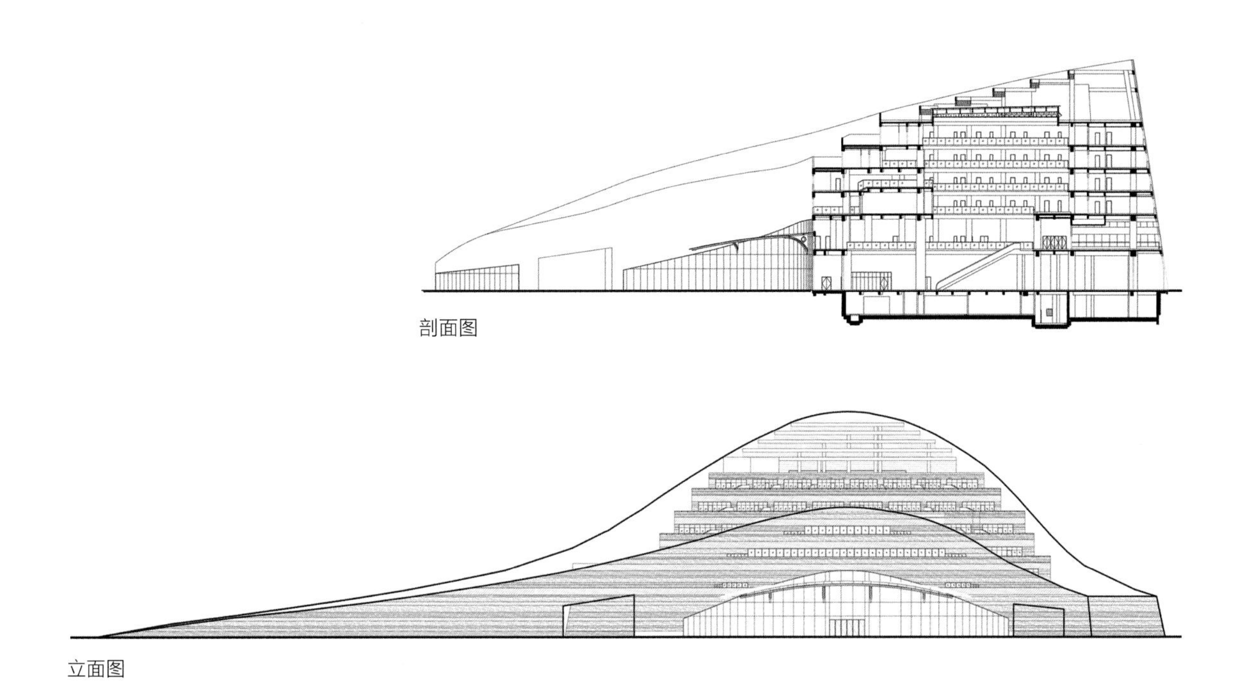
剖面图

立面图

织和交通串联。立面建筑材料也考虑充分融入地域特色，大面积采用深啡、赭石、沙黄等具有浓厚沙漠色彩风情的砂岩板、花岗岩、洞石等材料，同时幕墙区域利用不同色彩的石材厚度差异进行凹凸不同的组合，并且采用蘑菇面、火烧面等材质强化视觉差异。由此调和出错落有致的既富光影细腻变化又多彩跳跃的肌理表面，这是对沙丘律动的诗意的提炼，也体现出沙漠自然景观和人工美学的天然结合。

二、背景故事

2014 年 7 月，港中旅（宁夏）沙坡头旅游景区有限责任公司和宁夏沙坡头旅游产业集团有限责任公司共同邀请华艺公司为宁夏沙坡头打造沙漠特色旅游的门户建筑群——宁夏沙坡头游客中心。华艺的设计团队在半个月的时间内，连续设计出了 3 个比选方案，表现出了极高的专业素养和水准，获得了甲方的高度评价。从舒展的沙丘形态中提取出的概念让团队在方案设计比选中期就获得了甲方的认可，团队也因此包揽了整个项目建筑群的设计。去现场的多次实地踏勘也加深了团队关于广袤沙漠的印象和感触。这个项目是华艺公司在宁夏的第一个项目，与公司以往深耕的南方地区项目不同，项目基地气候夏热冬冷，夏季雨水较为充足，冬季有冻融期，因此项目面临了屋顶花园维护、倾斜墙面的防水防潮、冬季无法施工、设计时间紧张等挑战。华艺设计团队抗压能力较强，迎难而上，不仅出图迅速而且图纸质量高。9 个月的时间，沙坡头游客中心的建筑群设计从方案到施工图就已完成。沙坡头项目 2017 年 10 月竣工，次年春季就已投入使用，建筑建成效果较好，不仅获得了业内人士的广泛好评，也受到了去沙坡头游玩的同行和朋友们的赞许。

深圳五矿金融大厦
Minmetals Financial Center, Shenzhen

项目地点	深圳市 · 南山区
建筑面积	58 000 平方米
建筑高度	145 米
业主单位	五矿期货有限公司
主要设计人员	陆　强　黄鹤鸣　乔国靖　陈　鹏　武　岭　何　兰　梁莉军　曹东辉　扈春记　郑文国　凌　云　齐国辉　雷世杰　何祥伟　何艺阳　刘相前　傅勇平　付金为　何　雁　张　雁
合作单位	贝考弗及合伙人事务所（方案设计）
设计时间	2015 年
竣工时间	2021 年

创新绿色总部大厦

一、设计理念

五矿金融大厦位于深圳市南山后海中心区，处于后海金融总部区门户的位置，拥有机场、港口、港深西部通道等交通要道，是国际级领袖公司南方战略布局的首选之地，是深圳未来三五年重点打造的 5 个总部基地之一，也是深圳最具发展潜力的高端商务区。项目的概念设计着重于打造高效的办公建筑，最大化利用基地优势，从毗邻建筑群中脱颖而出。在场地规划中，将建筑尽可能布置在场地东北端，从而最大程度远离其东南侧更高的塔楼。平面边界在东侧为街道所限定，在西侧被相邻塔楼边界的延长线定义。建筑平面的南北侧边界为一对平行于北侧高速路的平行线。因此塔楼平面呈平行四边形的形式。为使这一平面形式从其周边遵循严格正交体系的建筑群中脱颖而出，设计团队将建筑的南北侧立面设计为遵循一条圆弧线缓和倾斜的形式，并将两立面一直延伸至高于主体屋顶，在塔楼东北和西南两角分别形成富有表现力的尖顶。这两个弧形的、上升的形体抽象于风帆的形式。这是一个优雅、永恒而吉祥的形式，它从自然当中自由地汲取力量。风帆的形式与塔楼中下部穿插的平行四边形体取得了平衡，该形体可理解为象征着支撑风帆的桅杆。五矿金融大厦采用带交叉支撑的巨型框架——筒体混合结构，整体呈风帆形，寓意企业发展扬帆起航，成为

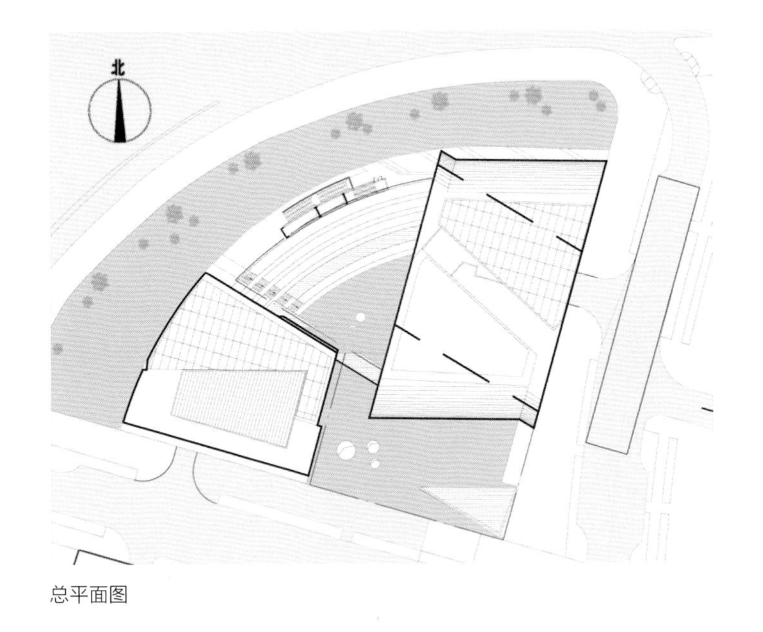

总平面图

滨海大道边上的一道亮丽风景线。

二、背景故事

五矿金融大厦是华艺设计与贝考弗及合伙人事务所合作共同呈现的作品，整个项目历经 7 年的打磨，最终在深圳后海中心区优雅矗立。项目最大的难点是基地局促，面临着如何在这样的条件下打造一个舒适的空间氛围的问题。实践中，建筑打破水平的设计局限，通过向下设

建筑沿街立面

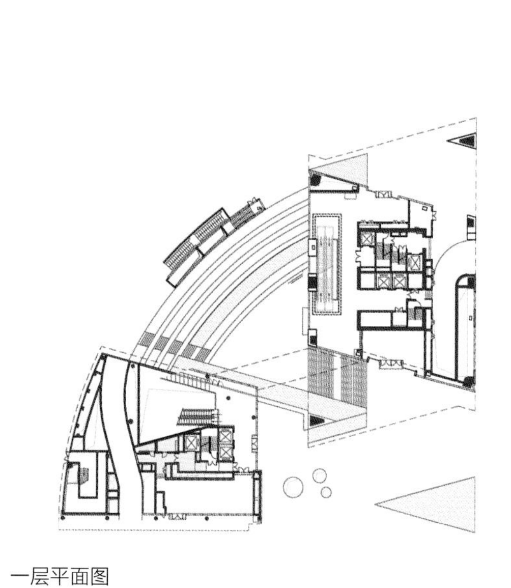

一层平面图

节点详图

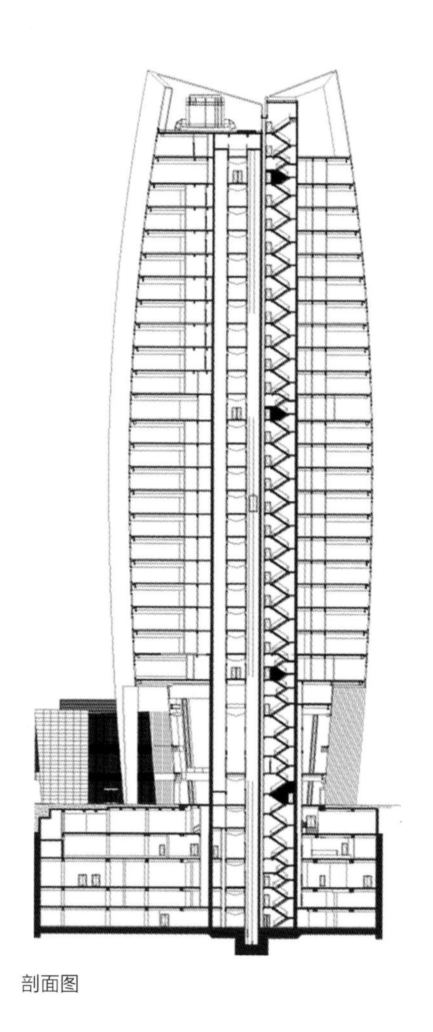

剖面图

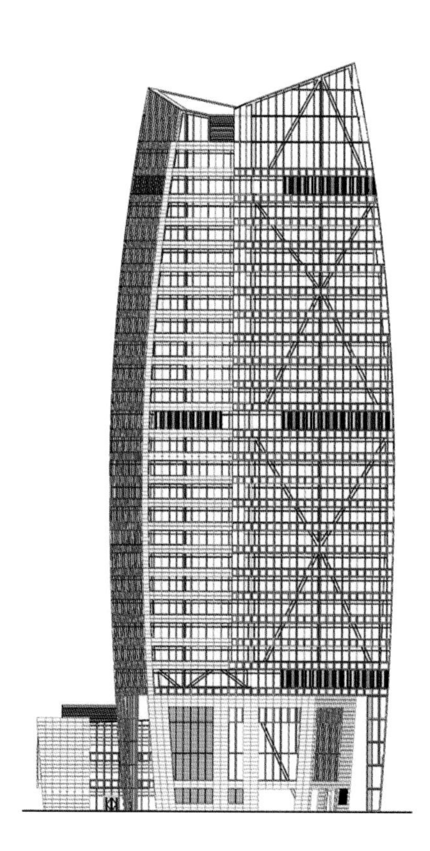

立面图

计下沉广场，向上抬升入口大堂，首层开放架空，在有限的空间中实现舒适的效果。五矿金融大厦的设计让团队有了很大的成长，建筑的细节设计让其看起来不仅是一座建筑，更是一个作品。在技术方面，大厦设计了 5 层的地下室，为了应对场地局促施工施展不开的问题，建筑地下施工采用三合一的特殊的施工方法，整个大楼设计实施过程中，团队与众多的专业顾问公司合作，通过多方沟通和协调，满足各方需求，最终呈现出现在的作品。在设计过程中，每周固定的早上六点多的会议历历在目，设计团队时常感慨：“好的项目需要精益求精，也需要通力合作！”

建筑外景

建筑局部

室内环境

深圳满京华艺展天地

Manjinghua International Art Exhibition Center, Shenzhen

项目地点　深圳市·宝安区
建筑面积　56 000 平方米（1098 地块）、214 070 平方米（1099 地块）、210 161 平方米（1100 地块）
业主单位　深圳市沙浦巨帆投资有限公司
主要设计人员　陈日飙　孙　华　周　新　彭建虹　孙　涛　贺冬柏　黄婷婷　何　洁　陈　鹏　郑迪心　寇梦琪　夏　熙　李　宁　郭　靖　范洪蔚　何　涛　刘　俊　严力军　肖　泰　雷　霆　覃高明　谢海兵　张　津　周晓光　王霖杰　李细浪　王　恺　雷世杰　王国明　凌　云　高　龙　刘龙平　李雪松　郑文国　吴志清　沙卫全　刘相前　田惠环　赵广镇　黄超宇　曹　焕
合作单位　许李严建筑师事务有限公司（香港）（方案设计）、深圳汤桦建筑设计事务所有限公司（方案设计）、源计划（国际）建筑师事务所有限公司（方案设计）、深圳市开朴建筑设计顾问有限公司（方案设计）
设计时间　2015 年
竣工时间　2018 年

深圳超大型创意文化产业综合园区

一、设计理念

深圳满京华艺展天地位于深圳市宝安区松岗中心北区，扼守住深圳市西部工业组团的北部门户，联系粤港澳大湾区域前海中心区等重要功能区，是满京华集团在宝安区政府支持下重点打造的区域性地标项目。主要由一栋超高层生态厂房、一栋超高层生态型立体手工艺作坊以及一栋围合式 24 米的多层复合生态型厂房组合而成。

设计团队分析了欧洲及国内多个城市的空间案例，将其空间具有特点的元

项目区域模型

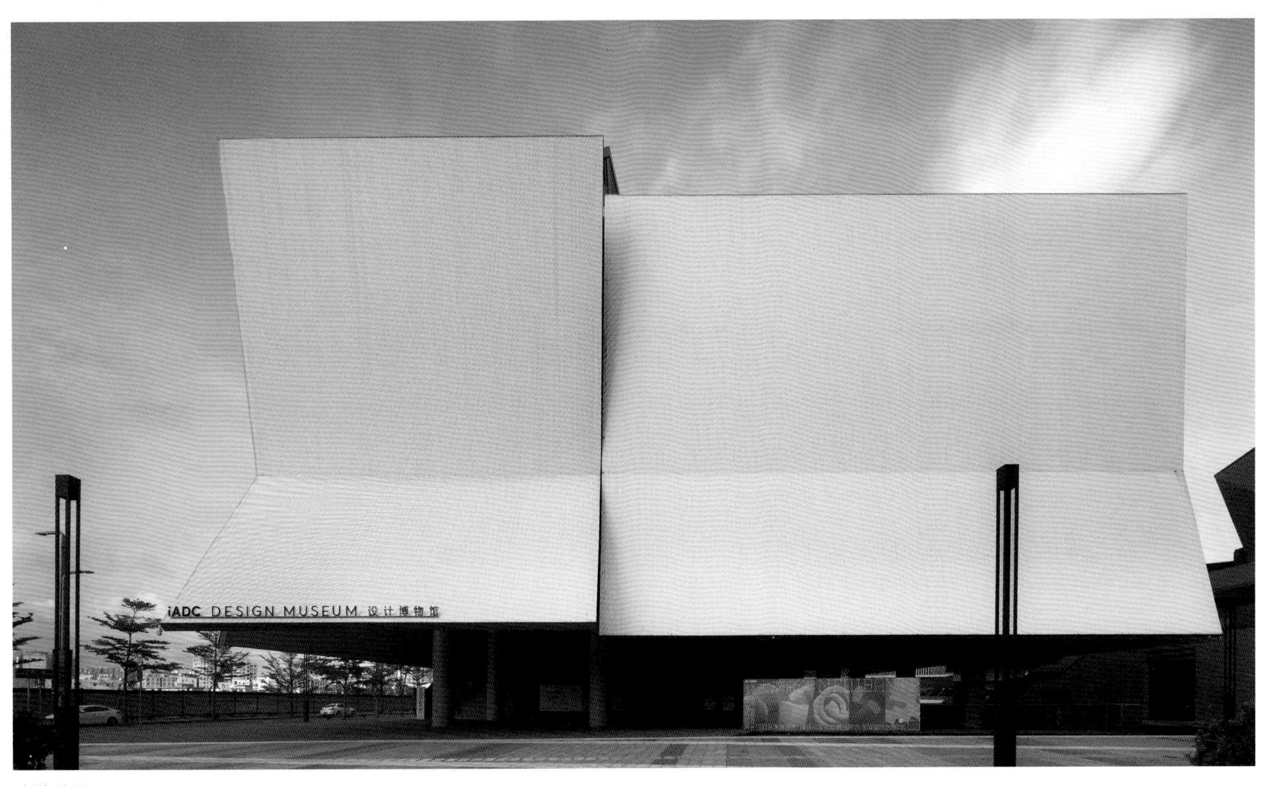

建筑外景

总平面图

建筑局部立面（1）

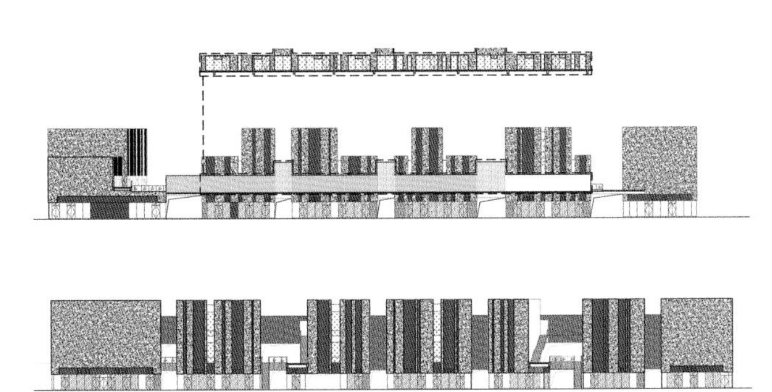
立面图

建筑局部立面（2）

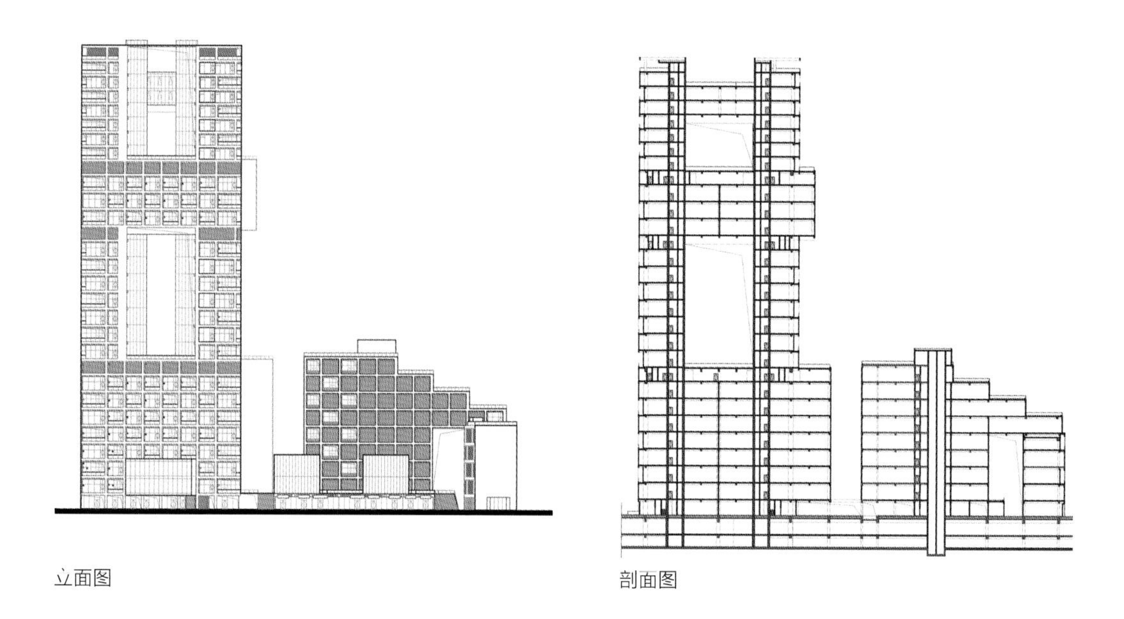

立面图

剖面图

建筑沿街立面

建筑局部细节（1）

建筑局部细节（2）

素借鉴于项目中：比例人性化的大街小巷、不同尺度与气氛的广场、引导方向的地标性建筑。按这些设计特点，观察分析其公共空间的尺度、城市空间的多元，及其以大小不同的地标来帮助寻幽探秘和连续视野的手法，把元素融入设计中。

项目从绿色建筑角度出发，在超高层塔楼中央设计了三个对流通风的空中花园，把绿化立体垂直地延伸至空中，形成了供人们沟通交流的公共空间。塔楼设计垂直方向上分成了四个不同区域，每个区域均以不同的建筑体量左右围合空中花园而成，有如一个个有中央庭园的传统板楼建筑。设计团队有如把四个小型传统板楼建筑垂直迭加起来，并每个均转向 90 度，以创造不同的景观。设计团队更在空中花园的墙上布置了垂直绿化，使空间更有生态特色，为城市创造了独一无二的绿化空间。

在现有的城市规划尺度下，设计团队尝试为此项目植入一个年轻创业社区 Y-COMMUNITY。通过共享社区的组织方式建构此 1.7 万平方

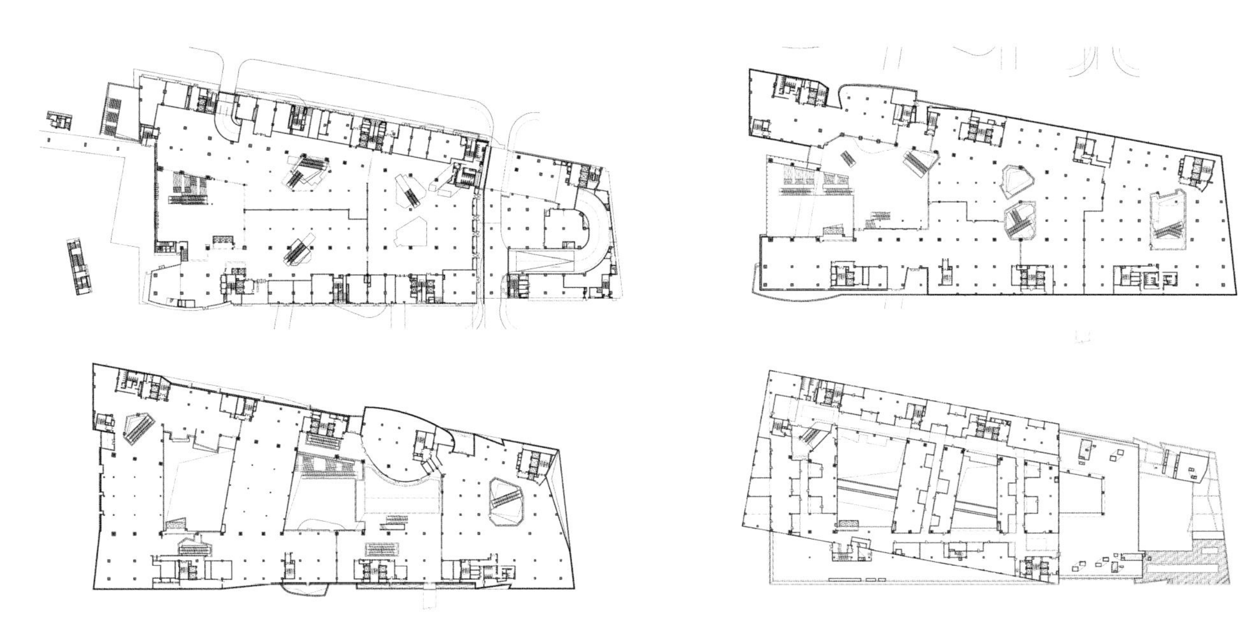

一层平面图（左上）、三层平面图（右上）、七层平面图（左下）、十一层平面图（右下）

建筑局部

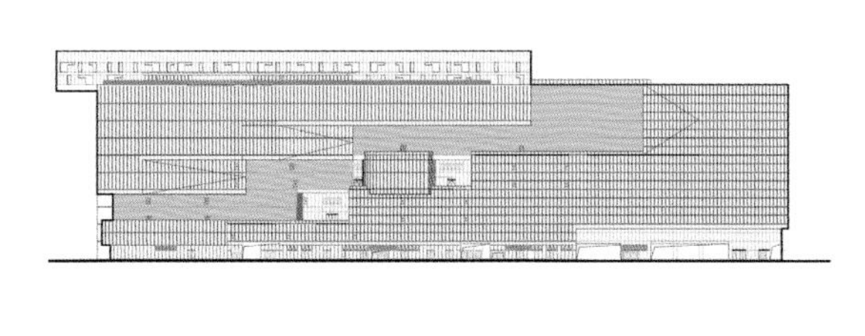

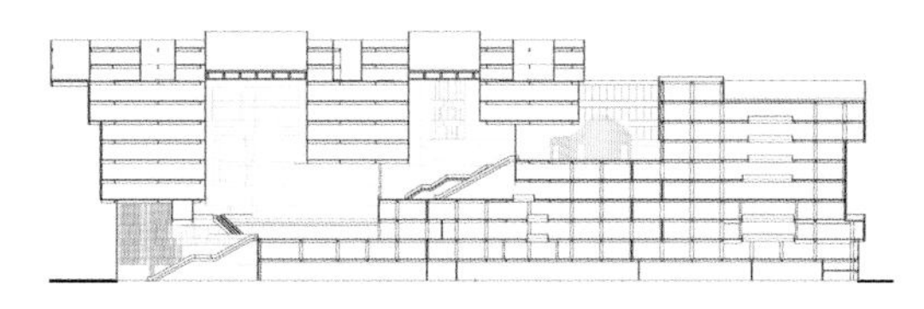

立面图（上）、剖面图（下）

建筑外景

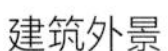
建筑外景

建筑局部（1）

建筑局部（2）

米的生态型创业乐园，从而回应本地块的创新型的艺展产业要求。在形体处理方面，采用抽空、围合的方法使建筑内部形成南北两个内庭，解决了采光需求的同时，营造了良好的景观效果。首层为5.1米层高，考虑与地块其他区域一并作为大型商业空间使用。在二层形成了一个开放式公共平台，此平台作为二层以上产业用房门厅入口，同时提供一个极具活力的社区交流广场。楼层之间通过楼板水平错动产生的复杂性，创造更多元化的空间。

二、背景故事

满京华艺展中心艺展天地是粤港澳大湾区政策下城市更新的代表项目，历时三年，该项目从一片旧厂房变身为国际艺术社区。有机统一的空间序列是项目片区规划设计的一大亮点和最主要的特色，贯穿120米长度的mall大厦内部的多层连续中庭又是点睛之笔。从主入口步入大厅遥看，大尺度连廊将中庭串联，商业动线清晰，空间视觉效果极其震撼。当然，如何设计多层大跨度连廊及连廊间的弧形屋盖这也是一个重大挑战。设计团队最终采用了钢桁架加钢吊柱的方式实现多层结构的空间跨越。顶上两层采用钢桁架，将连廊通过钢柱吊挂在其下，两层钢桁架间亦布置了建筑功能，整体设计保证了较高的空间利用率。在设计上，满京华艺展天地展示中心是成功的作品。城市设计—群体—单体—内部空间，设计思路清晰。从宏观到微观，设计师将各个细节把控到位。材料、颜色、施工过程都经过了大量的推敲，华艺与其他合作设计单位为这个项目都付出了极多的心血，它也是深港深度合作的代表作品之一。

深圳天鹅湖花园（三期）

Swan Lake Garden Phase III, Shenzhen

项 目 地 点	深圳市 · 南山区
建 筑 面 积	299 064 平方米
业 主 单 位	深圳华侨城房地产有限公司
主要设计人员	陈日飙　林　毅　夏　熙　林　波　黄　楠　周　新　徐基云　何　洁　温宪校　叶　凌　刘相前　凌　云　李细浪　严力军　许鸿珊　常毅敏
合 作 单 位	SCDA DESIGN PTE. LTD（概念规划及立面方案设计）、深圳市立方建筑设计顾问有限公司（住宅户型方案设计）
设 计 时 间	2015 年
竣 工 时 间	2019 年

深圳华侨城片区豪宅收官之作

一、设计理念

天鹅湖花园（三期）位于华侨城片区，南临燕晗山、西眺天鹅湖、北接侨香路，是天鹅湖系列的收官之作。除延续一、二期营造城央繁华与私谧居境兼备的居住愿景外，城市友好意识及人文关怀精神贯穿了三期设计的始终。总体布局采用因地制宜的设计策略，裙房通过营造层次丰富的围合式商业、半地下室，消解不规则地形及场地高差；塔楼有别于一、二期板式临湖环抱的布局，采用点式错落的方式占据商业四角，虽未沿景观面做平铺直叙的展开，但却通过获得最大视距的方式，有

建筑局部立面

建筑沿街立面

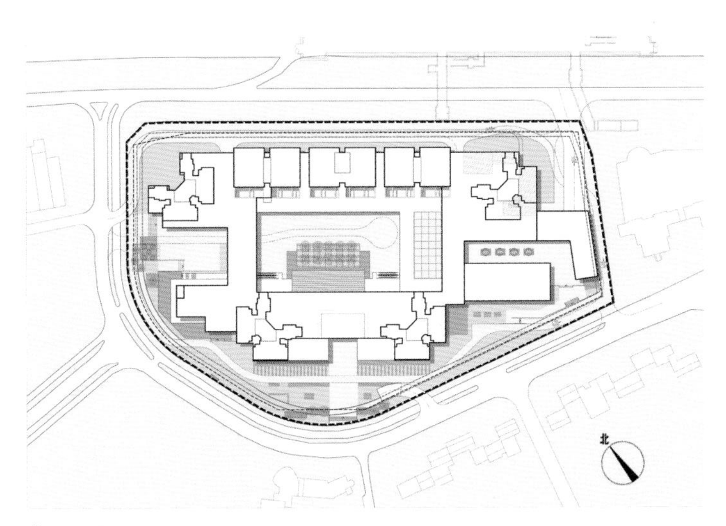

总平面图

效回应周边优质景观资源。更重要的是，点式错落布局，将有效缓解北面侨香路的“屏障效应”，起到衔接城市与自然，却不阻隔的效果。不同于一、二期大面积玻璃幕墙的立面设计，天鹅湖花园（三期）更加注重立面的虚实对比。塔楼依然延续先期使用的铝制方通元素，于主立面形成精致边框，山墙面形成瀑布质感，共同强调纵向韵律；空中水平漂浮的三层通高休憩平台，则巧妙地展露出塔楼立面整体观感的平衡。裙房立面在设计元素上与塔楼呼应，由各尺度不一的片框构成，强调各自尺度的优雅与比例的协调；不同于塔楼的直观、大气，裙房片框间还排列着不同密度的竖向构件，在近人尺度揭示着另一个层次的肌理，通过设计的语言，向身处其中的人们展示精致、友好的态度。

小隐隐于野，大隐隐于市，天鹅湖花园（三期）虽身处价格高企的繁华都市中心，却通过规划设计的方式，极力体现对城市的友好及人文关怀，让身处其中的人们，无论是住户抑或是游人，均可观天鹅湖的波光潋滟、可闻燕晗山的山风乍起、可感欢乐谷的活力与激情，而这也恰是本项目的设计初衷。

全景鸟瞰

二、背景故事

华侨城天鹅湖花园（三期），是整个天鹅湖系列组团的收官之作，占据华侨城最中心的位置、深圳版图核心。项目从2015年开始设计，面临的挑战之一即是户型设计。最初设计定位是具有都市风格、坐拥城市繁华和自然山水的板式平层大宅。随着项目的深入，受制于用地指标、航空限高等客观因素，项目方案进行了多轮修改，形成了最终最有利于景观视野的四栋超高层塔楼格局。立面效果延续着一、二期的格调，使用了大面积的玻璃幕墙，三期的超高层建筑显得轻盈时尚。

挑战之二是设计团队面临场地高差这一不利因素，要将项目打造出多首层、多平台的设计亮点。项目位于燕晗山与侨香路之间，南高北低，设计团队将3 000平方米的公交场站入口放置于地块北面侨香路平层标高，将它的屋面利用地形高差设计成了项目东南角的景观平台，使庞大的交通配套体量既方便到达出入又完全隐身于自然之中。

从2015年开始方案设计，2018年主体封顶，到2019年底的竣工验收，再到2020年6月的交楼入伙，项目团队经历了整整5年的设计历程。其间设计团队通宵赶图，反复修改图纸，解决有争议的问题，协调处理紧急状况，助力方案完美落成。

建筑局部

商业局部（1）

商业局部（2）

南方科技大学（二期）南科大中心 & 学术中心与人文学院

SUSTech Phase II- Academic Center & School of Humanities

项目地点	深圳市 · 南山区
建筑面积	29 150 平方米、13 934 平方米
业主单位	南方科技大学、深圳市建筑工务署
主要设计人员	陆 强 宋云岚 王 沛 唐 菲 张宝文 张永亮 詹建林 陶文旭 王克举 程 玲 胡 涛 卢文汀 张晓民 邓雄杰 俞正茂 常毅敏 甑晨辉 陈少林 王国明 王 恺 吴静文 高 龙 陶嘉楠 宁送元 刘龙平 李雪松 凌 云 刘相前 马 琪 曹 焕 黄超宇 叶 凌 刘文来 闫鹏飞 邹奈伶 韩 琪
合作单位	法国 AS 建筑工作室（概念方案）
设计时间	2015 年
竣工时间	2020 年

具有岭南地域特色的高校建筑群落

一、设计理念

南方科技大学校园二期项目基地地处山谷，自然环境优美僻静，本项目力图将建筑设计和山地景观相结合，形成建筑和景观相互交融的一个整体。

南科大中心位于校园中心轴线的一端，是全新的校园地标建筑。通过交叉的两条空中长廊将四部分功能巧妙组合，多边形的建筑回廊将新旧建筑融为一体。建筑内的广场、花园、平台为师生创造了交流、互动、学习的场所，体现了“创新、包容”的南科大精神。整个建筑包括图书馆、综合服务楼、餐饮中心和地下车库及书库等功能区。

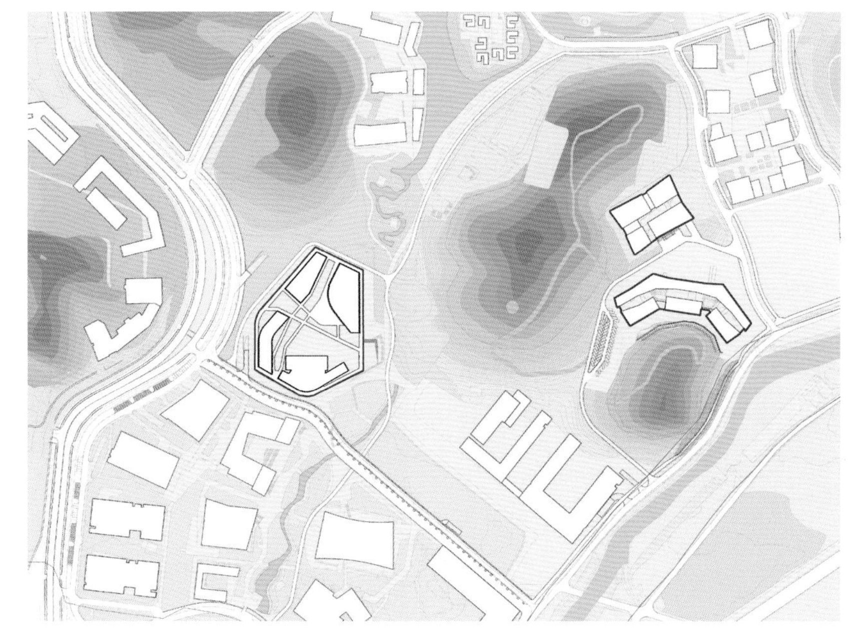

总平面图

建筑区分上下层的幕墙形式，明确

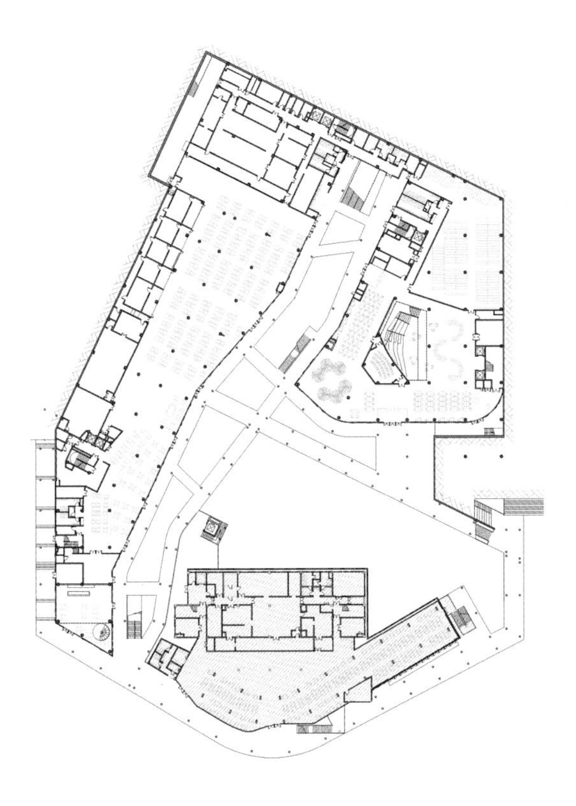

2A 一层平面图

2A 全景鸟瞰

2A 立面局部（1）

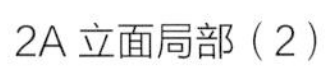

2A 立面局部（2）

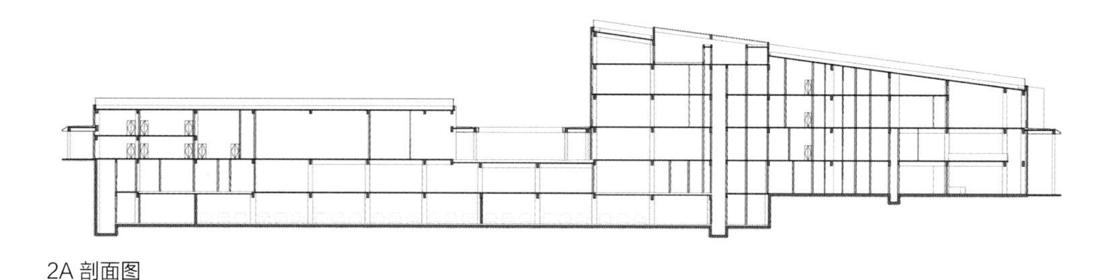

2A 剖面图

2A 立面图

了上实下虚的概念：下层的功能作为交流的场所开放，即为虚；上层作为校园的标识建筑，连廊之上的体量要有实体感。外立面采用石材、轻质陶土板和玻璃三种材质有规律地组合，整个建筑色调呈砖红色，建筑仿佛被大片暖色帷幕包裹，低调而优雅。

陶土板部分采用一体化幕墙设计，陶板内侧做轻钢龙骨和水泥硅酸钙板，内夹防火岩棉，室内部分无须再砌内称墙以节省工期。单元式陶土板构件安装之后同时满足围护结构、采光通风、隔音、节能、防火、内外装饰等多重需求。玻璃幕墙外侧则穿插设置了竖向装饰陶棍，陶棍采取单根独立的固定方式，可单独拆装更换。三层以上部分外立面采用了单元锯齿幕墙，陶板和玻璃按合理比例进行切分，保证采光的同时又对西晒有一定阻隔。陶板上设置错落的玻璃窗洞，保证人视线的通透。

学术交流中心与人文学院，位于校园山林中安静的一隅，是校园内的文化核心，是南科大最富人文气息的建筑组团。学术交流中心有学术报告、校史展览等功能，建筑坐北朝南，三层的建筑聚落，呈合院式布局在整体形态上呼应了岭南传统建筑的气质。轻巧通透的建筑形体依山就势，呈现了极富文化韵味的新岭南建筑。学术交流中心的立面在层间位置设置了错位布置的陶土砖幕墙，陶砖帘的设置能给建筑带来丰富的光影效果。陶土砖的支撑体系为拉索式结构，每块砖通过上下两端的不锈钢挂件码固定在钢索

2B、2C 全景鸟瞰

建筑室内（1）

建筑室内（2）

建筑局部

建筑内院

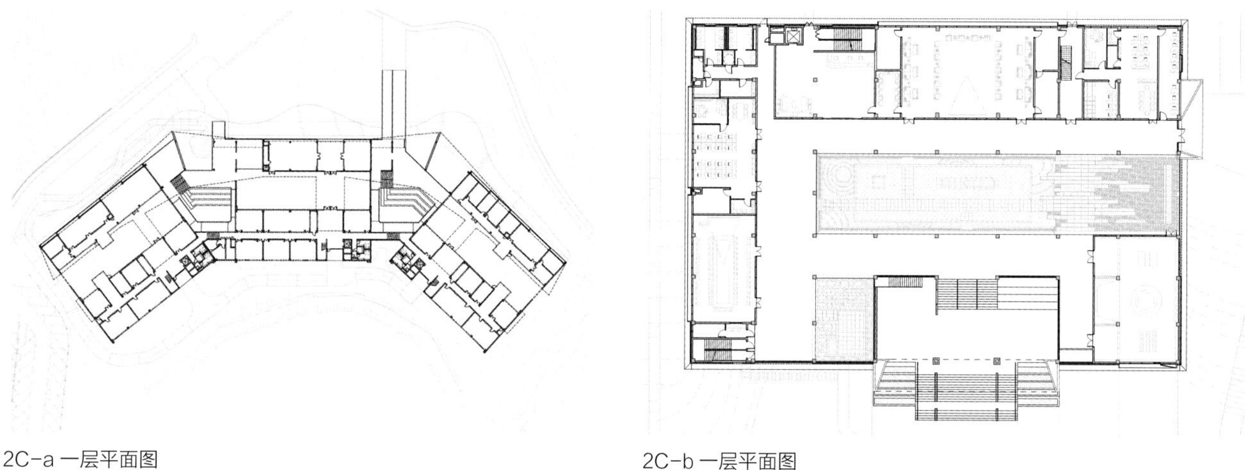

2C-a 一层平面图

2C-b 一层平面图

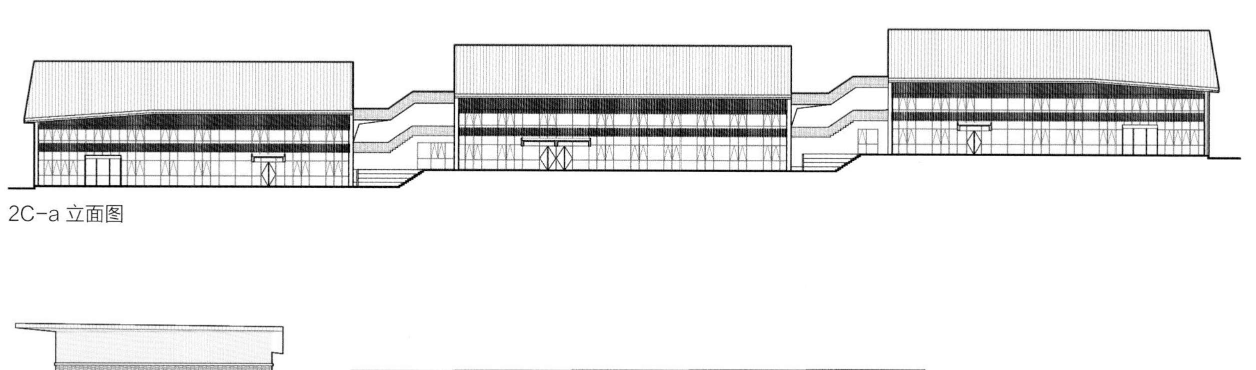

2C-a 立面图

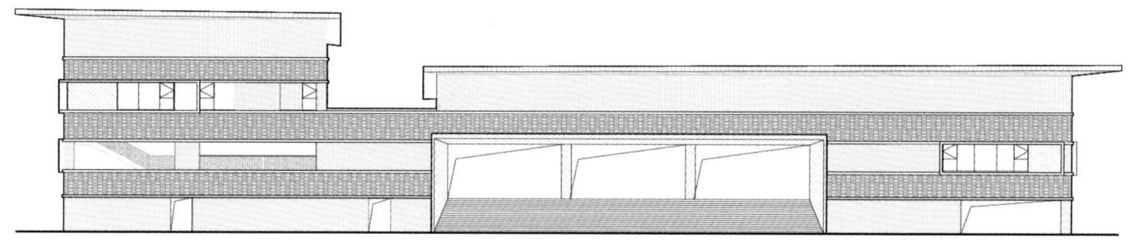

2C-b 立面图

上，每块砖都能实现独立安装及拆卸。陶砖和铝合金竖向格栅的拼接呈现了丰富的立面效果。

人文学院由社科、国学、人文部 3 个学科及 3 个学科间共享的教室和阅览室组成。3 个学科分别设立在 3 个独立的体量内，顺应山势和地形呈一字排开，各学科拥有自己专业独立的院落，其间又通过廊道联系，组成了一个有机的整体。

二、背景故事

该项目自 2015 年投标设计启动，历经 5 年时间，至 2020 年方竣工验收。5 年间校方虽经历了领导更替，但经过与设计方不断推敲，逐步明确自身需求，形成合宜的设计任务书，为设计和后续深化奠定了基础。

大学校园是一个特殊的社区，其建筑不但应体现高尚、文明的元素，更需具备可持续的发展规划。南科大校园一期建设因仓促上马，并没有完整的长期总体规划。直到二期校园建设阶段，校方为解决一期遗留的种种问题及考虑未来三期发展的延续，才请中规院做了总体规划。总体规划一开始充斥着各种矛盾，需要中规院总体梳理、规序、设计、把控实施，由中规院主持，华艺也勇敢担纲。先前 4 家设计公司各自设计，人防总面积共计4.2万平方米，后由华艺主持总协调，整体规划人防布局，根据场地情况重新分配各地块人防指标。调配后人防总面积下降到2.5万平方米，节省造价近2 000万元。华艺同时协助四标段调整了宿舍楼群的天界线，依山傍水，与自然环境相得益彰。

南科大的唐克扬教授是哈佛大学设计学博士，集作家、学者及艺术家等多重身份于一身。唐教授本人钟爱设计，他不仅以业主代表身份审视人文学院的设计工作，同时还亲自参与其中，同设计团队一起对细节部分进行个性化调整。其时已进入施工阶段中期，各参建单位均已介入其中。华艺设计积极配合唐教授的工作，高效地解决了诸如艺术品运输车道、室内立面材质调整等细节调整，在匹配业主方审美需求的同时，精准解决业主对于未来使用需求的担忧，以负责的态度提升项目的整体完成度。

在这一阶段，设计团队还将顶层教授办公室的平屋顶改为坡屋顶，打造出的通高空间更适宜立体变换，可以为LOFT工作室在后期使用中留出自由发挥的空间。同时，设计团队将3处屋面做局部开敞处理，形成了3个新的露台空间，让使用者在工作、学习间隙可以在这些场所观山冥想、交流互动，为后期的使用营造了无限可能。

唐教授对于华艺团队的紧密配合和设计实力颇多赞誉。每每有重要参观者到访时，唐教授都要亲自介绍，欣喜之情溢于言表。

建筑内院

建筑局部

深圳半岛城邦花园（三期、四期）
Peninsula City-State Garden (Phase III & Phase IV), Shenzhen

项目地点　深圳市 · 南山区
建筑面积　319 950 平方米
业主单位　深圳市金益田实业发展有限公司
主要设计人员　林　毅　王　璐　陈　筠　王博然　钱福兵　金　姬　王　源　常毅敏　汪　洋　卢文汀　杨　凡　沙卫全　傅勇平　赵广镇　刘智忠　王　恺　刘赫南　凌　云　高　龙　方　金
合作单位　深圳市欧博工程设计顾问有限公司
设计时间　2016 年
竣工时间　2018 年

深圳滨海高端综合社区

一、设计理念

半岛城邦花园以打造一个国际近海人居商区为目标，力图创造城市新地标、滨海新风景、海湾新名片，成为一个休闲游憩的购物体验目的地。超高层塔楼呈点状布局在用地西侧，最大限度让开间隙实现整个半岛城邦的山海通廊，同时满足整个片区的通风和日照的有利微气候条件。整个建筑立面以白色为主色调，呼应滨海建筑特色。建筑立面简洁，注重材料及建筑细部的设计品质。建筑立面风格体现时尚与活力，以简洁、平静、舒适、有机为设计出发点，强调以其精致、精彩的建筑细节提升整个社区的品质。总平面布局留有足够的自然风入口

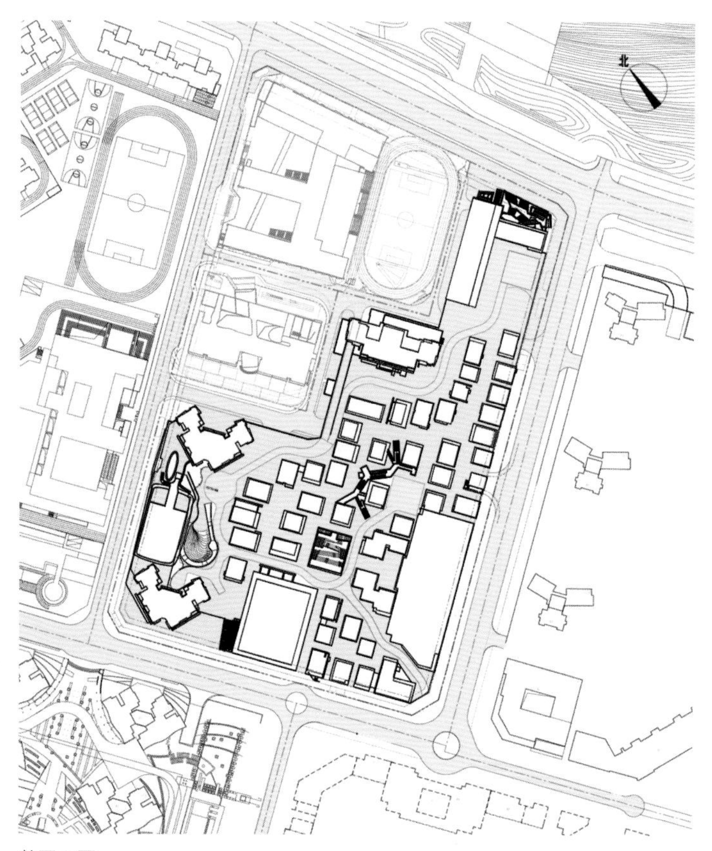

总平面图

和出口，建筑群室外空间气流顺畅。建筑物朝向以南北向为主，主立面迎向夏季主导风向，有利于夏季自然通风，降低空调负荷。在满足日照间距和卫生间距的前提下，尽量拉大建筑间距，强化小区内的通风换气。尽最大可能提高绿化率，不做或少做硬质铺地，改做透水地面，减少地面热反射，避免热岛效应。单体设计采用简洁规整的体形，避免过多的凹凸变化，尽量缩小体形系数。组织良好的穿堂风，尽量使每个单元均有两个朝向可开启门窗，进行采光通风，以利于夏季降温，降低空调能耗，适当控制窗墙面积比。本项目定位为绿色生态建筑，力求建成为环境良好、健康舒适、能源与资源消耗较低的绿色建筑，通过采用综合优化设计、适宜的绿色技术、施工控制及运营管理等措施，达到绿色建筑环境友好、增量投资少、维护费用低的目的。

建筑沿海立面

二、背景故事

半岛城邦四期位于蛇口片区，这里聚集了深圳市约90%的外籍人士，作为蛇口片区唯一的商业综合体，商业的设计就显得尤为重要，要充分考虑外籍人士的国际化消费理念以及高标准的生活需求，每个人心中商业应有的形式都不尽相同，设计团队很高兴能遇到有魄力、有思想的业主，以及欧博优秀的方案

建筑局部

商业街景

商业鸟瞰

商业街景

商业街景

团队。商业部分最终形成了融入现代艺术、景观、灯光的开放式街区，49 个完全不同而又在设计语言上巧妙互通的商业单体，通过设计排列组合，使最终形成的极具社群性质的建筑组团，完全打破了固有的商业设计思维，让人身处其中，像是将自身投入在白色空间几何形态下的艺术氛围中。欧博在项目中负责三期的方案至建筑单专业施工图设计及四期的方案至建筑初步设计，华艺负责的建筑后期，通过模型以及平面布局反复推敲视线关系、防火疏散、立面协调统一等一系列问题，立足业主的基本需求，最终通过强大的后期设计深化能力将原设计完美精准地落地，呈现出让业主满意的、与众不同的、具有时代印记的商业综合体设计。

厦门航空古地石广场
Gudishi Square of Xiamen Airlines

项目地点	厦门市 · 湖里区
建筑面积	59 000 平方米
业主单位	厦门航空开发股份有限公司
主要设计人员	敖 翔　林沁心　柯熙泰　王 柯　崔路明　彭旭敏　高 澍　张红伟 陈仲凯　俞 爽　白艺晖　周森炎　黄 杰　邹晓涛　刘巧全　左 钊
设计时间	2016 年
竣工时间	2019 年

低密度花园式办公综合社区

一、设计理念

航空古地石广场，位于厦门市湖里区湖边水库片区，西临金边路，北接观日西路，与万科湖心岛隔水库相望。湖边水库片区环境优美，未来将打造成厦门本岛一个市政设施最为完善、绿化效果最为优美的高档生态社区和繁华商业区。古地石广场周边围绕大量的高层住宅建筑，建筑屋顶会以较高的频率暴露在周边居民的视线范围，为了与环境相融，第五立面的设计极为重要。设计团队引入了中国古典审美的山水意向，将屋顶塑造成为“小山”，与湖边水库交相掩映，融入滨湖的

建筑局部立面

主入口

建筑夜晚外景

丛丛绿色。二层的流动曲线打破了“方盒子”的呆板印象，无论在远观还是走近欣赏的距离下，均能产生丰富的趣味性，让建筑立面百看不厌。建筑体量贴边排布，空余出的内向空间打造层次丰富的内庭院，提供多处绿意盎然的休闲空间，在敞开的绿地或广场上，还可作为内聚性的大型活动举办场所。与其说湖边水库沿线是一道优美的风景，倒不如说它是一幅山水画，设计团队选择为它作为一道特别的“背景”，这就是大量玻璃幕墙被运用的原因。经过幕墙的反射，滨湖道路两侧的天空和绿意相互倒映，让建筑隐于水天相接的映画里。

二、背景故事

古地石项目在设计的过程中，总会有同事关切地问起项目进度，起初设计团队还会很热情地回答，但后面总是微笑中带着些许难以言说的意味。因为，同一个项目历时 5 年，完整地做了两遍。

建筑沿街立面

2012 年，公司获得社会公开招标的信息，它是厦门岛内的一个临湖地块，容积率仅为 1.0，地上开发指标 2.2 万平方米，天生就是一个带有光环的低密度项目，拥有无限的设计可能。同事们的热情都无比高涨。通过竞标，华艺通过主打湖滨特色的休闲商业的主要定位和设计理念，获得厦门航空开发的委托合同。在设计按方案有条不紊地进入施工阶段后，转折发生了。2014 年，桩基工程已经完成，湖边水库的其他商业综合体悄然开业。万达、宝龙、蔡塘、瑞景、前埔等车程仅 2~5 千米的地区，开设了 3~10 万个规模不等的商业服务场所，周边项目配

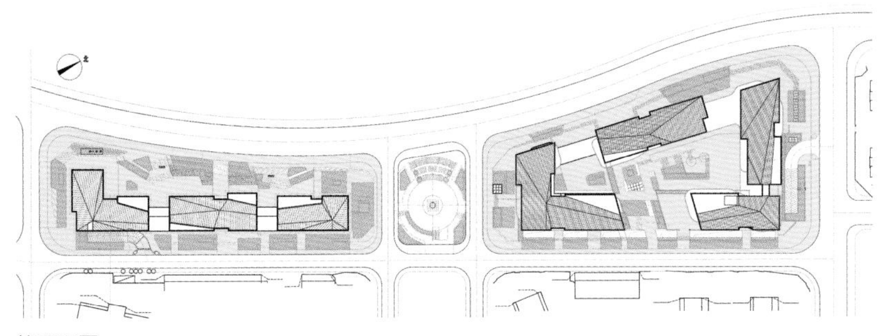

总平面图

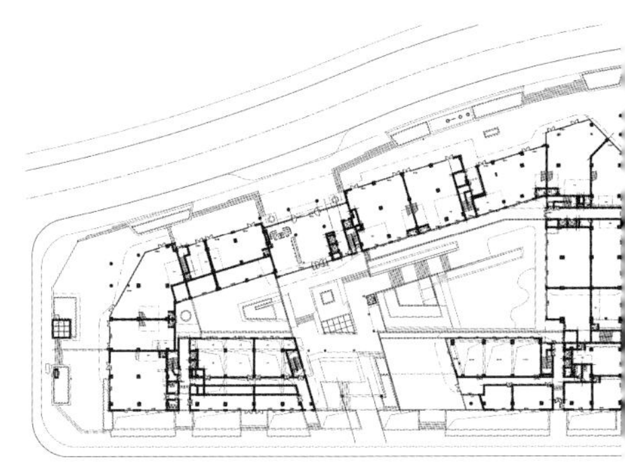

A 区一层平面图

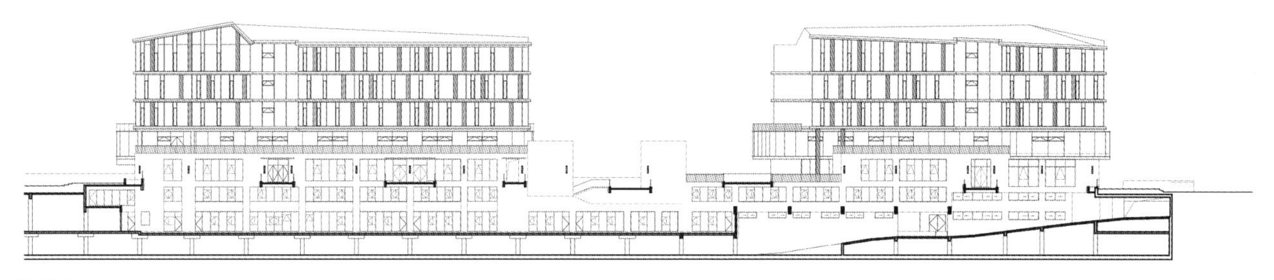

剖面图

建筑模型全景

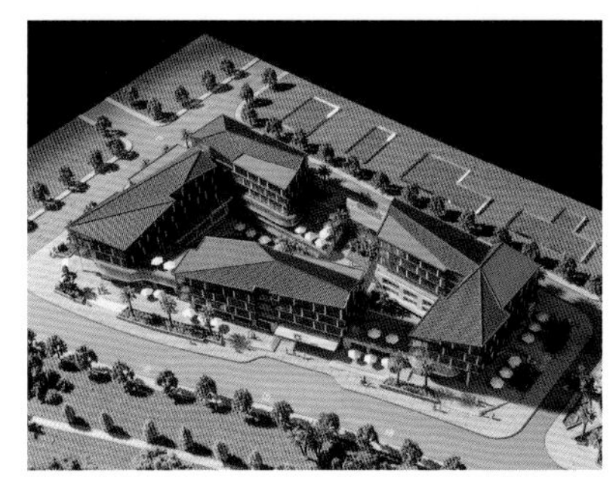

建筑模型局部（组图）

置比例也非常大，社区商业需求过剩。同年，阿里巴巴、京东赴美上市，国内电商市场份额首次超过美国，线下零售商业却开始走向真正的迷茫。在衡量自身的竞争优势和服务范围之后，业主单位强忍定位前瞻性的缺憾，在与华艺将所有款项结清之后，再次向社会发起了第二次设计招标。本次的定位，是将商业指标依照办公功能进行开发，附带少量配套商业。依靠团队对于两块土地及业主需求的深入了解，华艺在与国内其他设计单位的竞争中险胜，再次中标。转换成的低密度办公定位，本身就是国内少有的课题，国内也鲜见密度如此之低的高端办公社区。怎样的立面才异于办公市场，又适应环境、适合厦门本地的地产市场？经历过三次立面方案推翻重来，终于在第四稿定稿。决定终局的是第五立面，方案引入中国传统山水意境，力图在湖滨水畔营造一座连绵起伏的小山，以亲人的尺度消隐于环境之中。从远处眺望，“小山”若隐若现，为水库增添了一份别样的旖旎风光。项目落成之后，得到市民、媒体、相关政府部门、入住商户、消费者、艺术家及业主的高度认可与赞赏，取得了非常良好的社会效益，一个新型绿色体验式的复合功能园区已然形成。

深圳北理莫斯科大学
Shenzhen MSU-BIT University

项目地点	深圳市 · 龙岗区
建筑面积	296 200 平方米
业主单位	深圳北理莫斯科大学
主要设计人员	陆　强　宋云岚　张才勇　王博然　曲　鹏　石　莹　徐基云　陈　功　黎　正 劳玉明　阳　虹　马国新　胡　涛　于桂明　李秀明　过　泓　雷世杰　李细浪 黄值友　陈　露　刘文来　曹　焕　黄宇超　刘文杰　叶　凌　张　毅　郑文国 凌　云　方　金　杜昕芮　齐国辉　李贵平
合作单位	深圳大学建筑设计研究院、皮尔帕克（北京）建筑设计咨询有限公司上海分公司联合体、 深圳华森建筑与工程设计顾问有限公司
设计时间	2016 年
竣工时间	2019 年

中俄合作、一路一带、世界一流国际化综合性研究型大学

一、设计理念

深圳北理莫斯科大学选址于深圳市龙岗区国际大学园区，依山傍水，环境优美。国际大学园区由深圳信息职业技术学院、香港中文大学深圳校区、共享的体育馆及科研基地和北理莫斯科大学共同组成。

基于校方对校园规划及建筑设计提出的要求，校园的整体规划设计理念采用了功能组团的设计模式，校园整体规划划分为行政教学区、生活运动区和山水景观区，功能分区明确，轴线关系清晰，充分运用顺应“地势”的造园手法，与周边自然环境结合，以此形成校园的基本规则布局。整体规划利用场地现状，充分考虑校园空间与南面山体之间的关联，规划布局疏密有致、尺度适宜。通过主次空间的串联，组成清晰明确的空间框架，并通过高低错落和形态多样的单体建筑组合，

主楼及前广场

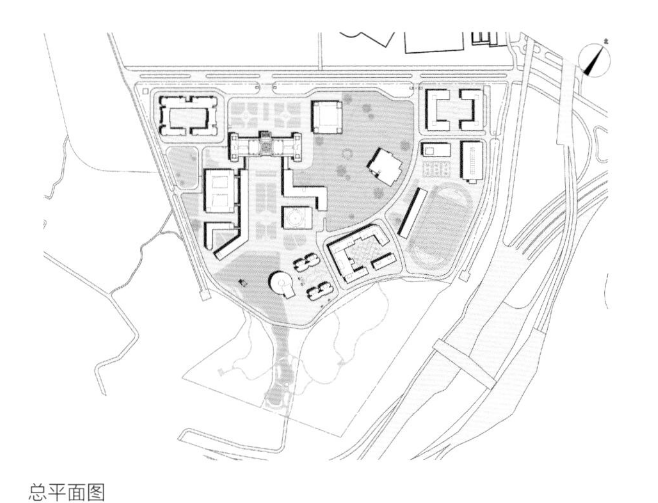

总平面图

主楼立面图

全景鸟瞰

1 号实验楼立面

会堂立面

校园前广场鸟瞰，上部为 1 号实验楼，下部为会堂

从人工湖一侧看中心广场

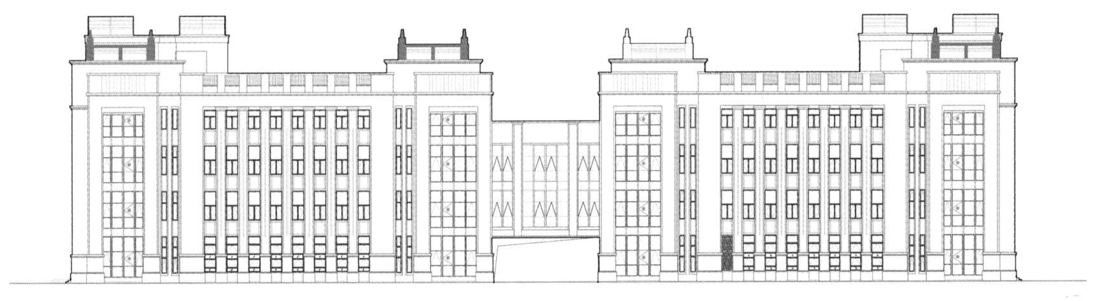

1 号实验楼立面图

会堂立面图

使校园的空间层次和天际线愈加丰富。整个校园空间大面积采用开放、半开放式的庭院组合关系，既能够满足深圳地区气候环境的使用需求，又创造更具活力的校园空间体验。从而使这所用世界眼光打造的国际化一流名校，校园在布局上既有彰显俄罗斯建筑特色的中央哥特式塔楼建筑，又有体现中国元素的辅助性园林景观，在别具俄罗斯特色的同时，更能体现出华夏文化脉络根基下两国文化的交汇与融合。项目由深圳大学建筑设计研究院与皮尔帕克（北京）建筑设计咨询有限公司上海分公司联合体负责以下设计内容：（1）校园整体规划；（2）总图方案及施工图设计；（3）各栋建筑单体方案及初步设计；（4）各栋建筑单体室内装修方案设计；（5）学生活动中心施工图设计；（6）校园景观及绿化设计；（7）建筑泛光设计。由香港华艺设计顾问（深圳）有限公司负责：（1）校园前广场建筑群立面方案设计（主楼、会堂、1# 实验楼、大门）；（2）除宿舍以外的全部建筑单体施工图设计；（3）会堂、1# 食堂的平面方案修改设计；（4）1# 食堂、3# 食堂、体育馆的立面方案修改设计；（5）教学楼、实验楼、食堂、体育馆简装设计；(6)1# 实验楼实验室改造装修设计。由深圳华森建筑与工程设计顾问有限公司负责学生宿舍及教工宿舍的施工图设计（包括装修施工图设计）。

二、背景故事

在深圳发展的 40 余年间，始终视人才为第一要务。重视校园建设，这不仅是城市文化基因生成与绽放之本，更决定城市建设的文化视野与格局，也是从“文化沙漠”走向“文化绿洲”的建设途径之需。自党的十八大以来，习近平主席提出的“一带一路”倡议得到了国际社会的热烈响应。“一带一路”倡议体现在中国教育国际交流合作的顶层设计

中式景观小品与俄罗斯风格建筑的融合（组图）

中，就是规划中国教育走向世界舞台的路线图。俄罗斯作为较早融入“一带一路”的重要支点国家，明确了与中国共同开展“一带一路”沿线国家间高层次人才培养的意义与价值，而“深北莫”项目就是这其中极具代表性的标志性事件。“深北莫”项目是时代的机遇，它重在服务中俄两国战略合作交流需求及社会经济发展。深圳既能成为“深北莫”国际高端教育的孵化基地，又能在多元文化的发展实践中探索国际化的合作教学与人才培养的创新范式。因此万众瞩目的深圳北理莫斯科大学就在这样的时代背景下开始了建设。

1 号教学楼院落

会堂

3 号食堂

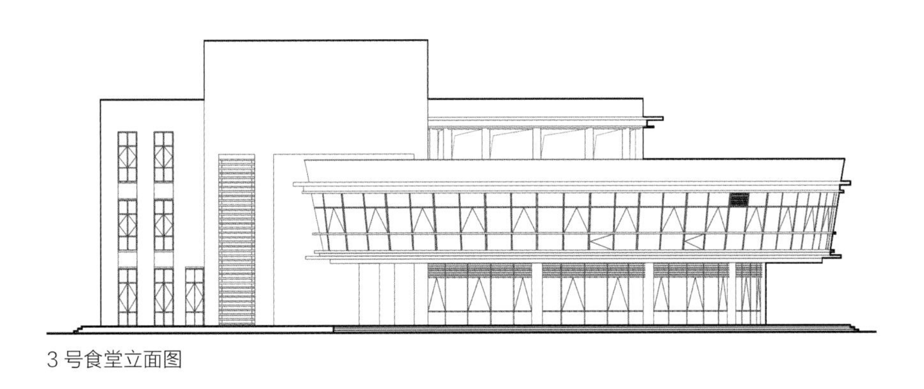
3 号食堂立面图

体育馆侧立面

南京青少年宫
Nanjing Youth Palace

项 目 地 点　南京市 · 鼓楼区
建 筑 面 积　65 122 平方米
业 主 单 位　南京青少年宫
主要设计人员　卢永刚　仲　雨　汤　春　李秀玲　胡　峤　黄伟嘉　盛小微　张　浩　芮旱雨
赵金生　蒋志农　沙卫全　李　云　丁　巍　李雪松　成慧俊　马玉峰　王　恺
朱文举　王　景　丁　剑
合 作 单 位　南京佳的建筑设计事务所有限公司（方案合作）
设 计 时 间　2017 年
竣 工 时 间　2021 年

南京城市人文地标

一、设计理念

项目基地城市环境复杂，北侧和东侧为马台街与童家巷，沿街主要以老式住宅楼为主，一层是商业店面；场地南侧为待开发的商业办公综合体项目，规划建筑体量较大；场地西侧为待开发的高层住宅项目，建筑高度约 120 米；场地西南侧为城市开放空间。基地形状为接近三角形的不规则形状，周边城市功能主要为商业、住宅和城市休闲，人员流动频繁，建筑单体设计的首要思路是考虑如何打造优质、舒适的城市界面与城市环境，保持周边城市空间的连续性和开放性，方便周边不同城市功能和空间的衔接。在保证建筑周边城市空间关系的基础上，建筑的基本形态为一个圆润的类矩形形状，以提高建筑内部空间的使用效率，在拥挤的城市环境下，满足最大化建筑使用功能的需求。同样是从提升建筑周边城市空间质量的角度出发，建筑采取小角度倾斜的设计。一方面，在马台街一侧减少大体量建筑可能带来的压迫感；另一方面，向南倾斜的设计，有利于夏日建筑的遮阳，并可以帮助建筑北侧采集更多自然光线，减少建筑能耗。弧线和小角度倾斜的设计，不仅保持了建筑周边城市空间的连续和开敞，更赋予了建筑形体更多活力，也给予建筑独特的可辨识的外观特点。立面设计灵感来源于飞扬的飘带和青少年活泼向上的精神气质，动感的造型赋予了青少年宫独特的形体特点，也体现其作为南京文化地标的定位。建筑整体造型

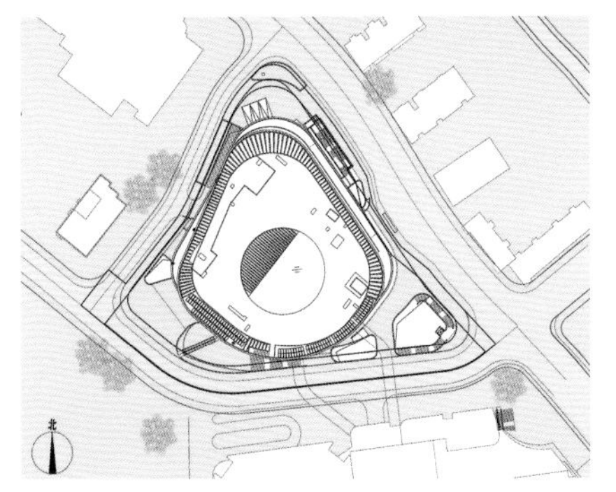
总平面图

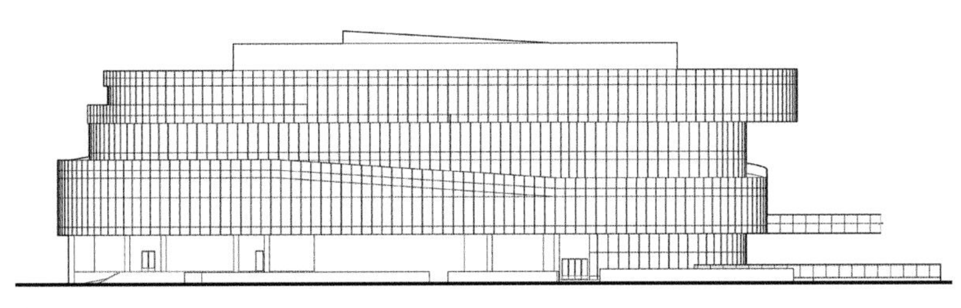
立面图

一层平面图

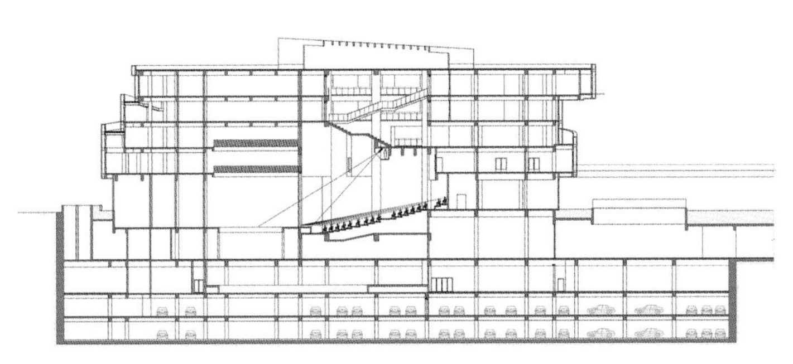
剖面图

夜景鸟瞰

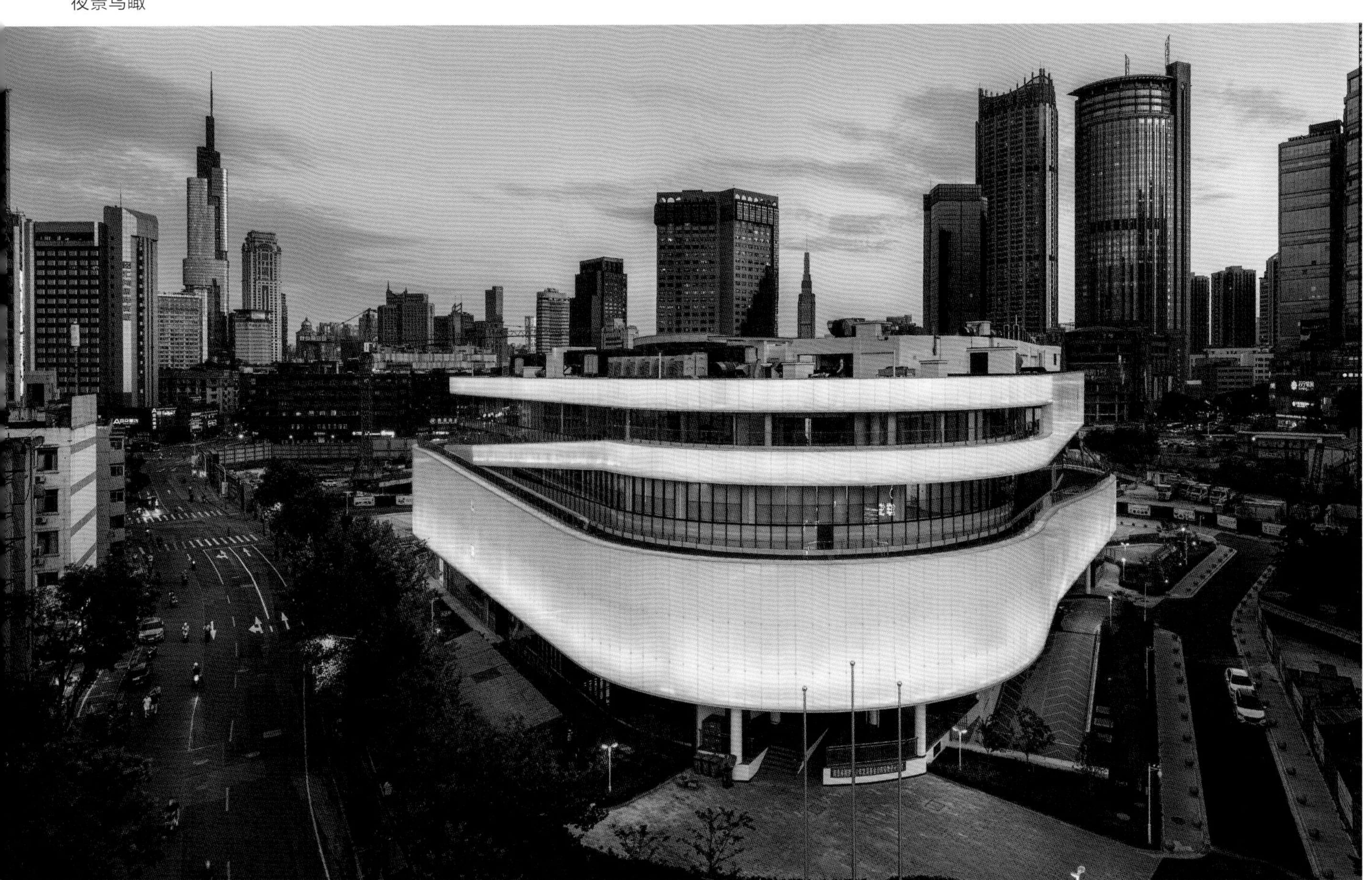

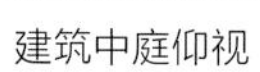
建筑中庭仰视

模型 1

模型 2

建筑沿街立面

力求活泼动感，以契合少年宫的功能性质，为青少年打造一座独具个性的文化建筑。

二、背景故事

南京青少年宫是南京城市人文地标，它记录了几代南京人的成长记忆。青少年宫最早为“南京少年之家”，在党和政府、人民的关爱和支持下，它和南京这个城市一起发展壮大。它记载了南京市几代人的成长足迹和美好回忆，被誉为“艺术的宫殿，人才的摇篮”。重建前，小小的“少年之家”走出了闵惠芬等一批新中国艺术家。1978 年，伴随着改革开放的脚步，当时的江苏省革命委员会专门下文，批准成立了南京市少年宫，少年儿童便有了较大规模的校外学习科学知识、陶冶艺术情操的快乐园地。1992 年，更名为南京青少年宫，进一步丰富服务功能与扩大服务范围。2000 年，时任国务院副总理的李岚清同志和文化部部长孙家正同志莅临视察，带来了党和政府的亲切关怀与勉励，赋予了南京青少年宫新的责任与使命。从此，青少年宫的规模和职能进一步提升，焕发出新的生机与活力。

建筑局部

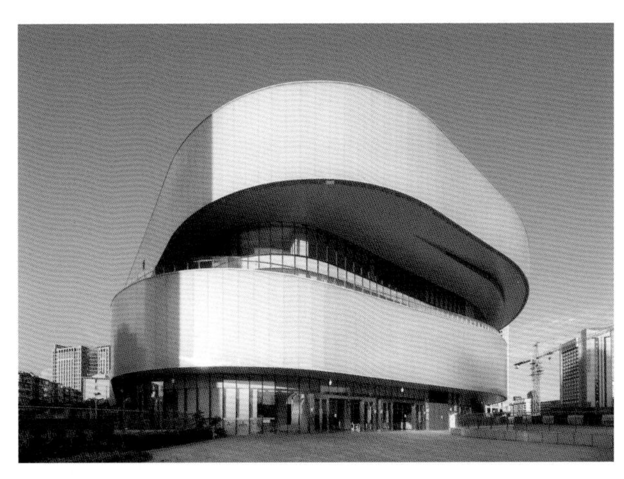

建筑外景

建筑室内

南京汉开书院
Nanjing Hankai Academy

项 目 地 点　南京市 · 江北新区
建 筑 面 积　35 385 平方米
业 主 单 位　南京泽浦投资管理有限公司
主要设计人员　林　毅　鲁　艺　张燕龙　张茂华　何　涛　刘龙平　王　璐　刘智忠　寇梦琪
王霖杰　叶　凌　曹　焕　张　毅　王　磊　张　浩
设 计 时 间　2017 年
竣 工 时 间　2019 年

现代中式风格的教育殿堂

一、设计理念

汉开书院位于南京市江北新区，毗邻宁合高速公路和浦乌公路，近靠被誉为“南京绿肺、江北明珠”的老山国家森林公园、台海科工园和两条国家隧道。项目由 1 栋 4 层教学楼（含 6 个教学单体、1 个共享大厅、1 个报告厅）、1 栋 4 层资源中心（含图书馆）、1 栋 6 层学生宿舍楼、1 栋 1 层食堂、1 栋 1 层风雨操场，1 座钟塔、1 栋正大门、1 栋次大门以及运动场组成，是南京市浦口区政府 2016 年 1 号文确立的重点项目。汉开书院的空间叙事由一条南北中轴展开，充满仪式感的南北中轴由校前广场、共享大厅及图书馆组成。在空间秩序上形成开敞—收紧—开敞的三段式空间组合，并达到先抑后扬的空间感受。在中轴线的基础上向东西两侧延展出丰富的院落体系。项目采用民国建筑风格，借鉴传统民居建筑的封火山墙和坡顶等元素，体现了对南

全景鸟瞰

园区主入口

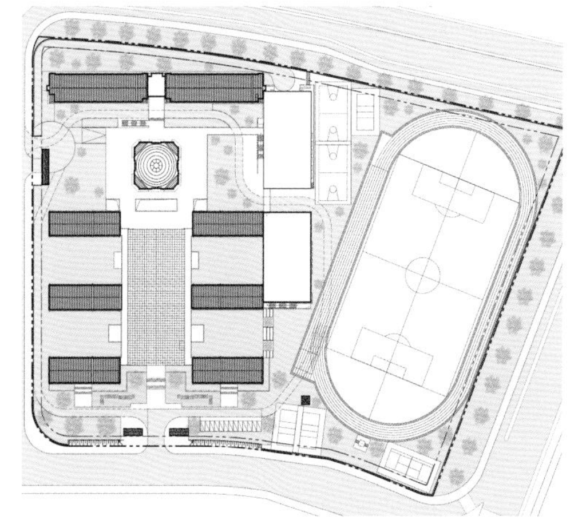

总平面图

共享大厅

室内中庭

京传统文化的尊重，塑造出如家园一般的校园人文环境。传统建筑元素结合现代的玻璃、钢制雨篷，以修旧为新的表现手法为新区建设带来了新气象，与南京固有的文化底蕴形成了完美的呼应。

二、背景故事

南京汉开书院的院长原是深圳一家学校的校长，华艺因为该学校的项目与院长结缘，院长在筹备南京汉开书院的时候邀请华艺参与投标，华艺公司成功中标。在整个设计过程中，浦口国资委建设方、汉开书院使用方及华艺设计方之间，沟通明确，互相理解，项目进展得非常顺利。南京是中国传统文化的汇聚之地，学校方对于中国传统文化深入而独特的理解，对于中国文化在当代的发展和对于学生可能产生的影响的思考，给设计团队带来很大的感染和鼓舞。在综合考虑各种因素后，学校的主要基调选用中国文化的方正的形式，同时考虑到学生的综合发展和江南地域特性，设计了许多灰空间，用来拓展学生的学习生活。其中一个空间的大跨度屋顶的安装，在设计施工过程中是很难的环节，公司的设计师、结构工程师全程在现场参与安装吊装。如今的汉开书院设计已经成为一种模式，被江南多所学校借鉴，这是对设计的一种肯定。在这个项目中，设计团队最大的感悟便是：“教育建筑要对学生和教育工作者给予充分的尊重，要让民族文化成为我们最根本的支撑！”

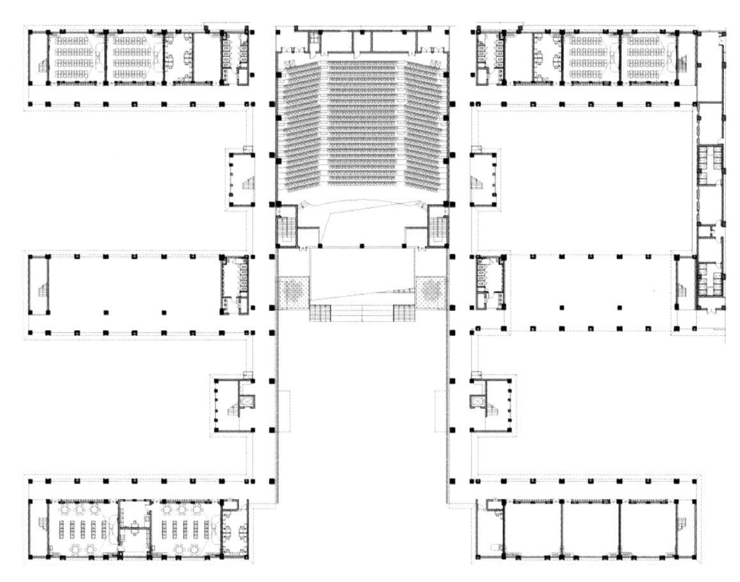

教学楼一层平面图

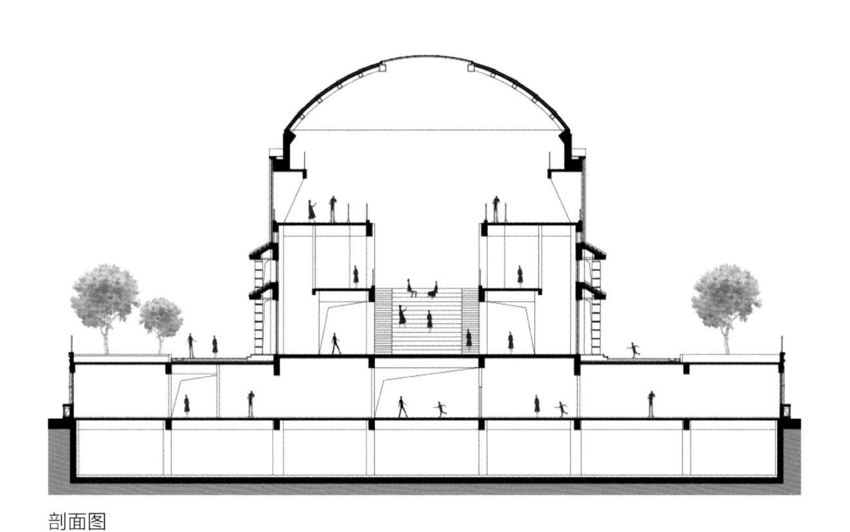

剖面图

教学楼南立面图

共享大厅

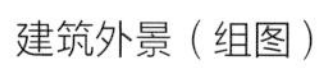

建筑外景（组图）

中山大学深圳校区 II 标段

Sun Yat-sen University Shenzhen Campus Section II

项 目 地 点	深圳市 · 光明新区
建 筑 面 积	101 081 平方米（理工科组团一）、140 314 平方米（理工科组团二）、38 846 平方米（综合服务大楼）、69 453 平方米（公共教学实验楼）、33 259 平方米（文科组团）、20 113 平方米（大礼堂）、59 445 平方米（体育馆）
业 主 单 位	深圳市建筑工务署
主要设计人员	陆 强 解 准 曾 锐 张胜涛 范 畴 秦 浩 王俊力 何振东 黄 若 周 月 陈 晖 孔春梅 罗明荣 范世超 陈 姚 李 鑫
设 计 时 间	2017 年
竣 工 时 间	理工科组团于 2020 年竣工、其余项目在建

传承创新的现代综合高校园区

全景鸟瞰

建筑立面

一、设计理念

中山大学深圳校区位于光明新区，总用地面积 144.8 公顷，建筑面积约 127 万平方米，可容纳两万师生。项目用地一山矗立，七丘拱卫，新陂头河横贯其中，形成山水相融的自然格局。项目Ⅱ标段涵盖综合服务大楼、理工科组团、文科组团、公共教学楼实验楼、综合体育馆、大礼堂、校医院等重要建筑群。

方案以“形神兼备，和而不同”为设计理念，尊重在地山水环境，通过山水交融的建筑组团，延续百年中大的校园文脉，设计具有中国风格、中山精神和中大文化的校园风貌以及景观庭院，实现“显山露水”的园林校园。规划保留校园生态山体绿核，主环道

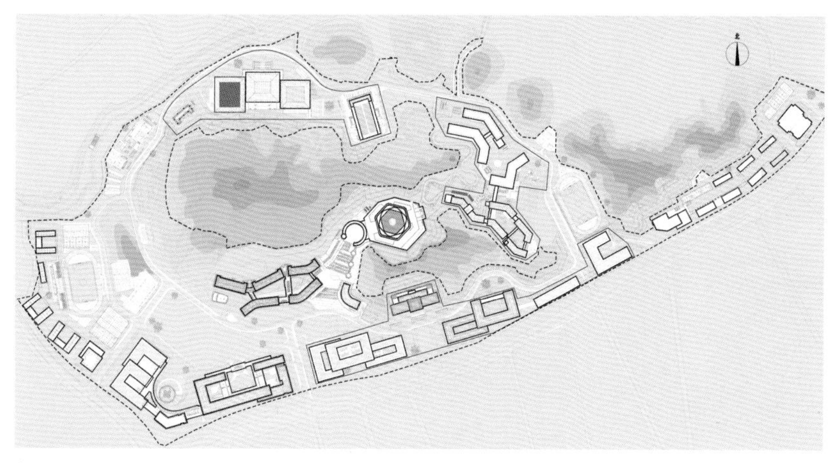

校园总平面图

建筑立面（组图）

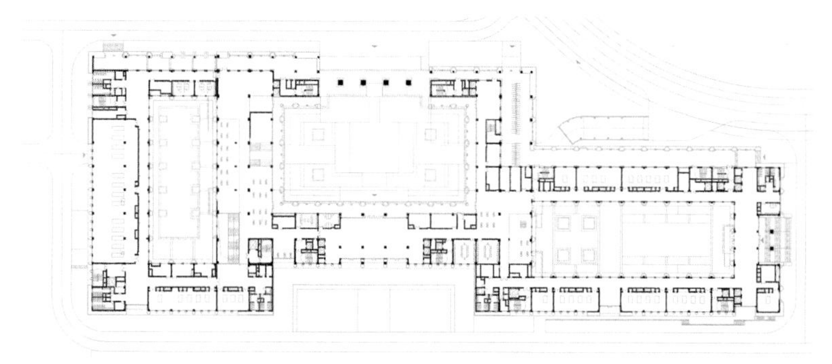

理工科组团一层平面图

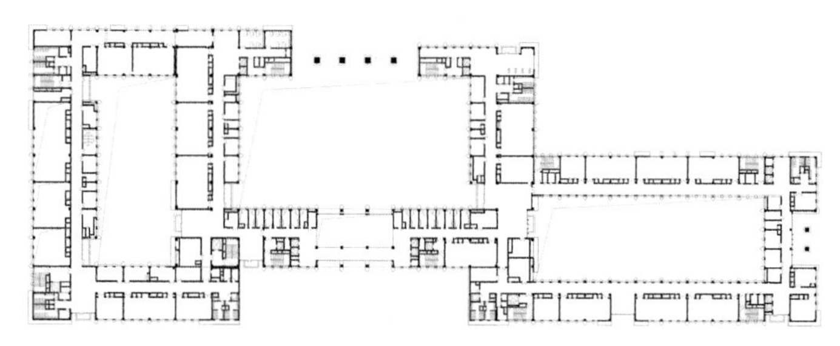

理工科组团二层平面图

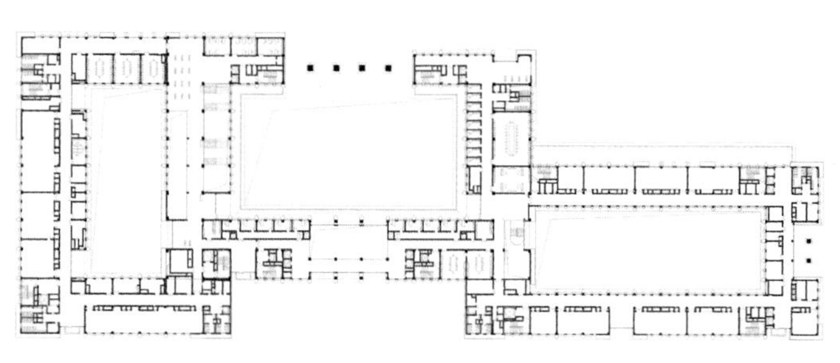

理工科组团三层平面图

围绕绿核，大尺度、高层组团布置外围，而沿山一侧，布置点式、低层建筑，建筑与生态共融。设计优化河岸景观，沿河布置体育馆、礼堂，形成一条促进师生交往的滨河活力带。沿校园南北轴线布置牌坊、综合楼、图书馆，既传承中大历史文脉，又打造深圳校区特有景观序列。整体延续百年中大的校园文脉，以现代设计手法结合传统校园精神和深圳城市文化，塑造具有前瞻性的校园空间，使其成为深圳的又一重要文化地标。

二、背景故事

人与人之间存在缘分，与项目之间亦然。5 年前 8 月的一天，雨后的炎热

建筑立面（组图）

下午，从踏勘在这块土地的那一刻起，设计人员就和这个项目紧紧地结合在一起。项目用地非常广袤，郁郁葱葱的原生植被包裹着 7 座山丘，地形起伏绵延，河流玉带缠腰，这是一块让人充满想象的土地。

规模宏大的项目分 3 个标段，在资格预审阶段吸引了 69 家设计公司组成的 43 家联合体单位角逐正式投标入围名单，华艺非常幸运地进入到Ⅱ标段设计的 10 家入围名单之中，随之取得了该标段的方案设计标。Ⅱ标段包含的建筑类型多样，其中不乏一定难度的建筑组团，如特殊实验工艺的理工科组团，1 700 座甲级大礼堂和 4 000 座乙级体育馆，这是一场极富挑战性的设计历程。关于校园文脉传承形式的探讨在校方和设计方之间展开，在究竟是历久弥新的西装还是简约宜人的休闲装这个问题上，校方选择了前者，毕竟关于美的讨论是没有终极标准答案的，校园文脉和师生的共情才是最终的目的。

建筑细部

建筑室内（组图）

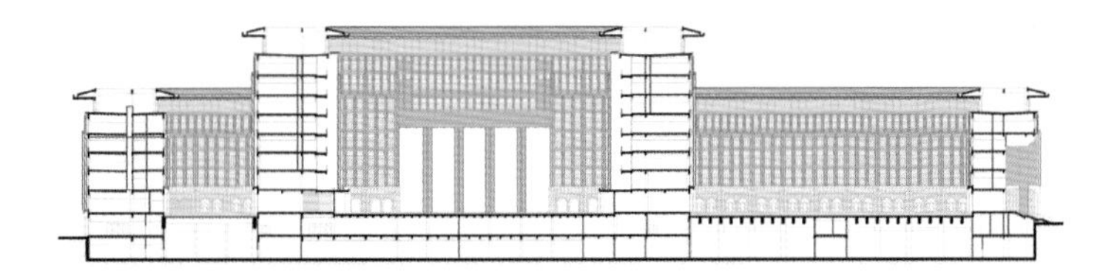
理工科组团剖面图

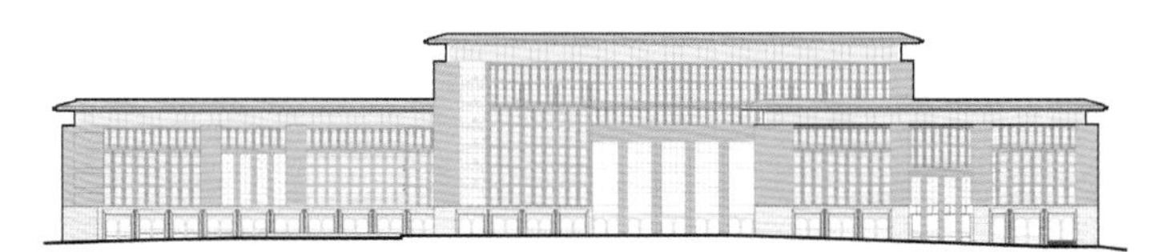
理科组团立面图

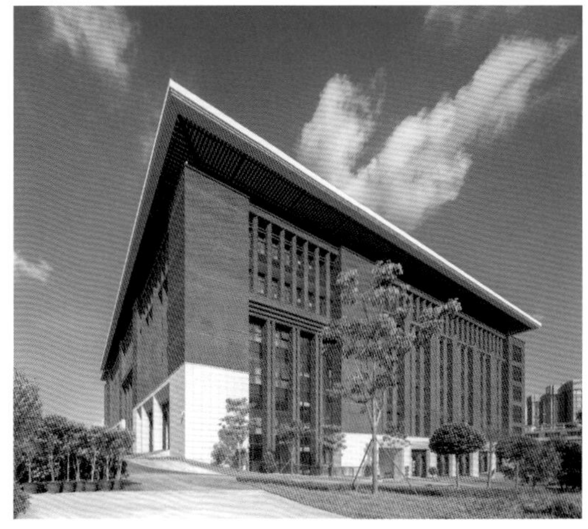
建筑局部立面

建筑立面

建筑内庭

深圳北站壹号（原名：深圳华侨城创想大厦）

Shenzhen North Railway Station Tower 1 (formerly known as OCT Chuangxiang Building, Shenzhen)

项目地点	深圳市 · 龙华区
建筑面积	160 000 平方米
建筑高度	200 米（办公）&150 米（公寓）
业主单位	深圳华侨城房地产有限公司
主要设计人员	林　毅　钱　欣　贺亚迪　孙　芳　吴浩然　彭建虹　姜　巍　刘飞海　曹祺婕 张　浩　江　龙　王　恺　刘连景　马腾跃　文雪新
设计时间	2017 年
竣工时间	2020 年

开放式创新超高层商务综合体

一、设计理念

创想大厦项目位于龙华区深圳北中心、现代化国际化创新型中轴新城，是龙华区战略重点，代表城市形象，旨在打造与城市和谐、与环境融合的建筑形象，并树立北站核心片区的新标杆，描绘深圳北新的天际线。方案按照主要的办公和公寓功能，设计为 2 栋超高层塔楼，形体呼应，是北站商务区的形象之门，形成欢迎态势；裙房顺应塔楼趋势，利用商业的流线引导，将人流自然而然地引入商业内街，打造一条东北至西南的活力通道，串联商务区与居住片区的人流，并在本地块内形成活力内聚的核心。为突出地标性，立面幕墙使用单元式玻璃幕墙，建筑每一层面对北侧公园处设有室外景观露台，从而打断了单调一体的立面视觉。高区结合特色办公功能，建筑顶部以削切的方式回应北侧白松公园不南侧的良好朝向，有部分立面保持平整通透的玻璃幕墙。

全景鸟瞰

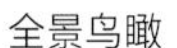

全景鸟瞰

屋顶花园

项目环境俯瞰

总平面图

二、背景故事

项目是在 2017 年初，招商华侨城联合体以大于 4 万元 / 平方米的楼面价拍下的深圳北站核心商务区的地块，是当时片区的地王。预备建成为深圳北站核心商务区首个高端综合体项目。由于资金压力大，设计周期短，原本计划的国际招投标改为国内邀标。华艺在与深圳 4 家优秀设计公司的竞争中胜出，以“绿谷云街”为设计概念，赢得此项目。由于项目周期非常紧张，华艺作为全过程设计单位，充分发挥大院资源统筹的优势，3 月份投标，5 月份定标，6 至 7 月份方案深化并同步展开施工图设计，8 月份开工，12 月份出正负零，实际留给设计的时间仅半年不到。设计团队抗住巨大压力，最终，整个项目以较高的

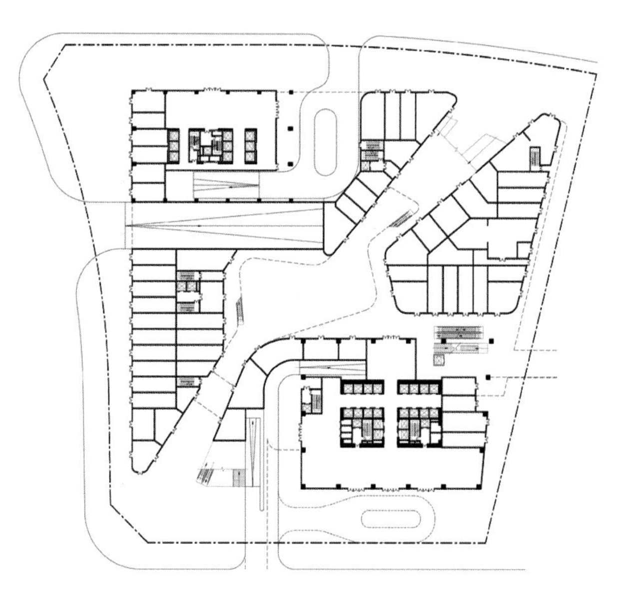

一层平面图

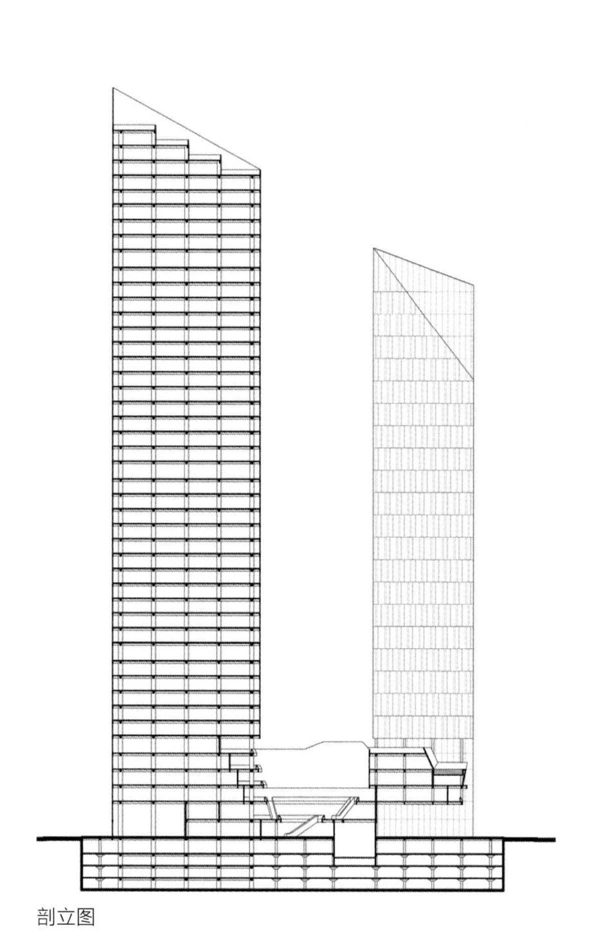

剖立图

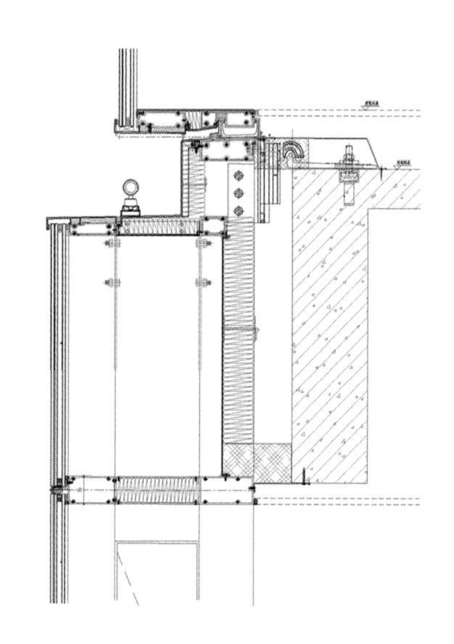

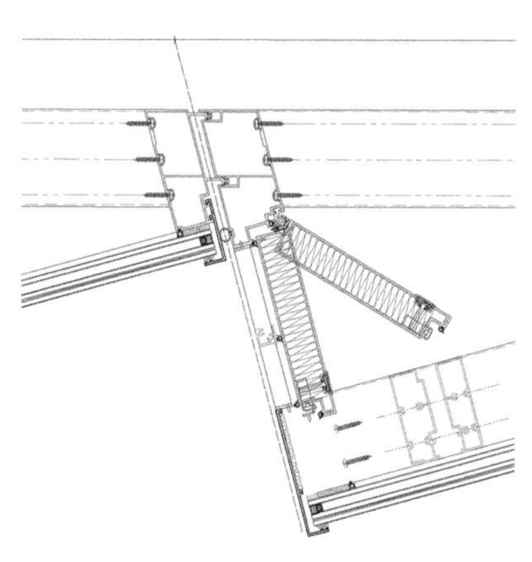

幕墙节点详图（组图）

建筑仰视（组图）

商业局部（组图）

品质呈现在北站附近，成为北站的一道靓丽风景线。在整个设计过程中唯一遗憾的是由于时间原因，在意识到公寓产品定位过于高端时，设计团队未能坚持和甲方多方论证定位的合理性，导致去化较慢。这也带给华艺一些反思：在设计中存在顾虑和质疑时，应该坚持与业主方进行有效的沟通和探讨，共同优化项目。

成都中海天府环宇坊

UNIFUN, Chengdu

项 目 地 点	成都市 · 天府新区
建 筑 面 积	43 000 平方米
业 主 单 位	成都中海地产
主要设计人员	郭艺端 朱高栋 崔路明 侯 飞 彭 泽 陈 功 黄婷婷 任 群 邵锦欢 汪晶晶 涂家明 江 静 许鸿珊 高春艳 李细浪 文雪新 庄 浩 卓金成 聂 磊 李泽坤
合 作 单 位	CLOU architects（立面设计）
设 计 时 间	2018 年
竣 工 时 间	2020 年

成都商业新地标

一、设计理念

快乐活力社区商业——成都中海天府环宇坊，一座建筑面积约 5 万平方米的社区型商业，以独具特色的建筑形象，连接线上线下交互体验，创造更多快乐生活场景，成为成都商业版图上的新地标。

主入口

魔方错落立面——设计灵感源于“魔方”。简洁的几何形体，通过不同方式组合、堆叠、解构，让建筑充满着奇幻色彩。建筑采用“层层退台”的形式，打造立体院落，结合连桥和扶梯，创造大量的室内外交融的外摆空间。

像素互动体验——成都中海天府环宇坊建筑独创的科技互动立面，让建筑成为传递信息的媒介，市民社交的平台，城市表演的舞台。多媒

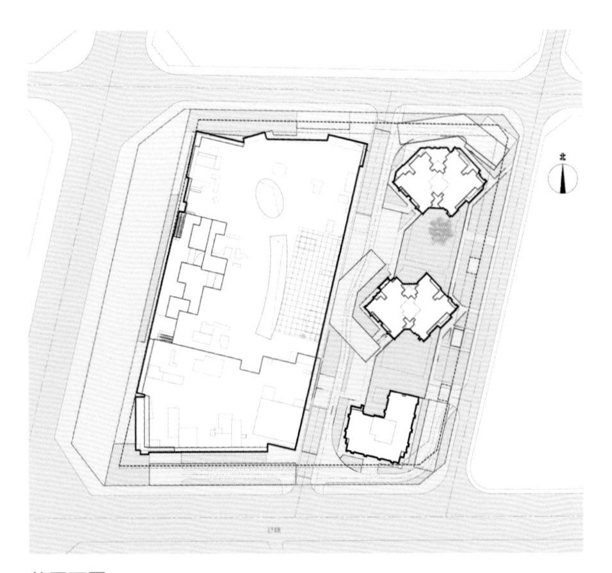

总平面图

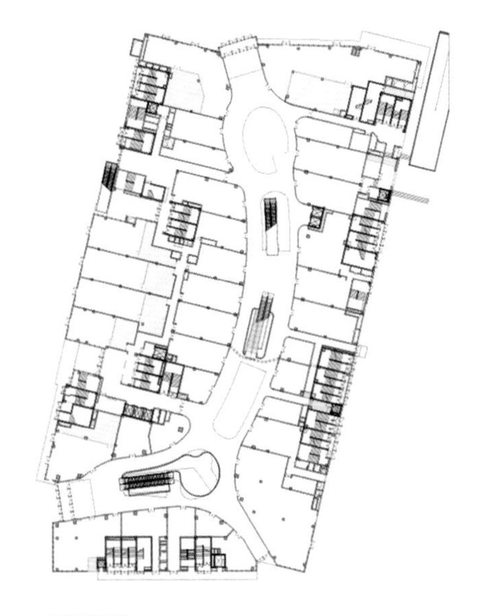

一层平面图

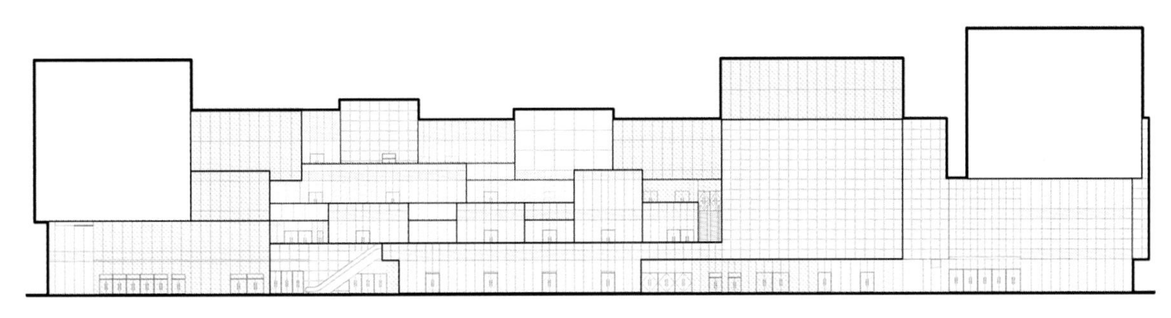

立面图

体立面，实现线上线下互动，品牌形象、商业信息实时更新推广，创造了线上线下交互建筑的创新尝试。

二、背景故事

在设计成都环宇坊的时候，生态锦江城 2 号地的整体规划已经定型并且通过了报规程序，留给 2–7 这块用地的商业条件相当苛刻，还有 4 栋 150 米高的住宅和一栋 120 米高的办公楼，紧邻 2–7 的 2–6 用地以小高层和洋房为主。当年成都的住宅颁布了限价政策，住宅的溢价空间受到了限制。基于此，设计团队提出了联动调整两块用地的规划思路，将两栋住宅塔楼的量分配到了 2–6 地块，释放了 2–7 的商业用地，使得 2–7 的集中商业跟住宅和办公

建筑夜晚外景

完全分开，方便运营管理，同时商业价值得到最大化的提升。在完成了整体规划的调整，优化了商业用地的前置条件后，对于商业的动线，设计团队做了单动线和环形动线两种方案，最终，考虑到成都本地的气候条件、生活节奏以及人的行为习惯，设计团队采用了室内单动线加一条室外立体街区组成的复合动线。首层的商业内外铺结合，外铺结合公园广场绿地，使得首层的利益达到最大化，层层退台的立体街区，也提供了宜人的外部商业环境。在外立面的设计上，团队希望能体现社区商业开放多元的特性，与柯路公司合作，引入了多媒体立面的形式，使得立面的存在成为商业表达的一种语言，与消费者、与市民产生了互动。2020 年圣诞节项目开业至今，环宇坊已成为成都商业新地标。

建筑局部

建筑中庭

建筑沿街立面

建筑夜晚外景

深圳粤港澳青年创业区
GBA Youth Innovation and Entrepreneurship Hub, Shenzhen

项目地点	深圳市·前海桂湾片区
建筑面积	142 000 平方米
业主单位	深圳市前海服务集团有限公司
主要设计人员	陈日飙　刘小良　孙永锋　张苏明　徐　舟　刘　琼　苏恒博　林晓东　曾德光 俞歆晨　高春艳　刘相前　文雪新　庄　浩　何　雁
合作单位	罗杰斯史达克哈伯建筑设计咨询（上海）有限公司（方案设计）
设计时间	2019 年
竣工时间	2021 年

具全球影响力的低密度花园式青年科创产业园

园区内景

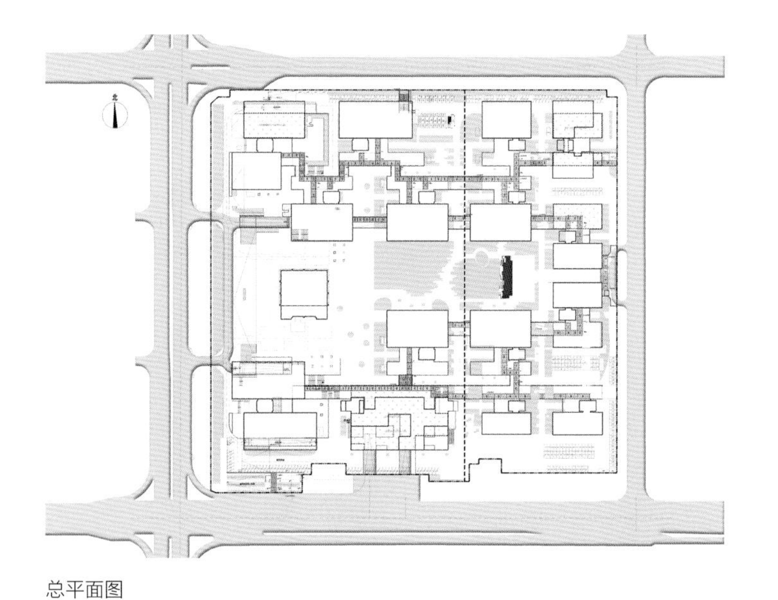

总平面图

一、设计理念

区别于周边地块高密度、高容积率的开发模式，深圳粤港澳青年创业区是低密度、低容积率产业园区。多层的企业总部式研发用房更易于人与人、人与环境之间的交流互动。宜人的建筑尺度与清新的自然景观提升了园区办公品质与环境品质，其目的在于强调人与城市、环境的紧密联系。

“地表一空中一地下”多层级立体步行体系与绿色体系紧密结合，串联整个园区。同时园区步行体系整

文化客厅

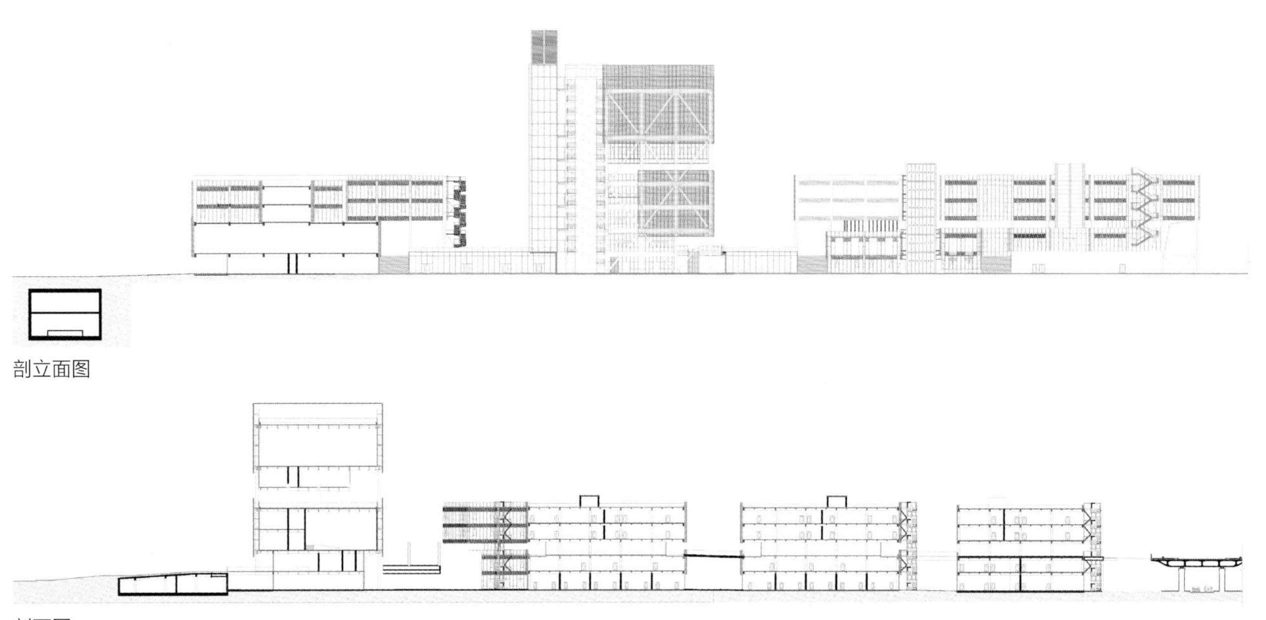

剖立面图

剖面图

文化客厅

合于前海立体步行体系中，成为城市步行与绿色体系的一个重要节点。整个园区高度开放共享。园区规划以中央庭院为核心，南北两条活力街巷紧密围绕庭院布置，引导地铁人流进入活力街巷。活力街巷设置商业汇聚人气。深圳粤港澳青年创业区为 15 年租赁用地，为顺应绿色友好的开发要求，以建筑全周期可持续发展策略，采用装配式建造方法。主体结构设计为钢结构，“高技派”的建筑风格呼应了青年创业的主题与园区运营特征。同时，从中国传统岭南建筑中提取建筑空间元素，如骑楼、走廊、水景庭院，在园区形成微气候，实现绿色节能。建筑能源方面，使用前海区域冷站供冷，大幅度提高能源利用效率，并利用前海中水系统提供卫生间冲洗及景观浇灌用水，节约水资源。园区投入运营后，将建设前海“智慧云物联”系统，采用智能云平台优化调节建筑能耗。

二、背景故事

深圳粤港澳青年创业区项目是前海落实国家战略部署，推进大湾区青年创新创业的重要举措，肩负着打造前海首个聚焦产业加速的深港科创合作载体和具有全球影响力的大

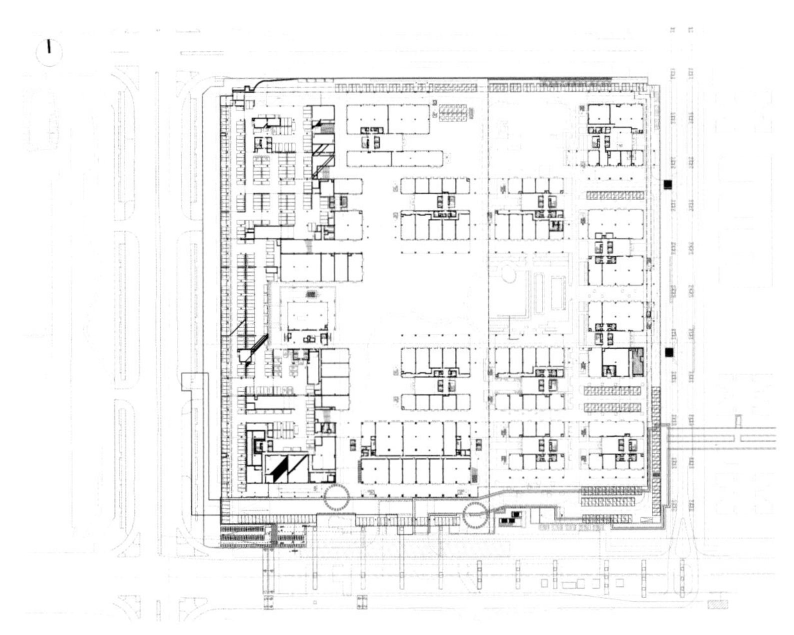

一层组合平面图

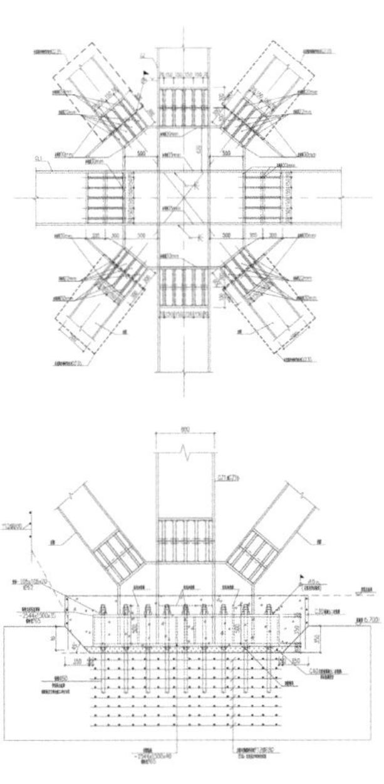

钢结构节点详图

园区内景（1）

园区内景（2）

建筑细部

湾区青年科创平台这一历史使命。深圳粤港澳青年创业区作为前海积极践行党中央、国务院粤港澳大湾区发展规划的重要举措，为港澳大湾区建设发展提供了新动能。作为庆祝深圳特区成立四十周年的建筑项目，它的建设既是一种机遇，也是重大的挑战。项目伊始于 2019 年 9 月初，按照甲方的设计要求，项目须在 2020 年 5 月完成竣工验收并投入使用，紧张的设计工期便是项目组所面临的第一个问题。作为和理查德 · 罗杰斯建筑事务所上海分公司联合设计的项目，异地办公为项目前期的沟通交流带来诸多不便；在项目设计的中期恰逢新冠病毒肺炎疫情的快速蔓延，致使项目组成员均滞留家中进行远程办公，项目期间通宵赶图成为设计团队的正常作息习惯。尽管种种不利因素严重延缓了项目进程，但设计团队充分利用居家隔离的时间投入项目设计之中。在疫情解封之后，设计团队陆续返回公司，项目才渐渐加快设计进展。在整个项目期间，以建筑专业为总领，结合结构、水、暖、电专业的积极配合，既保证深圳粤港澳青年创业区项目完美落地并达到预期的设计成果，也展现了华艺设计团队的坚韧不拔、团结一致的设计态度。

全景鸟瞰

园区内景

CREATIVITY

篇三　华艺六大产品

Part III　Six Categories Products of HUAYI

优秀建筑作品是传播建筑文化的使者。本篇的编研共济，不仅呈上华艺三十五载作品的史料大观，还以“相册”般的形式，梳理出作品光影的记忆。虽本篇的作品展示不够详尽，但也可领略华艺设计的多元性与丰富性；可感悟华艺设计如切如磋精妙的工匠精神；可发现正是这些有记忆的作品，才铺就了不断有持续发展功能的设计创新竞争模式。华艺的发展是用超过 4 200 项作品叠成的，这里汇集的近 150 项“六大核心产品技术 + 六大主力专项服务”以点带面、以小窥大，只为真切记录，向社会与业界做历史负责任的表达。相信，本篇是一扇洞察华艺作品“大千世界”之窗，是窥见创新意义的华艺设计的极好门径，也是展现华艺三十五载精心创作打磨出的设计精品“目录集”。以此为基，华艺的设计作品归纳是一种有创新意义的回归，这里不仅渗透布局全国的建筑创作思考与地域文化审美，更用作品写下属于华艺人共同经历的美好，这里充满华艺人持续点燃的设计精神之光。

注： 此部分面积单位 m^2，长度单位 m。

200 米级超塔

200 meters + Super Tower

成都天府新区中海超高层
设计时间：2018 年
建筑面积：380 000 m^2
建筑高度：489 m
合作单位：KPF（方案设计）

天津中海城市广场
设计时间：2019 年
建筑面积：370 888 m^2
建筑高度：340 m
合作单位：HOK 贺克国际建筑设计咨询有限公司（方案设计）

深圳城建大厦
设计时间：2018 年
建筑面积：198 000 m^2
建筑高度：333 m
合作单位：晋思建筑设计事务所（上海）有限公司（方案设计）

深圳招商局前海环贸中心
设计时间：2018 年
建筑面积：495 492 m^2
建筑高度：249.5 m
合作单位：OMA Asia (Hong Kong) Limited（方案设计）

深圳华侨城新玺名苑
设计时间：2019 年
建筑面积：288 056 m^2
建筑高度：249.5 m
合作单位：gmp（方案设计）

深圳前海交易广场
设计时间：2016 年
建筑面积：625 000 m^2
建筑高度：220 m
合作单位：严迅奇建筑师事务所有限公司（方案设计）

昆明中海巫家坝项目
设计时间：2018 年
建筑面积：254 363 m^2
建筑高度：210 m
合作单位：西萨佩里建筑事务所（最高栋塔楼方案设计）

深圳莱蒙国际大厦
设计时间：2018 年
建筑面积：128 869 m^2
建筑高度：200 m

苏州中海思安街超高层
设计时间：2019 年
建筑面积：150 000 m^2
建筑高度：200 m

广州广铝远大企业总部大厦
设计时间：2013 年
建筑面积：209 300 m^2
建筑高度：200 m

深圳太子湾泓玺大厦、望海大厦
设计时间：2019 年
建筑面积：200 400 m^2
建筑高度：194.95 m
合作单位：KPF（总设计顾问）

深圳前海太平金融大厦
设计时间：2020 年
建筑面积：68 000 m^2
建筑高度：192 m

深圳工商银行大厦
设计时间：2015 年
建筑面积：86 000 m^2
建筑高度：189 m

深圳留仙洞航天工研院总部大厦
设计时间：2019 年
建筑面积：106 936 m^2
建筑高度：199.3 m

深圳留仙洞优必选科技总部大厦
设计时间：2019 年
建筑面积：93 899 m^2
建筑高度：199.25 m
合作单位：贝恺林建筑设计咨询（上海）有限公司（方案设计）

深圳留仙洞光峰科技总部大厦
设计时间：2019 年
建筑面积：78 481 m^2
建筑高度：156.5 m

深圳留仙洞深信服科技大厦
设计时间：2019 年
建筑面积：71 560 m^2
建筑高度：119.4 m

深圳和平时代广场
设计时间：2020 年
建筑面积：193 381 m^2
建筑高度：168.6 m

苏州工业园区超塔项目
设计时间：2021 年
建筑面积：408 000 m^2
建筑高度：460 m
合作单位：SOM（方案合作）

深圳海信南方总部大厦
设计时间：2013 年
建筑面积：85 000 m^2
建筑高度：150 m

深圳乐普医疗大厦
设计时间：2017 年
建筑面积：205 000 m^2
建筑高度：150 m

深圳龙华上油松镇乾大厦
设计时间：2018 年
建筑面积：150 000 m^2
建筑高度：140 m

深圳后海中海总部大厦
设计时间：2021 年
建筑面积：61 200 m^2
建筑高度：100 m

杭州中邮项目
设计时间：2020 年
建筑面积：194 596 m²
建筑高度：140 m

武汉汇通新长江中心
设计时间：2013 年
建筑面积：112 000 m²
建筑高度：A 塔 148.9 m、B 塔 99.9 m

深圳前海综合交通枢纽上盖项目（方案）
设计时间：2020 年
建筑面积：624 000 m²
建筑高度：300 m
合作单位：AREP 法铁（联合投标）

深圳河套深港科技创新合作区东翼 -1 项目
设计时间：2021 年
建筑面积：260 750 m²
建筑高度：250 m & 180 m
合作单位：凯达环球建筑设计咨询有限公司（Aedas）（方案主创）

主流城市精品住宅

Mainstream City Boutique Residence

深圳壹城中心
设计时间：2013 年
建筑面积：2 060 000 m²

广州中海花湾壹号
设计时间：2015 年
建筑面积：1 100 000 m²
合作单位：HZS

贵阳中建华府
设计时间：2010 年
建筑面积：1 234 000 m²

贵阳中天未来方舟 H 区
设计时间：2011 年
建筑面积：1 291 000 m²

广州中海金沙熙岸
设计时间：2007 年
建筑面积：410 000 m²
合作单位：LWK&Partners(香港)

深圳淘金山别墅
设计时间：2008 年
建筑面积：310 000 m²

上海紫御世家
设计时间：2010 年
建筑面积：455 200 m²
合作单位：LWK&Partners(香港)

广州中海誉城
设计时间：2012 年
建筑面积：199 800 m²

惠州星河山海半岛
设计时间：2016 年
建筑面积：188 000 m²

横琴澳门新街坊项目
设计时间：2020 年
建筑面积：625 000 m²

澳门黑沙环新填海区长者公寓
设计时间：2020 年
建筑面积：127 780 m²

深圳恒大国香山翡翠华庭
设计时间：2014 年
建筑面积：71 700 m^2

深圳翡翠海岸
设计时间：2011 年
建筑面积：120 000 m^2
合作单位：PEDDLE THORP MELBOURNE(ASIA) 澳大利亚柏涛墨尔本建筑设计有限公司（现柏涛建筑设计（深圳）有限公司）

深圳君临天下
设计时间：2011 年
建筑面积：70 000 m^2

深圳招商领玺家园
设计时间：2020 年
建筑面积：91 000 m^2
合作单位：深圳华汇设计（方案设计）

深圳中海光明寰宇时代
设计时间：2019 年
建筑面积：250 000 m^2
合作单位：梁黄顾建筑设计（深圳）有限公司（方案设计）

深圳华盛珑悦
设计时间：2015 年
建筑面积：287 600 m^2

深圳益田木头龙项目
设计时间：2020 年
建筑面积：513 000 m^2

深圳龙华幸福城臻园
设计时间：2020 年
建筑面积：192 000 m^2

深圳中海阳光橡树园
设计时间：2019 年
建筑面积：163 000 m^2

深圳中海明德里
设计时间：2020 年
建筑面积：287 600 m^2

深圳华侨城锦绣三期
设计时间：2001 年
建筑面积：115 000 m^2

深圳华侨城纯水岸
设计时间：2003 年
建筑面积：329 000 m^2
合作单位：PEDDLE THORP MELBOURNE(ASIA) 澳大利亚柏涛墨尔本建筑设计有限公司（现柏涛建筑设计（深圳）有限公司）

佛山中海金筑公馆
设计时间：2017 年
建筑面积：81 800 m^2

深圳星河国际
设计时间：1999 年
建筑面积：265 000 m^2

深圳招商华侨城曦城
设计时间：2007 年
建筑面积：303 000 m^2
合作单位：DDG（美国）

佛山中海雍景熙岸
设计时间：2017 年
建筑面积：243 000 m^2

丹阳中海时代都会
设计时间：2020 年
建筑面积：134 000 m^2

漳州建发碧湖壹号
设计时间：2014 年
建筑面积：185 000 m^2

安宁创佳 · 墅府
设计时间：2020 年
建筑面积：111 000 m^2

合肥中海上东区
设计时间：2020 年
建筑面积：287 000 m^2

郑州市广汇湾一号院
设计时间：2019 年
建筑面积：169 000 m^2

长春中海水岸春城莱茵东郡
设计时间：2005 年
建筑面积：329 000 m^2

南京栖园
设计时间：2006 年
建筑面积：223 800 m^2

长春威尼斯花园
设计时间：1999 年
建筑面积：238 000 m^2

医养健康建筑

Medical Care and Health Building

深圳宝安人民医院
设计时间：2017 年
建筑面积：661 692 m^2

深圳龙华区综合医院
设计时间：2015 年
建筑面积：355 924 m^2

深圳市医疗器械检测和生物医药安全评价中心
设计时间：2015 年
建筑面积：48 000 m^2

深圳南山社会福利中心（三期）
设计时间：2020 年
建筑面积：93 150 m^2

深圳第二人民医院改扩建工程（二期）
设计时间：2018 年
建筑面积：437 195 m^2
合作单位：深圳大学建筑设计研究院有限公司及 CRTKL（方案及建筑初步设计）

深圳罗湖区妇幼保健院改扩建工程
设计时间：2020 年
建筑面积：117 480 m^2
合作单位：深圳市建筑设计研究总院有限公司本原医疗建筑设计研究院（方案及初步设计）

深圳华大医院
设计时间：2021 年
建筑面积：204 000 m^2
合作单位：CRTKL（立面设计及深化、BIM 设计）

深圳龙岗人民医院住院楼
设计时间：2007 年
建筑面积：27 000 m²

深圳龙岗妇幼保健院（二期）
设计时间：2008 年
建筑面积：25 000 m²

襄阳医疗中心
设计时间：2012 年
建筑面积：488 940 m²

汕头大学医学院附属肿瘤医院易地重建项目（一期）
设计时间：2014 年
建筑面积：149 444 m²
合作单位：Aditazz（美国）（方案设计）

汕头中心医院
设计时间：2020 年
建筑面积：534 028 m²

东莞松山湖中心医院心血管病诊疗中心大楼
设计时间：2021 年
建筑面积：26 000 m²

东莞松山湖社区卫生服务中心
设计时间：2021 年
建筑面积：48 341 m²

贵阳沿河县民族中医院
设计时间：2017 年
建筑面积：151 800 m²

深圳大鹏新区人民医院（方案）
设计时间：2014 年
建筑面积：180 000 m²

深圳急救血液信息中心（方案）
设计时间：2016 年
建筑面积：53 000 m²

深圳南山区中医院（方案）
设计时间：2019 年
建筑面积：75 100 m²

深圳福田区中医肛肠医院（方案）
设计时间：2020 年
建筑面积：62 283 m²

贵阳未来方舟医院（方案）
设计时间：2014 年
建筑面积：220 000 m²

汕头中医医院（方案）
设计时间：2017 年
建筑面积：115 000 m²

大连成大医疗中心（方案）
设计时间：2019 年
建筑面积：242 539 m²

大理州人民医院（方案）
设计时间：2019 年
建筑面积：353 500 m²

智慧产业园区

Smart Industrial Park

深圳创维数字石岩工业园
设计时间：2010 年
建筑面积：634 000 m^2

深圳云科智慧园
设计时间：2017 年
建筑面积：457 000 m^2

深圳沙井茭塘合创智园
设计时间：2017 年
建筑面积：620 000 m^2

深圳中海慧智大厦
设计时间：2016 年
建筑面积：127 400 m^2

深圳报业集团龙华印务中心书刊印刷基地
设计时间：2013 年
建筑面积：52 214 m^2

深圳坪山新能源汽车产业园
设计时间：2019 年
建筑面积：250 000 m^2

深圳招商光明智慧城大健康产业园
设计时间：2018 年
建筑面积：170 736 m^2

深圳银星集团坪山产业园
设计时间：2020 年
建筑面积：150 000 m^2

深圳腾讯大铲湾
设计时间：2020 年
建筑面积：410 675 m^2
合作单位：NBBJ LP（方案设计）

广州百神集团粤港澳大湾区总部 & 生物医药研发中心
设计时间：2021 年
建筑面积：230 000 m^2

深汕湾智苑、科技园
设计时间：2018 年
建筑面积：296 000 m^2

佛山中建国际智造未来港
设计时间：2020 年
建筑面积：271 000 m^2

东莞高等材料研究院
设计时间：2019 年
建筑面积：138 000 m^2

广州 2025PARK
设计时间：2013 年
建筑面积：470 000 m^2

南京国泰科技研发中心
设计时间：2010 年
建筑面积：24 000 m^2

南京北纬通信移动互联网产业基地
设计时间：2012 年
建筑面积：26 500 m^2

南京金蝶科技园
设计时间：2015 年
建筑面积：50 000 m^2

重庆京渝文化创意园区
设计时间：2015 年
建筑面积：40 000 m^2

深圳翰宇生物医药园
设计时间：2000 年
建筑面积：12 200 m^2

创新教育园区
Innovation Education Park

深圳市公安局警察训练基地
设计时间：2019 年
建筑面积：205 000 m^2

深圳中学总体改造工程（四期）
设计时间：2015 年
建筑面积：34 000 m^2

深圳中学泥岗校区
设计时间：2015 年
建筑面积：119 000 m^2

深圳中学初中部
设计时间：2017 年
建筑面积：60 000 m^2

深圳中学文体楼
设计时间：2000 年
建筑面积：8 000 m^2

深圳中学成美楼
设计时间：2009 年
建筑面积：13 700 m^2

深圳深大附中文体楼
设计时间：2015 年
建筑面积：15 000 m^2

深圳灵芝学校
设计时间：2016 年
建筑面积：32 600 m^2

深圳龙岗丹竹头小学
设计时间：2014 年
建筑面积：10 000 m^2

深圳龙华第二实验小学
设计时间：2016 年
建筑面积：55 790 m^2

深圳沙河小学
设计时间：2015 年
建筑面积：28 000 m^2

深圳莲花中学
设计时间：2020 年
建筑面积：71 456 m²

深圳大亚湾核电基地核能科普展览馆
设计时间：2018 年
建筑面积：11 563 m²
合作单位：深圳独特视野建筑设计有限公司（方案设计）

深圳自然博物馆（方案）
设计时间：2020 年
建筑面积：100 000 m²
合作单位：株式会社藤本壮介建筑设计事务所（方案主创）

深圳光明上村文体中心
设计时间：2021 年
建筑面积：39 000 m²

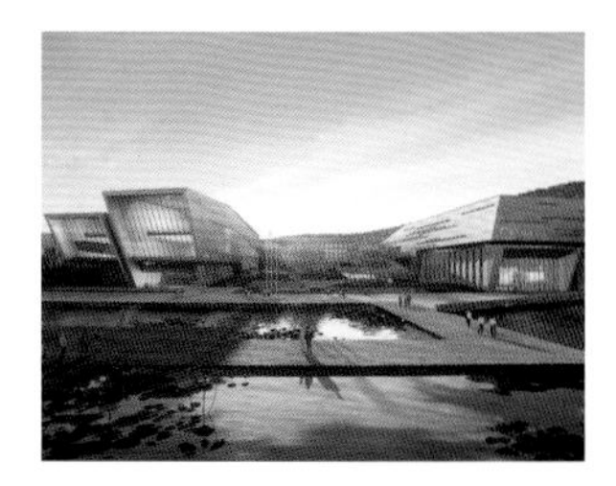

绵阳“两弹一星”红色旅游经典景区展览馆
设计时间：2020 年
建筑面积：66 000 m²

绵阳水利电力学校
设计时间：2010 年
建筑面积：89 400 m²

重庆巴渝中学
设计时间：2014 年
建筑面积：56 000 m²

安宁中学
设计时间：2020 年
建筑面积：45 000 m²

贵阳未来方舟尖山小学
设计时间：2017 年
建筑面积：14 000 m²

惠州中洲博罗中学
设计时间：2019 年
建筑面积：89 400 m²
合作单位：深圳华汇设计（方案设计）

南京燕子矶中学
设计时间：2015 年
建筑面积：62 800 m²

南京仙林湖小学
设计时间：2015 年
建筑面积：30 000 m²

高邮新城文体中心
设计时间：2015 年
建筑面积：90 000 m²

广东药科大学云浮校区（方案）
设计时间：2016 年
建筑面积：468 000 m²

深圳万科红岭中学
设计时间：2021 年
建筑面积：60 000 m²

安宁中学附属小学
设计时间：2021 年
建筑面积：25 000 m²

运营型商业建筑

Operational Commercial Building

深圳壹城中心壹方天地
设计时间：2019 年
建筑面积：431 081 m²
合作单位：LEAD Architecture（方案合作）

深圳京基水贝商业综合体
设计时间：2017 年
建筑面积：593 000 m²
合作单位：LLA（美国）（商业方案设计）

深圳荣超新时代广场
设计时间：2020 年
建筑面积：100 000 m²

深圳龙华星河 costco
设计时间：2020 年
建筑面积：317 000 m²

深圳华强时代广场
设计时间：2019 年
建筑面积：238 500 m²

深圳招商港湾广场
设计时间：2019 年
建筑面积：31 191 m²
合作单位：HASSELL（方案设计）

深圳前海深港广场（方案）
设计时间：2021 年
建筑面积：51 000 m²
合作单位：株式会社藤本壮介建筑设计事务所（方案主创）

深圳中航天逸花园
设计时间：2011 年
建筑面积：374 000 m²
合作单位：LLA（美国）（商业概念设计）

深圳恒大时代之光大厦
设计时间：2017 年
建筑面积：480 000 m²

深圳龙胜云坊集中商业
设计时间：2016 年
建筑面积：40 400 m²

深圳恒大爱联项目
设计时间：2015 年
建筑面积：260 000 m²

深圳心海城（二、三期）
设计时间：2016 年
建筑面积：108 060 m²
合作单位：CRTKL（概念设计）

济南中海华西 E 地块项目
设计时间：2018 年
建筑面积：237 400 m²
合作单位：LWK&Partners（香港）（方案设计）

佛山映月湖环宇城
设计时间：2020 年
建筑面积：153 483 m²

沈阳和平之门
设计时间：2018 年
建筑面积：302 000 m²
合作单位：JERDE（美国）（项目总体创意、方案及建筑初步设计）

附录 · 华艺设计获奖一览表

Appendix · Awards and Honors

奖项名称与等级		获奖类别	获奖项目名称	获奖时间
国家科学技术进步奖	二等奖		深圳赛格广场	2001
国家优质工程奖			深圳满京华艺展天地展示中心（1100 地块）	2019
			深圳华海金湾公馆 A104-0136 地块	2019
		银质奖	深圳星河国际花城	2007
		银质奖	湖州行政中心	2005
		银质奖	深圳创维大厦（原名：深圳创维数字研究中心）	2004
詹天佑奖优秀住宅小区奖		住宅小区优秀科技奖	广州中海璟晖华庭	2010
		优秀住宅小区金奖	佛山中海金沙湾西区	2009
		优秀工程质量奖	长春中海水岸春城莱茵东郡	2007
		住宅小区金奖	广州中海名都花园	2005
全国优秀工程设计项目奖		银质奖	北京中国建筑文化中心	2002
全国优秀工程勘察设计行业奖	一等奖	住宅与住宅小区	深圳淘金山湖景花园二期	2015
		公共建筑	深圳大鹏半岛国家地质公园博物馆	2013
	二等奖	公共建筑	宁夏中卫沙坡头旅游服务中心	2019
		公共建筑	韶关两塘书院暨金石博物馆	2019
		公共建筑	深圳有线枢纽大厦	2019
		公共建筑	深圳满京华艺展天地展示中心（1100 地块）	2019
		住宅与住宅小区	深圳半岛城邦花园（三期）	2019
		住宅与住宅小区	深圳绿景虹湾花园	2019
		住宅与住宅小区	广州中海花湾壹号	2019
		园林景观	深圳大鹏半岛国家地质公园博物馆	2015
		公共建筑	深圳大学基础实验室楼（二期）	2013
		公共建筑	深圳规划大厦	2013
		公共建筑	南京栖园	2010
		公共建筑	深圳中海西岸华府（一期、二期）	2010
		优秀勘察设计奖	北京中国建筑文化中心	2001
		优秀勘察设计奖	深圳田园居山庄	2001

续表

奖项名称与等级		获奖类别	获奖项目名称	获奖时间
中国建筑学会建筑设计奖		建筑创作大奖	韶关两塘书院暨金石博物馆	2019
			深圳赛格广场	2009
			深圳发展银行大厦	2009
	一等奖	公共建筑	深圳赛格广场	2005
		建筑结构	深圳赛格广场	2005
	二等奖	给水排水专项	深圳中海油大厦	2020
		暖通专项	深圳中海油大厦	2020
		装配式技术	厦门龙湖马銮湾 H2015P05 地块 4#、5# 地块项目	2020
		暖通专项	深圳市龙岗区妇幼保健院（二期）	2014
广东省优秀工程勘察设计奖	一等奖	公共建筑	深圳半岛城邦花园（四期）	2021
		公共建筑	深圳满京华艺展天地展示中心（1098 地块）	2021
		住宅与住宅小区	深圳天鹅湖花园（三期）	2021
		住宅与住宅小区	广州中海花湾壹号	2019
		公共建筑	深圳有线枢纽大厦	2019
		公共建筑	韶关两塘书院暨金石博物馆	2019
		公共建筑	深圳大学基础实验室楼（二期）	2013
		公共建筑	深圳大鹏半岛国家地质公园博物馆	2013
		住宅与住宅小区	东莞松山湖长城世家一期	2011
		住宅与住宅小区	深圳莱蒙水榭春天一期	2011
		住宅与住宅小区	深圳中信红树湾·花城（三期、四期）	2009
		公共建筑	苍南县行政中心综合楼	2009
		住宅与住宅小区	深圳星河国际	2005
		住宅与住宅小区	深圳麒麟山庄	1999
	二等奖	住宅与住宅小区	深圳壹城中心二期六区	2021
		公共建筑	深圳北理莫斯科大学中心广场建筑群（图书馆、1# 教学楼、2# 教学楼、3# 教学楼、2# 实验楼）	2021
		公共建筑	深圳满京华艺展天地展示中心（1099 地块）	2021
		公共建筑	深圳天健创智中心	2021

续表

奖项名称与等级		获奖类别	获奖项目名称	获奖时间
广东省优秀工程勘察设计奖	二等奖	公共建筑	深圳创维石岩科技园（二期）	2021
		公共建筑	深圳满京华艺展天地展示中心（1100 地块）	2021
		住宅与住宅小区	漳州建发碧湖壹号	2021
		公共建筑	宁夏中卫沙坡头旅游服务中心	2019
		公共建筑	深圳报业集团龙华印务中心书刊印刷基地	2019
		住宅与住宅小区	深圳半岛城邦花园（三期）	2021
		公共建筑	深圳湾科技生态园四区	2019
		公共建筑	江西武宁三馆	2019
		公共建筑	深圳中学成美楼	2019
		建筑结构	深圳中海油大厦	2019
		公共建筑	深圳中海油大厦	2019
		公共建筑	深圳大学基础实验楼（一期）	2017
		公共建筑	深圳中海九号公馆一期	2015
		住宅与住宅小区	深圳淘金山湖景花园二期	2015
		住宅与住宅小区	上海中海紫御豪庭	2015
		公共建筑	三亚三美湾珺唐酒店	2013
		公共建筑	厦门厦航商务办公楼（二期）	2013
		公共建筑	海口市第二办公区（A 区）（原名：海口市行政中心）	2013
		公共建筑	深圳星河时代花园	2013
		公共建筑	三亚阳光大酒店（原名：三亚中油大酒店）	2011
		住宅与住宅小区	深圳中海西岸华府（一期、二期）	2009
		住宅与住宅小区	深圳香域中央花园	2007
		公共建筑	北京大学深圳研究生院	2007
		公共建筑	深圳安联大厦	2007
		住宅与住宅小区	长春中海水岸春城莱茵东郡	2007
		公共建筑	深圳创维大厦（原名：深圳创维数字研究中心）	2005
中国建筑优秀勘察设计奖	一等奖	建筑方案	深圳招商局前海环贸中心	2020
		建筑方案	绵阳“两弹一星”红色旅游研学营地规划设计方案	2020
		建筑方案	深圳公安局警察训练基地（一期）设计	2020
		建筑方案	深圳留仙洞总部基地 DYO2-05 地块建设项目（即：深圳留仙洞航天工研院总部大厦、深圳留仙洞优必选科技总部大厦、深圳留仙洞光峰科技总部大厦、深圳留仙洞深信服科技大厦）	2020
		建筑方案	深圳宝安人民医院	2018
		建筑方案	贵州国际金融中心（1 号地块）	2014

续表

奖项名称与等级		获奖类别	获奖项目名称	获奖时间
中国建筑优秀勘察设计奖	一等奖	建筑方案	深圳天健创智中心	2014
		建筑方案	深圳联泰煜景花园	2001
		建筑方案	深圳创维大厦（原名：深圳创维数字研究中心）	2001
		建筑方案	江苏省电视台	1998
		建筑方案	重庆中建大厦	1998
		建筑方案	深圳赛格广场	1996
		建筑方案	天津鸿吉商贸中心	1996
		住宅与住宅小区	佛山中海金筑公馆	2020
		住宅与住宅小区	深圳华盛珑悦花园	2020
		公共建筑	深圳满京华艺展天地展示中心（1099 地块）	2020
		公共建筑	深圳满京华艺展天地展示中心（1098 地块）	2020
		住宅与住宅小区	深圳中海九号公馆（二期）	2018
		公共建筑	深圳中海油大厦	2018
		公共建筑	深圳有线枢纽大厦	2018
		公共建筑	深圳大学基础实验楼（一期）	2016
		住宅与住宅小区	深圳绿景虹湾花园	2016
		公共建筑	深圳星河 COCO Park	2014
		公共建筑	深圳中海康城大酒店	2012
		公共建筑	北川羌族行政中心	2012
		公共建筑	深圳长虹科技大厦	2012
		住宅与住宅小区	深圳中海阳光玫瑰园	2012
		公共建筑	海口市第二办公区（A 区）（原名：海口市行政中心）	2012
		公共建筑	深圳大鹏半岛国家地质公园博物馆	2012
		公共建筑	北京大学汇丰商学院	2012
		公共建筑	深圳福田图书馆	2009
		公共建筑	深圳规划大厦	2007
		公共建筑	深圳大学基础实验楼（二期）	2007
		住宅与住宅小区	惠州熊猫国际城	2007
		住宅与住宅小区	南京天泓山庄	2007
		公共建筑	深圳安联大厦	2007
		住宅与住宅小区	东莞康乐花园	2005
		公共建筑	吉林广电中心	2005
		住宅与住宅小区	深圳星河国际	2005
		公共建筑	深圳创维大厦（原名：深圳创维数字研究中心）	2003

续表

奖项名称与等级		获奖类别	获奖项目名称	获奖时间
中国建筑优秀勘察设计奖	一等奖	公共建筑	北京中国建筑文化中心	2001
		公共建筑	深圳罗湖东门风貌街	2001
		海外工程奖	北京中国建筑文化中心	1999
		公共建筑	深圳发展银行大厦	1998
		公共建筑	深圳龙岗区政府大楼	1996
		公共建筑	深圳罗湖火车站	1993
		海外工程奖	加拿大枫华苑酒店	1993
		建筑结构	深圳湾科技生态园四区	2020
		建筑结构	深圳满京华艺展天地展示中心（1099 地块）	2020
	二等奖	建筑方案	深圳华侨城新玺名苑	2020
		建筑方案	深圳粤港澳青年创业区	2020
		建筑方案	深汕湾智苑、科技园	2020
		建筑方案	南方科技大学（二期）南科大中心	2020
		建筑方案	深圳华强时代广场	2020
		建筑方案	深圳鹏城智慧创意都市工业园	2020
		建筑方案	深圳湾科技生态园四区	2020
		建筑方案	深圳有线枢纽大厦	2012
		建筑方案	天津万春花园	2012
		建筑方案	北京中国建筑文化中心	1998
		建筑方案	深圳麒麟山庄	1998
		建筑方案	深圳商隆大厦	1996
		建筑方案	深圳市福田商城	1996
		海外工程奖	深圳罗湖火车站	1993
广东省土木工程詹天佑故乡杯奖			深圳湾科技生态园三、四区	2021
			深圳深港国际科技园	2021
广东省注册建筑师协会		优秀建筑创作奖	成都幼儿教育基地	2013
		优秀建筑创作奖	长春城市规划展览馆	2011
		优秀建筑创作奖	临汾城市规划展览馆	2011
		优秀建筑创作奖	北川羌族抗震纪念园	2009
		优秀建筑创作奖	北川羌族行政中心	2009
		优秀建筑创作奖	深圳大鹏半岛国家地质公园博物馆	2009
		优秀建筑创作奖	北川羌族文化中心	2009
		优秀建筑创作奖	深圳大学基础实验楼（二期）	2007
		优秀建筑创作奖	南海大沥文化体育中心规划及建筑	2007

续表

奖项名称与等级		获奖类别	获奖项目名称	获奖时间
广东省注册建筑师协会		优秀建筑创作奖	厦门厦航商务办公楼（二期、三期）	2007
		优秀建筑创作奖	深圳天健创智中心	2015
		优秀建筑创作奖	深圳大学基础实验楼（一期）	2015
		优秀建筑创作奖	江西武宁三馆	2013
		优秀建筑创作奖	宜宾规划展览馆暨规划局办公楼	2013
		优秀建筑佳作奖	北京大学汇丰商学院	2009
		优秀建筑佳作奖	吉林省图书馆、长春市城市展览馆	2009
		优秀建筑佳作奖	山西大学图书馆	2009
		优秀建筑佳作奖	海口市第二办公区（A 区）（原名：海口市行政中心）	2009
		优秀建筑佳作奖	深圳大学基础实验室（一期）与地下车库及人防工程	2007
		优秀建筑佳作奖	昆明西山新城会所	2007
深圳市优秀工程勘察设计奖	一等奖	BIM 专项	深汕湾智苑、科技园	2020
		住宅与住宅小区	南京中海原山	2020
		电气专项	深圳湾科技生态园四区	2020
		电气专项	深圳中海油大厦	2020
		结构专项	深圳北理莫斯科大学前广场建筑群（主楼、会堂、1# 实验楼）	2020
		结构专项	深圳满京华艺展天地展示中心（1099 地块）	2020
		住宅与住宅小区	佛山中海金筑公馆	2020
		住宅与住宅小区	深圳天鹅湖花园（三期）	2020
		住宅与住宅小区	深圳壹城中心二期六区	2020
		公共建筑	深圳满京华艺展天地展示中心（1098 地块）	2020
		公共建筑	深圳半岛城邦花园（四期）	2020
		公共建筑	深圳满京华艺展天地展示中心（1099 地块）	2020
		给排水专项	深圳深港国际科技园	2020
		给排水专项	深圳北理莫斯科大学前广场建筑群（主楼、会堂、1# 实验楼）	2020
		给排水专项	深圳华盛珑悦花园	2020
		暖通专项	北京国际俱乐部大厦	2020
		暖通专项	深圳深港国际科技园	2020
		暖通专项	深圳中海油大厦	2020
		公共建筑	深圳报业集团龙华印务中心书刊印刷基地	2018
		结构专项	深圳湾科技生态园四区	2018
		公共建筑	深圳天健创智中心	2018

续表

奖项名称与等级		获奖类别	获奖项目名称	获奖时间
深圳市优秀工程勘察设计奖	一等奖	公共建筑	深圳有线枢纽大厦	2018
		BIM 专项	深圳市医疗器械检测和生物医药安全评价中心	2018
		公共建筑	宁夏中卫沙坡头游客服务中心	2018
		公共建筑	江西武宁三馆	2018
		给排水专项	深圳海信南方总部大厦	2018
		公共建筑	韶关两塘书院暨金石博物馆	2018
		电气专项	深圳绿景虹湾花园	2016
		结构专项	深圳中海油大厦	2016
		住宅与住宅小区	广州星河丹堤花园（一期）	2016
		住宅与住宅小区	深圳中海九号公馆（一期）	2014
		住宅与住宅小区	上海中海紫御豪庭	2014
		公共建筑	济南中海环宇城	2014
		住宅与住宅小区	深圳淘金山湖景花园（二期）	2014
		BIM 专项	三亚凯撒皇宫八爪鱼酒店	2014
		保障性住房优秀工程设计	深圳文澜苑	2013
		保障性住房优秀工程设计	深圳祥澜苑	2013
		公共建筑	深圳市大鹏半岛国家地质公园博物馆	2012
		公共建筑	三亚三美湾珺唐酒店	2012
		风景园林	深圳大鹏半岛国家地质公园博物馆	2012
		住宅与住宅小区	深圳星河时代花园	2012
		住宅与住宅小区	深圳田园居别墅	2000
		公共建筑	深圳福田区政府办公楼	2000
		公共建筑	深圳罗湖火车站	1993
	二等奖	公共建筑	深圳北理莫斯科大学（体育馆、体育场）	2020
		电气专项	深圳北理莫斯科大学前广场建筑群（主楼、会堂、1# 实验楼）	2020
		电气专项	深圳天健创智中心	2020
		电气专项	北京国际俱乐部大厦	2020
		电气专项	深圳深港国际科技园	2020
		电气专项	深圳天鹅湖花园（三期）	2020
		结构专项	北京国际俱乐部大厦	2020
		结构专项	深圳满京华艺展天地展示中心（1100 地块）	2020
		结构专项	深圳半岛城邦花园（四期）	2020

续表

奖项名称与等级		获奖类别	获奖项目名称	获奖时间
深圳市优秀工程勘察设计奖	二等奖	住宅与住宅小区	佛山中海雍景熙岸	2020
		公共建筑	深圳北理莫斯大学中心广场建筑群（图书馆、1# 教学楼、2# 教学楼、3# 教学楼、2# 实验楼）	2020
		公共建筑	深圳湾科技生态园四区	2020
		公共建筑	深圳北理莫斯科大学前广场建筑群（主楼、会堂、1# 实验楼、正门）	2020
		公共建筑	南京汉开书院	2020
		公共建筑	深圳北理莫斯科大学（湖滨餐厅 即 3# 食堂）	2020
		公共建筑	深圳壹城中心壹方天地	2020
		公共建筑	佛山中海雍景熙岸文化活动站	2020
		公共建筑	北京国际俱乐部大厦	2020
		公共建筑	深圳深港国际科技园	2020
		给排水专项	北京国际俱乐部大厦	2020
		给排水专项	深圳半岛城邦花园（四期）	2020
		暖通专项	深圳北理莫斯科大学前广场建筑群（主楼、会堂、1# 实验楼）	2020
		暖通专项	深圳天健创智中心	2020
		暖通专项	韶关两塘书院暨金石博物馆	2020
		BIM 专项	深圳五矿金融大厦	2018
		住宅与住宅小区	深圳华海金湾公馆 A104-0136 地块	2018
		住宅与住宅小区	深圳半岛城邦花园（三期）	2018
		结构专项	深圳创维数字石岩工业园（二期）	2018
		公共建筑	武汉汇通新长江中心	2018
		电气专项	深圳满京华艺展天地展示中心（1100 地块）	2018
		公共建筑	深圳创维数字石岩工业园（二期）	2018
		公共建筑	深圳中学成美楼	2018
		住宅与住宅小区	漳州建发碧湖壹号	2018
		住宅与住宅小区	广州中海花湾壹号	2018
		公共建筑	厦门厦航商务办公楼（三期）	2018
		暖通专项	深圳湾科技生态园四区	2018
		公共建筑	深圳满京华艺展天地展示中心（1100 地块）	2018
		公共建筑	深圳大学基础实验楼（一期）	2016
		电气专项	深圳中海油大厦	2016
		住宅与住宅小区	深圳中航天逸花园	2016
		给排水专项	深圳翡翠海岸花园	2016

续表

奖项名称与等级		获奖类别	获奖项目名称	获奖时间
深圳市优秀工程勘察设计奖	二等奖	结构专项	深圳绿景虹湾花园	2016
		公共建筑	深圳中海油大厦	2016
		结构专项	佛山中海金沙湾中区	2014
		暖通专项	沈阳塔湾街东地块商业（一期）中海广场	2014
		公共建筑	深圳星河 COCO Park	2014
		结构专项	沈阳塔湾街东地块商业（一期）中海广场	2014
		保障性住房优秀工程设计	深圳民兴苑	2013
		公共建筑	厦门厦航商务办公楼（二期）	2012
		公共建筑	北川羌族行政中心	2012
		公共建筑	海口市第二办公区（A 区）（原名：海口市行政中心）	2012
		结构专项	深圳大学基础实验室楼（二期）	2012
		公共建筑	三亚阳光大酒店（原名：三亚中油大酒店）	2010
		公共建筑	深圳长虹科技大厦	2010
		住宅与住宅小区	厦门厦航同城湾	2010
		住宅与住宅小区	深圳中海阳光玫瑰园	2010
		结构专项	绵阳科教创业园产业孵化中心	2010
		住宅与住宅小区	深圳招商华侨城曦城（三期）	2010
		住宅与住宅小区	昆山中航城	2010
		公共建筑	深圳麒麟山庄	1998
		公共建筑	深圳发展银行大厦	1998
		公共建筑	深圳华都园大厦	1994
		公共建筑	深圳天安国际大厦	1994
深圳建筑设计奖	一等奖	公共建筑	深圳满京华艺展天地展示中心（1099 地块）	2019
		公共建筑	韶关两塘书院暨金石博物馆	2019
		公共建筑	深圳海信南方总部大厦	2019
		公共建筑	深圳湾科技生态园四区	2019
		施工图	汕头大学医学院附属肿瘤医院易地重建项目（一期）	2019
		施工图	深圳北站壹号（原名：深圳华侨城创想大厦）	2019
		施工图	深圳招商港湾广场	2019
		建筑方案	深圳龙华区综合医院	2019
		建筑方案	深圳北站壹号（原名：深圳华侨城创想大厦）	2019
		建筑方案	深圳宝安人民医院	2019
		建筑方案	中山大学深圳校区 II 标段 东区公共教学实验组团	2019

续表

奖项名称与等级		获奖类别	获奖项目名称	获奖时间
深圳建筑设计奖	一等奖	建筑方案	深汕湾智苑、科技园研发办公大楼	2019
	二等奖	公共建筑	贵阳国际金融中心一期商务区（3#–14# 楼）	2019
		公共建筑	深圳龙华第二实验小学	2019
		施工图	深圳工商银行大厦	2019
		施工图	深圳北理莫斯科大学	2019
		施工图	深圳深港国际科技园	2019
		建筑方案	深圳沙井茭塘合创智园	2019
		建筑方案	深圳壹城中心二期六区	2019
		建筑方案	深圳前海乐居桂湾人才住房	2019
		建筑方案	深圳中学泥岗校区	2019
		建筑方案	深圳大亚湾核电基地核能科普展览馆	2019
		建筑方案	广州广铝远大企业总部大厦	2019
		建筑方案	深圳华盛珑悦花园	2019
		建筑方案	惠州中洲圣廷峰汇	2019
深圳建筑 10 年奖		公共建筑后评估 深圳建筑 10 年奖	深圳发展银行大厦	2018
		公共建筑后评估 深圳建筑 10 年奖	深圳福田图书馆	2018
		公共建筑后评估 深圳建筑 10 年奖	深圳创维大厦（原名：深圳创维数字研究中心）	2018
		公共建筑后评估 深圳建筑 10 年奖	深圳赛格广场	2018
		公共建筑后评估 深圳建筑 10 年奖	深圳安联大厦	2018

后记·守正出奇再出发

Postscript · Embark on a New Journey

陈日飙

中国人对逢五逢十的年份时点，习惯上比较看重，今年华艺满 35 年岁了，位于三十而立与四十不惑之间，特别有回望的价值和意味。习近平总书记在 2020 年深圳经济特区建立 40 周年庆祝大会上说：“深圳是改革开放后党和人民一手缔造的崭新城市，是中国特色社会主义在一张白纸上的精彩演绎。”是的，华艺自 20 世纪 80 年代起，与深圳最早成立的几家设计院一道，幸运地获得了在这张白纸上描绘蓝图的时代机会。冬去春来，深圳的设计企业雨后春笋般越来越多，一代又一代优秀的设计师与深圳共呼吸同成长，为深圳实实在在奉献出了自己的心血和智慧，与各路建设者一道，成就出深圳一栋栋经典建筑作品，汇聚成这座令人赞叹的奇迹般的城市。“华艺设计”的三十五载，从开初前辈艰难创业，到探索前行打磨守业，再到市场上击桨扬帆的发展，恰似一部跌宕起伏的连续剧和创业发展大戏，华艺公司所有的员工都是这出大戏的主角，这场戏仍然在当下和未来鲜活地上演……

积跬步，至千里。我常在想，何以致敬华艺人的匠心与接力精神，它缘于热爱，源于对建筑事业的执着。忆 35 年前，华艺初创于深港两地，之后扎根鹏城，不断发展壮大，辐射华南乃至全国各地。35 岁的华艺，可谓深度参与和见证了深圳特区的城市建设和发展。一路走来，华艺做过的项目超过 4 200 项，280 多个建筑作品获得过 600 余次国家级、省部级优秀设计奖。虽然优秀的作品不少，但这些年对其总结性的刊物报道或出版的书籍其实不多。5 年前，我们联合《建筑技艺》杂志社出版过一期名为《华艺设计：平衡与超越》的 30 周年专刊，就华艺的设计理念、品牌价值以及一些精品项目做了梳理及学术小结，当时我还写了那一期专刊的主题文章。如今 5 年过去，不经意间我们已身处百年未有之大变革之中，剧烈变幻的市场和社会大环境给行业带来了更多的挑战和机遇。华艺站在时代的十字路口，更需要认真总结过去，好好思考和选准未来的发展方向。所以借华艺成立 35 周年之际用出版“两书”来记述公司的作品和故事，已成为公司上下一致赞同的事。相信此举，对华艺、对行业都是历史的责任。

辛丑春节后，35 周年丛书的编撰工作启动，由我牵头，分管宣传的夏熙总协管，主责部门落在企宣部，科技部、综管部等其他部门协作，共同组成出书的主力团队。同时为了保证出版的水准和专业度，我们还聘请了《中国建筑文化遗产》《建筑评论》主编金磊总的团队，他们有着丰富的出版和策划经验，与我们一道统筹、策划，很快就确定了国内出版城市建筑知名的天津大学出版社为出版机构，同时迅速编制出了丛书的定位策划书，甚至连意向封面都呈现了。之后我们给罗亮董事长汇报了这套书籍的出版设想和计划，罗总当即表示肯定和支持，还明确指出了编撰这两本书的目的：作品集是通过对最有代表性的项目进行充分的总结归纳和展示；文集则记录和述说 35 年来华艺的人和故事。于是纲举目张，正式的编撰工作有条不紊地开展起来。

丛书之一的作品集《创造力：华艺设计　耕作集》，是用作品来展示成果的，华艺 35 年来完成了大量工程项目作品，这些是有形的实践成果。每个项目背后还积淀了许多项目背后的“人和事”，乃至设计经验，这里有十余项企业科技荣誉，超过 1 000 项各类科技成果输出，荣获省部级以上科技奖 21 项，拥有国家专利授权 60 项；同时还推动了部分领域的行业进步。我们参编各级技术标准、规范 40 项，主编书籍多册，培育专家 200 余人次。编撰《创造力：华艺设计　耕作集》的过程是一次难得的将这些项目和成果系统筛选梳理总结的过程。为了这次出版，我们还聘请了多组顶尖的专业摄影团队把大部分精选项目进行了重新拍摄，对一些老项目也找出了许多图纸资料和相关文献和照片，不少均属第一次公开发表，从此种意义讲，华艺用作品反映着深圳城市的变迁与演进风貌。

丛书之二的文集《创造者：华艺设计　思语集》，其编制难度更大，因为大部分设计师擅长图式而非文字，之前公司的文献档案也缺积累，所以组稿成为一件颇具挑战的工作。为了较为全面地记述华艺 35 年的历史和人物，我们选了一些和华艺有过各种交集的朋友们来参与，请业界院士大师和专家学者写寄语；邀请离职或退休的老领导老同事开茶话会整理与会发言成文；邀请在职的华艺各级员工写稿，对部分老员工采访等多种方式组稿。特别是对华艺人自己的文章，鼓励大家把所思所想写出来，既展示自己在公司所完成的业绩，也展现自己成长和对公司的思考，甚至包括对公司发展的建议……文集数十位作者年龄跨度极大，上至90岁的老领导老总师前辈，下至不到30岁的青年骨干同事。这些老中青各年龄段的作者写下了合计数十万字的素材，经过精心编辑组合，终于汇成一本可读性很强的文集。相信，当我们阅读这本文集，用心去触摸这一篇篇鲜活的文章，我们的内心也许会被这些文字所描绘的可爱的华艺人和事，以及他们身上蕴含的真诚、美好和善良所感动，会被这群可爱的设计从业者的故事和精神所鼓舞。

华艺“两书”从筹划、组稿到汇编成册历时半年多，之所以能以圆满的成书质量呈现，离不开各位专家学者和同事朋友的支持，更重要在于华艺三十五载历程，内心是饱满的，这是我们著书有内容、有情怀的关键所在。由于篇幅所限“两书”肯定不是能穷尽华艺35年作品历程的书，也难以全面反映35年中所有重要的人和事，恳请读者朋友能谅解。对不妥之处，我们会在以后的修订版中再完善。

在编撰“两书”的学术思考之际，有一个问题常常在我脑海中回荡：“未来的华艺怎么走下一个5年、10年甚至更远呢？”35年来，华艺的设计故事每天都在上演，华艺未来怎么走？我们2020年在集团指引和罗亮董事长的指导下，刚编制完成“十四五规划”，结合今年经济下行和行业发展的不确定性趋势，我还有以下思考愿分享给读者们及华艺人：

一是华艺在规模上不贪大求全，而是把自己定位为一家中型设计机构，着力提高效能，朝精益化发展。不断对标国内外优秀企业，不断提升我们的管理水平、技术水平和人才厚度。

二是华艺要发挥好自己的优势。华艺的优势是什么？首先，是有港资央企的背景优势，央企是国民经济的顶梁柱，华艺是中建和中海旗下的全资子公司，母公司注册在香港，生产总部扎根深圳，华艺拥有深港两地的企业基因和发展经验。其次是在大湾区深耕35年的主场优势。大湾区的经济和人口增速全国领先，设计市场规模巨大且极度开放。作为世界设计之都的深圳，早已成为全球设计创意活动最活跃的区域之一。所以我们在港、澳、广、深四个中心城市都有设计团队，未来要持续深耕“粤港澳大湾区”的主场。

三是华艺要坚持科技引领，赋能产品和服务。未来我们要根据市场和客户的要求研发科技成果，对今年提出的“6+6 产品和服务”持续提升牵引。

四是持续注重本土原创方案设计。华艺的创始人陈世民大师在创业之初就在华艺强调要弘扬和培养团队的原创方案能力。35 年来，我们在和境外公司一次又一次的竞争与合作中，不断增强本土建筑师的文化自信，不断苦练内功提升自身创作力。

五是加强企业数字化管理来提升运营效率。华艺希望借鉴跨界行业的管理逻辑和经验，不断提升管理的数据化和精细化，争取在人均效能上达到行业里较高的水平。所以华艺在“十四五规划”中，把“设计创造价值”作为公司的核心理念，将“规模适中、特色明显、科技引领、效能最优”作为华艺“十四五”的发展愿景。

《孙子兵法》有云——“守正出奇”，在深圳这片开放、包容，充满机遇也充满未知的土地上，我们也需要用另一种新的思路解决新的问题。恪守正道，出奇制胜——在满足各方需求的前提下，以四两拨千斤的奇绝之力解决城市和社会问题，这就是华艺人多年来在摸爬滚打的实践中总结出的智慧和经验。一代代华艺人薪火相传，推陈出新，同时坚守着正道直行的企业文化。正值这两册书定稿之时，我想每一位华艺人都对此抱有期许，希望“两书”能成为公司发展道路上的一个里程碑，承载华艺对再出发的憧憬。最后，再次感谢各界同人对华艺的祝福和扶植，感恩所有为本书编撰贡献心血的人们！期待未来所有勘察设计企业能携手共进，砥砺前行；也期待中国本土设计在自立自强中崛起领潮。

香港华艺设计顾问（深圳）有限公司
党委书记、总经理、设计总监
2021 年 9 月

本书编委会

参考文献

[1] 华艺设计 . 华艺设计顾问有限公司建筑设计作品集（1986—2000）[M]. 北京：中国建筑工业出版社，2001.

[2] 陈世民 . 时代 · 空间 [M]. 北京：中国建筑工业出版社，1995.

[3] 陈世民 . 立意 · 空间 [M]. 北京：中国建筑工业出版社，2004.

[4] 深圳市规划和国土资源委员会，《时代建筑》杂志 . 深圳当代建筑 [M]. 上海：同济大学出版社，2016.